JN098481

改訂 4 版

電験2種一次試験
これだけシリーズ

これだけ **法規**

石橋　千尋 著

電気書院

まえがき

　第2種電気主任技術者試験は，一次試験と二次試験の2段階になっており，一次試験の合格後に二次試験が受験できるので，まずは一次試験に合格することが，第2種電気主任技術者試験突破の最初の目標になります．

　一次試験は，理論，電力，機械，法規の4科目ですが，特に「法規」については，次のような傾向があります．

（1）電気事業法，電気工事士法，電気用品安全法および電気事業法施行規則や電気設備技術基準などの法令については，条文自体が出題される．

（2）第3種では出題されない施設管理の問題が出題される．

　法令の条文は膨大で，それらをすべて覚えることは不可能です．したがって，法令関係については，過去の出題内容を調査して特に重要な条文を抽出し，関連する他の法令条文も整理して，一次試験合格に必要な実力を短期間に養成できるように工夫しました．

　また，施設管理については，電気設備の保守点検についても取り上げました．

　本書の学習項目はこのように選定しましたが，各項目はやさしい問題から実践的な問題へと順を追って学習できるように，次のような構成にしました．

　このため，例題は第3種から第2種の広範囲から取り上げ，例題の形式は多岐選択方式にこだわらないものとしました．

【要点】

　学習項目の要点を簡潔にまとめました．これにより学習の重要事項が短時間に把握できます．

【基本例題にチャレンジ】

　基本例題は学習項目に直結する第3種レベルの問題としました．「やさしい解説」で，この比較的簡単な問題を解く学習を通して，具体的な問題を解く基礎力を養成する内容にしました．

【応用問題にチャレンジ】

　第2種一次試験に出題される水準の代表的な問題を取り上げ，実践的な問題の解き方を学習する内容にしました．また，基本例題と同様に，できるだけ平易な解き方の解説を加えました．

【ここが重要】

　各項目の重要な考え方，定理や諸公式およびその導き方など，確実に覚えておかなければならない事項をまとめてあります．

【演習問題】

　第2種一次試験に出題される難易度の高い問題を取り上げました．最終的な実力のチェックに活用してください．

　このように，本書は第3種に合格し，初めて第2種の一次試験を受験する方を対象に，できるだけ効率的に学習できる工夫をしてあります．

　本書を活用されることにより，皆様が合格されることを祈念いたします．

著者

本書は，令和5年9月1日時点までの法令改正に対応しています．

電験2種一次試験これだけシリーズ

これだけ **法規** 目次

第4章 施設管理

これだけ 法規

1.1 電気事業法の目的

 要点

1. 電気法規

　一般に国で定める法律，規制類を総称して「法令」という．法令には，「法律」と「命令」とがある．

　「法律」は憲法に定める方式に従って国会で制定されるもので，電気関係では，電気事業法・電気工事士法・電気用品安全法などがこれに属する．

　「命令」は，国の行政機関によって制定されるもので，このうち，内閣で制定するものが「政令」，各省の大臣が制定するものが「省令」である．

　電気事業法関連では，電気事業法施行令などが政令であり，電気事業法施行規則，電気設備に関する技術基準を定める省令（電気設備技術基準），電気関係報告規則などが省令である．

2. 電気事業法の目的と用語の定義

　電気事業法の目的と主な用語の定義は次のとおりである．

（1）電気事業法　第1条（目的）

　この法律は，電気事業の運営を適正かつ合理的ならしめることによって，電気の使用者の利益を保護し，及び電気事業の健全な発達を図るとともに，電気工作物の工事，維持及び運用を規制することによって，公共の安全を確保し，及び環境の保全を図ることを目的とする．

(2) 電気事業法　第2条（定義）：抜粋

「電気工作物」とは発電，蓄電，変電，送電若しくは配電又は電気の使用のために設置する機械，器具，ダム，水路，貯水池，電線路その他の工作物（船舶，車両又は航空機に設置されるものその他の政令で定めるものを除く）をいう．

【注】「電気事業法施行令」の第1条で，電気工作物から除かれる工作物が定められている．鉄道車両，船舶，自動車，航空機などに設置されるもののほか，「電圧30 V未満の電気的設備であって，電圧30 V以上の電気的設備と電気的に接続されていないもの」も電気工作物から除かれる．

基本例題にチャレンジ

電気事業法の目的として，誤っているのは次のうちどれか．

(1) 電気の使用者の利益を保護する．
(2) 電気用品による危険及び障害の発生を防止する．
(3) 電気事業の健全な発達を図る．
(4) 公共の安全を確保する．
(5) 環境の保全を図る．

やさしい解説

電気事業法の目的は，第1条に次のように定められている．

① 電気の使用者の利益を保護する．
② 電気事業の健全な発達を図る．
③ 公共の安全を確保する．
④ 環境の保全を図る．

(2) の電気用品による危険及び障害の発生を防止するために定められているのは「電気用品安全法」（2.2節参照）である．

【解答】　(2)

応用問題にチャレンジ

次の文章は，電気事業法の電気工作物の定義に関する記述である．文中の□□□に当てはまる語句または数値を記入しなさい．

　電気工作物とは発電，蓄電，　(1)　，送電若しくは配電又は電気の　(2)　のために設置する機械，器具，ダム，水路，貯水池，電線路その他の　(3)　をいうが，鉄道車両，船舶，自動車，航空機などに設置されるもののほか，電圧　(4)　V未満の電気的設備であって，電圧　(4)　V以上の電気的設備と電気的に　(5)　されていないものも電気工作物から除かれる．

やさしい解説　　電気事業法 第2条（定義）および電気事業法施行令 第1条（電気工作物から除かれる工作物）に関する問題である．

　　鉄道車両，船舶，自動車，航空機などに設置されるものは，他と電気的に接続されずに独立しているものが多く，また他の法令により保安面の規制を受けているので，電気工作物から除外されている．

　また，電圧が極めて低く，保安上支障がないものとして30 V未満の電気的設備で，電圧30 V以上の電気的設備と電気的に接続されていないものも電気工作物から除かれている．

【解答】　(1) 変電　(2) 使用　(3) 工作物　(4) 30　(5) 接続

1. 電気事業法と主な関連法規

＜法律＞	＜政令＞	＜省令＞
（国会で制定）	（内閣で制定）	（各省の大臣が制定）

電気事業法 ── 電気事業法施行令 ┬ 電気事業法施行規則
　　　　　　　　　　　　　　　　├ 電気関係報告規則
　　　　　　　　　　　　　　　　└ 電気設備に関する技術基準を定める省令（電気設備技術基準）

2.「電気事業法」第1条（目的），第2条（定義）の主な用語，「電気事業法施行令」第1条（電気工作物から除かれる工作物）について学習する．

演　習　問　題

【問題1】

　次の文章は，「電気事業法」および「電気用品安全法」の目的に関する記述である．次の□□□の中に当てはまる語句を解答群の中から選びなさい．

a．電気事業法は，電気事業の運営を適正かつ合理的ならしめることによって，電気の使用者の □(1)□ を保護し，及び電気事業の健全な発達を図るとともに，電気工作物の工事，□(2)□ 及び運用を規制することによって，□(3)□ の安全を確保し，及び環境の保全を図ることを目的とする．

b．電気用品安全法は，電気用品の製造，□(4)□ 等を規制するとともに，電気用品の安全性の確保につき民間事業者の自主的な活動を促進することにより，電気用品による □(5)□ 及び障害の発生を防止することを目的とする．

〔解答群〕

(イ) 権 利　　(ロ) 財 産　　(ハ) 公 共　　(ニ) 試験方法

(ホ) 消費者　　(ヘ) 修 理　　(ト) 危 険　　(チ) 利用者

(リ) 販 売　　(ヌ) 感電死傷　(ル) 利 益　　(ヲ) 保 全

(ワ) 電気火災　(カ) 技術基準　(ヨ) 維 持

【問題2】

　次の文章は，「電気事業法施行規則」における用語の定義に関する記述の一部である．文中の▢▢▢に当てはまる語句または数値を解答群の中から選びなさい.

a.「変電所」とは，構内以外の場所から伝送される電気を (1) し，これを構内以外の場所に伝送するため，又は構内以外の場所から伝送される電圧 (2) V以上の電気を (1) するために設置する変圧器その他の電気工作物の総合体（蓄電所を除く）をいう.

b.「送電線路」とは，発電所相互間，蓄電所相互間，変電所相互間，発電所と蓄電所との間，発電所と変電所との間又は蓄電所と変電所との間の電線路（専ら (3) の用に供するものを除く. 以下同じ.）及びこれに附属する (4) その他の電気工作物をいう.

c.「配電線路」とは，発電所，蓄電所，変電所若しくは送電線路と (5) との間又は (5) 相互間の電線路及びこれに附属する (4) その他の電気工作物をいう.

〔解答群〕

(イ) 10 000　　(ロ) 100 000　　(ハ) 配 電　　(ニ) 電気設備

(ホ) 降 圧　　(ヘ) 変 流　　(ト) 通 信　　(チ) 需要設備

(リ) 変 成　　(ヌ) き電線　　(ル) 300 000　　(ヲ) 引込線

(ワ) 支持物　　(カ) 一般用電気工作物　　　　(ヨ) 開閉所

●問題1の解答●

(1) － (ル)，(2) － (ヨ)，(3) － (ハ)，(4) － (リ)，(5) － (ト)

電気事業法 第1条（目的），電気用品安全法 第1条（目的）を参照.

●問題2の解答●

(1) － (リ)，(2) － (ロ)，(3) － (ト)，(4) － (ヨ)，(5) － (チ)

電気事業法施行規則 第1条（定義）を参照.

1.2 電気工作物の区分

要点

　電気工作物は，電気保安の規制に係る区分として，低圧の危険度の比較的低い「一般用電気工作物」と危険度の高い「事業用電気工作物」に大別される．また，「事業用電気工作物」には，送電，配電などの「事業に供する電気工作物」，「自家用電気工作物」および「小規模事業用電気工作物」がある．

電気工作物

一般用電気工作物

- 低圧受電電線路以外の電線路によりその構内以外の場所にある電気工作物と電気的に接続されていないもの（例：100 V/200 Vで受電している一般住宅や小さな商店など）
  （小規模発電設備以外の発電用の電気工作物と同一の構内に設置するものまたは爆発性もしくは引火性の物が存在するため電気工作物による事故が発生するおそれが多い場所に設置するものを除く．）
- 出力が第1表の小規模発電設備で，低圧受電電線路以外の電線路によりその構内以外の場所にある電気工作物と電気的に接続されていないもの

事業用電気工作物　一般用電気工作物以外の電気工作物

下記の事業の用に供する電気工作物

（一般送配電事業，送電事業，配電事業，特定送配電事業，発電事業）

自家用電気工作物

　一般送配電事業，送電事業，配電事業，特定送配電事業，発電事業の用に供する電気工作物および一般用電気工作物以外の電気工作物

小規模事業用電気工作物

　出力が第1表の小規模発電設備で，低圧受電電線路以外の電線路によりその構内以外の場所にある電気工作物と電気的に接続されていないもの

　比較的出力が小さい発電設備を「小規模発電設備」というが，このうち低圧（600 V 以下）の受電線路以外の電線路によりその構外以外の電気工作物と電気的に接続されていないものは，第1表のように「一般用電気工作物」と「小規模事業用電気工作物」に分けられる．

第1表　小規模発電設備の区分
（電気事業法施行規則 第 48 条（一般用電気工作物の範囲））

設備の区分	小規模発電設備の出力		備考
	一般用 電気工作物	小規模事業用 電気工作物	
太陽電池発電設備	10 kW 未満※	10 kW 以上 50 kW 未満	※2 以上の太陽電池発電設備を同一構内に，かつ，電気的に接続して設置する場合は，太陽電池発電設備の出力の合計が 10 kW 未満
風力発電設備	0 kW 未満	20 kW 未満	
水力発電設備	20 kW 未満		最大使用水量が 1 m³/s 未満のもの（ダムを伴うものを除く）
内燃力を原動力とする火力発電設備	10 kW 未満		
燃料電池発電設備	10 kW 未満		燃料・改質系統設備の最高使用圧力が 0.1 MPa 未満のものなど
スターリングエンジンを原動力とする発電設備	10 kW 未満		

（注1）発電設備は低圧受電電線路以外の電線路によりその構外以外の場所にある電気工作物と電気的に接続されていないものとする．
（注2）同一構内に設置する他の設備と電気的に接続され，それらの設備の出力の合計が 50 kW 以上となるものを除く．

　電気工作物の区分の関連条文は次のとおりである．

(1) 電気事業法　第38条（定義）

　　a. この法律において「一般用電気工作物」とは，次に掲げる電気工作物であって，構内（これに準ずる区域内を含む．以下同じ．）に設置するものをいう．ただし，小規模発電設備（低圧（経済産業省令で定める電圧

（600 V[*]）以下の電圧）の電気に係る発電用の電気工作物であって，経済産業省令で定めるものをいう．以下同じ．）以外の発電用の電気工作物と同一の構内に設置するもの又は爆発性若しくは引火性の物が存在するため電気工作物による事故が発生するおそれが多い場所として経済産業省令で定める場所[***]に設置するものを除く．

① 電気を使用するための電気工作物であって，低圧受電電線路（当該電気工作物を設置する場所と同一の構内において低圧の電気を他の者から受電し，又は他の者に受電させるための電線路をいう．）以外の電線路によりその構内以外の場所にある電気工作物と電気的に接続されていないもの

② 小規模発電設備であって，次のいずれにも該当するもの

　イ　出力が経済産業省令で定める出力未満のものであること．[***]

　ロ　低圧受電電線路以外の電線路によりその構内以外の場所にある電気工作物と電気的に接続されていないものであること．

③ 上記①及び②に掲げるものに準ずるものとして経済産業省令で定めるもの

b．この法律において「事業用電気工作物」とは，一般用電気工作物以外の電気工作物をいう．

c．この法律において「小規模事業用電気工作物」とは，事業用電気工作物のうち，次に掲げる電気工作物であって，構内に設置するものをいう．ただし，a 項ただし書に規定するものを除く．

① 小規模発電設備であって，次のいずれにも該当するもの

　イ　出力がa 項②イの経済産業省令で定める出力以上のものであること．[***]

　ロ　低圧受電電線路以外の電線路によりその構内以外の場所にある電気工作物と電気的に接続されていないものであること．

② 上記①号に掲げるものに準ずるものとして経済産業省令で定めるもの

d．この法律において「自家用電気工作物」とは，次に掲げる事業の用に供する電気工作物及び一般用電気工作物以外の電気工作物をいう．

① 一般送配電事業

② 送電事業

③ 配電事業

④　特定送配電事業

⑤　発電事業であって，その事業の用に供する発電等用電気工作物が主務省令で定める要件に該当するもの

※　「経済産業省令で定める電圧」は電気事業法施行規則 第 48 条で「600 V」とすると規定されている．

※※　電気事業法施行規則 第 48 条で，火薬類取締法に規定する火薬類（煙火を除く．）の製造事業所および鉱山保安法施行規則に規定する石炭坑が定められている．

※※※　第 1 表　参照

基本例題にチャレンジ

次のうちで電気事業法における一般用電気工作物に該当するのはどれか．

(1)　受電電圧 22 000 V，受電電力 45 kW のテレビ中継所
(2)　受電電圧 400 V，受電電力 30 kW の映画館
(3)　受電電圧 6 600 V，受電電力 80 kW のマーケット
(4)　受電電圧 6 600 V，受電電力 20 kW のホテル
(5)　受電電圧 200 V，受電電力 10 kW で出力 15 kW の内燃力発電設備を設置する事務所

やさしい解説　「一般用電気工作物」とは，一般住宅や商店などの小規模の建物の屋内配線設備および比較的出力の小さい発電設備等が該当し，原則として，以下のものをいう．

①　受電電圧が 600 V 以下で，受電の場所と同一の構内で電気を使用するための電気工作物．

②　小規模な発電設備

(1)(3)(4)は受電電圧が高圧と特別高圧であるので事業用電気工作物である．

(5)は内燃力発電設備の出力が 10 kW 以上で，小規模発電設備の範囲を超えるので，事業用電気工作物になる．

【解答】　(2)

応用問題にチャレンジ

次の文章は，「電気事業法」および「電気事業法施行規則」に定められている小規模発電設備に関する記述である．文中の□□□に当てはまる語句または数値を記入しなさい．

　低圧の受電電線路以外の電線路により，その構内以外の電気工作物と電気的に接触されていない小規模発電設備で一般用電気工作物に区分されるものは，電圧 (1) V以下の発電用の電気工作物であって，次のものなどをいう．

a．太陽電池発電設備であって出力 (2) kW未満のもの．

b．最大使用水量が1 m³/s未満の水力発電設備であって出力 (3) kW未満のもの．（ダムを伴うものを除く．）

c． (4) を原動力とする火力発電設備であって出力10 kW未満のもの．

d．固体高分子型の燃料電池発電設備であって，燃料・改質系統設備の最高使用圧力が0.1 MPa未満の出力 (5) kW未満のもの．

　電気事業法 第38条（定義）および電気事業法施行規則 第48条（一般用電気工作物の範囲）に関する問題である．

　電圧が低圧（＝ 600 V以下）で，比較的出力の小さい発電設備を小規模発電設備といい，そのうち低圧の受電電線路以外の電線路によりその構内以外の電気工作物と電気的に接続されていないものを，「一般用電気工作物」と「小規模事業用電気工作物」に分けている．

【解答】 (1) 600　(2) 10　(3) 20　(4) 内燃力　(5) 10

　電気事業法 第38条（定義）および電気事業法施行規則 第48条（一般用電気工作物の範囲）について学習する．

演 習 問 題

【問題1】

　次の文章は，「電気事業法」および「電気事業法施行規則」に基づく一般用電気工作物に関する記述である．文中の［　　　］に当てはまる語句または数値を解答群の中から選びなさい．

　「一般用電気工作物」とは，次に掲げる電気工作物であって，構内に設置するものをいう．ただし，小規模発電設備以外の発電用の電気工作物と同一の構内に設置するもの又は爆発性若しくは［(1)］の物が存在するため電気工作物による［(2)］が発生するおそれが多い場所として経済産業省令で定める場所に設置するものを除く．

　a．電気を［(3)］するための電気工作物であって，［(4)］V以下の受電電線路（当該電気工作物を設置する場所と同一の構内において［(4)］V以下の電気を他の者から受電し，又は他の者に受電させるための電線路をいう．）以外の電線路によりその構内以外の場所にある電気工作物と［(5)］的に接続されていないもの

　b．小規模発電設備であって，次のいずれにも該当するもの

　① 出力が経済産業省令で定める出力未満のものであること．

　② ［(4)］V以下の受電電線路以外の電線路によりその構内以外の場所にある電気工作物と［(5)］的に接続されていないものであること．

〔解答群〕

（イ）供給	（ロ）600	（ハ）有毒性	（ニ）引火性	（ホ）事故
（ヘ）300	（ト）磁気	（チ）機能	（リ）電気	（ヌ）可燃性
（ル）故障	（ヲ）火災	（ワ）使用	（カ）7 000	（ヨ）昇圧

【問題2】

　次の文章は，「電気事業法」および「電気事業法施行規則」における電気工作物に関する記述である．文中の［　　　］に当てはまる最も適切なものを解答群の中から選びなさい．

a．「一般用電気工作物」とは，次に掲げる電気工作物であって，構内に設置するものをいう．ただし，　(1)　以外の発電用の電気工作物と同一の構内に設置するもの又は　(2)　が存在するため電気工作物による事故が発生するおそれが多い場所として経済産業省令で定める場所に設置するものを除く．

① 電気を使用するための電気工作物であって，低圧受電電線路（当該電気工作物を設置する場所と同一の構内において低圧の電気を　(3)　から受電し，又は　(3)　に受電させるための電線路をいう．）以外の電線路によりその構内以外の場所にある電気工作物と電気的に接続されていないもの

② 　(1)　であって，次のいずれにも該当するもの

　イ　出力が経済産業省令で定める出力未満のものであること．

　ロ　低圧受電電線路以外の電線路によりその構内以外の場所にある電気工作物と電気的に接続されていないものであること．

③ 上記①及び②に掲げるものに準ずるものとして経済産業省令で定めるもの

b．この法律において「　(4)　」とは，一般用電気工作物以外の電気工作物をいう．

c．この法律において「小規模事業用電気工作物」とは，　(4)　のうち，次に掲げる電気工作物であって，構内に設置するものをいう．ただし，a項ただし書に規定するものを除く．

① 　(1)　であって，次のいずれにも該当するもの

　イ　出力がa項②イの経済産業省令で定める出力以上のものであること．

　ロ　低圧受電電線路以外の電線路によりその構内以外の場所にある電気工作物と電気的に接続されていないものであること．

② 上記①に掲げるものに準ずるものとして経済産業省令で定めるもの

d．この法律において「自家用電気工作物」とは，次に掲げる事業の用に供する電気工作物及び一般用電気工作物以外の電気工作物をいう．

① 一般送配電事業

② 送電事業

③ 配電事業

④ 　(5)

⑤　発電事業であって，その事業の用に供する発電等用電気工作物が主務省令で定める要件に該当するもの

〔解答群〕

(イ) 一般送配電事業者　　(ロ) 爆発性若しくは引火性の物

(ハ) 太陽電池発電設備　　(ニ) 託送供給を行う事業

(ホ) 小規模発電設備　　　(ヘ) 再生可能エネルギー発電設備

(ト) 特定自家用電気工作物　(チ) 小売電気事業

(リ) 事業用電気工作物　　(ヌ) 腐食性のガス若しくは溶液

(ル) 電気事業者　　　　　(ヲ) 充電部の露出若しくは発熱体の施設

(ワ) 特定送配電事業　　　(カ) 他の者

(ヨ) 電気事業用電気工作物

●問題1の解答●

(1) － (ニ)，(2) － (ホ)，(3) － (ワ)，(4) － (ロ)，(5) － (リ)

電気事業法 第38条（定義），電気事業法施行規則 第48条（一般用電気工作物の範囲）を参照.

●問題2の解答●

(1) － (ホ)，(2) － (ロ)，(3) － (カ)，(4) － (リ)，(5) － (ワ)

電気事業法 第38条（定義）を参照.

第1章 電気事業法および関連法令

1.3 技術基準への適合

 要点

1. 事業用電気工作物

電気事業法では，事業用電気工作物に関しては，保安の基本となる技術基準を整備し，事業用電気工作物の設置者にそれを維持する義務を課している．これらの関連条文は次のとおりである．

(1) 電気事業法　第39条（事業用電気工作物の維持）

a. 事業用電気工作物を設置する者は，事業用電気工作物を主務省令で定める技術基準に適合するように維持しなければならない．

b. 前項の主務省令は，次に掲げるところによらなければならない．

① 事業用電気工作物は，人体に危害を及ぼし，又は物件に損傷を与えないようにすること．

② 事業用電気工作物は，他の電気的設備その他の物件の機能に電気的又は磁気的な障害を与えないようにすること．

③ 事業用電気工作物の損壊により一般送配電事業者又は配電事業者の電気の供給に著しい支障を及ぼさないようにすること．

④ 事業用電気工作物が一般送配電事業又は配電事業の用に供される場合にあっては，その事業用電気工作物の損壊によりその一般送配電事業又は配電事業に係る電気の供給に著しい支障を生じないようにすること．

(2) 電気事業法　第40条（技術基準適合命令）

　主務大臣は，事業用電気工作物が前条第1項の主務省令で定める技術基準に適合していないと認めるときは，事業用電気工作物を設置する者に対し，その技術基準に適合するように事業用電気工作物を修理し，改造し，若しくは移転し，若しくはその使用を一時停止すべきことを命じ，又はその使用を制限することができる．

2. 一般用電気工作物

　一般用電気工作物は，事業用電気工作物に比較して安全性が高く，また，事業用電気工作物のように保安規程を作成し，主任技術者を選任して技術基準に適合するように維持するような保安体系をとることは不適当であることから，

① 　電気工事士法により施工段階での保安を確保する．（2.1節参照）
② 　電気用品安全法で電気用品の製造段階での品質を確保する．（2.2節参照）

とした上で，技術基準適合命令により使用段階での保安を確保することとしている．

　また，一般用電気工作物が技術基準に適合しているかどうかについては，「電線路維持運用者」に調査義務を課している．

　これらの関連条文は次のとおりである．

(1) 電気事業法　第56条（技術基準適合命令）：抜粋

　経済産業大臣は，一般用電気工作物が経済産業省令で定める技術基準に適合していないと認めるときは，その所有者又は占有者に対し，その技術基準に適合するように一般用電気工作物を修理し，改造し，若しくは移転し，若しくはその使用を一時停止すべきことを命じ，又はその使用を制限することができる．

(2) 電気事業法　第57条（調査の義務）：抜粋

　a.　一般用電気工作物と直接に電気的に接続する電線路を維持し，及び運用する者（「電線路維持運用者」という．）は，経済産業省令で定める場合を除き，経済産業省令で定めるところにより，その一般用電気工作物が技術基準に適合しているかどうかを調査しなければならない．

b. 電線路維持運用者は，a項の規定による調査の結果，一般用電気工作物が技術基準に適合していないと認めるときは，遅滞なく，その技術基準に適合するようにするためとるべき措置及びその措置をとらなかった場合に生ずべき結果をその所有者又は占有者に通知しなければならない．

c. 電線路維持運用者は，帳簿を備え，a項の規定による調査及びb項の規定による通知に関する業務に関し経済産業省令で定める事項を記載しなければならない．

d. c項の帳簿は，経済産業省令で定めるところにより，保存しなければならない．

(3) 電気事業法　第57条の2（調査業務の委託）：抜粋

　電線路維持運用者は，経済産業大臣の登録を受けた者（以下「登録調査機関」という．）に，その電線路維持運用者が維持し，及び運用する電線路と直接に電気的に接続する一般用電気工作物について，その一般用電気工作物が技術基準に適合しているかどうかを調査すること並びにその調査の結果その一般用電気工作物がその技術基準に適合していないときは，その技術基準に適合するようにするためとるべき措置及びその措置をとらなかった場合に生ずべき結果をその所有者又は占有者に通知すること（以下「調査業務」という．）を委託することができる．

(4) 電気事業法施行規則　第96条，第97条の3（一般用電気工作物の調査）：要旨

a. 電気事業法第57条の調査は，一般用電気工作物が設置された時及び変更の工事が完成した時に行うほか，次の頻度で行う．

① ②に掲げる一般用電気工作物以外の一般用電気工作物にあっては，4年に1回以上

② 一般用電気工作物の所有者又は占有者から一般用電気工作物の点検の業務を受託する事業を行うことについて，当該受託事業を行う区域を管轄する産業保安監督部長の登録を受けた法人が点検業務を受託している一般用電気工作物にあっては，5年に1回以上

b. 調査は，電気主任技術者免状の交付を受けている者，電気工事士法で定める第一種電気工事士又は第二種電気工事士などの定められた要件を満

たす者が行うこと.

（5）電気事業法施行規則　第103条（調査結果の記録等）：要旨

　a．電気事業法第57条の帳簿には次の事項などを記載する.

　　①　一般用電気工作物の所有者又は占有者の氏名又は名称及び住所

　　②　調査年月日と調査の結果

　　③　通知年月日と通知事項

　b．帳簿は，原則として，4年間保存するものとする.

基本例題にチャレンジ

次の文章は，電気事業法における事業用電気工作物の技術基準への適合に関するものである.

文中の　　　に当てはまる語句として，正しい組み合わせはどれか.

　電気事業法では，「電気設備技術基準」は次に掲げるところ等によらなければならないことが定められている.

a．事業用電気工作物は，人体に危害を及ぼし，又は (ア) に損傷を与えないようにすること.

b．事業用電気工作物は，他の電気的設備その他の物件の機能に (イ) な障害を与えないようにすること.

c．事業用電気工作物の損壊により一般送配電事業者又は配電事業者の (ウ) に著しい支障を及ぼさないようにすること.

	（ア）	（イ）	（ウ）
(1)	他の工作物	電気的又は磁気的	電気の供給
(2)	物件	磁気的又は機械的	設備の運用
(3)	他の工作物	電気的又は機械的	供給設備の機能
(4)	物件	電気的又は磁気的	電気の供給
(5)	他の電気設備	磁気的又は機械的	供給設備の機能

電気事業法 第39条（事業用電気工作物の維持）では，事業用電気工作物の設置者に対し，事業用電気工作物を技術基準に適合するように維持する義務とともに，その技術基準を定めるに当たっての基準を次のように定めている．

① 事業用電気工作物は，人体に危害を及ぼし，又は物件に損傷を与えないようにすること．

② 事業用電気工作物は，他の電気的設備その他の物件の機能に電気的又は磁気的な障害を与えないようにすること．

③ 事業用電気工作物の損壊により一般送配電事業者又は配電事業者の電気の供給に著しい支障を及ぼさないようにすること．

④ 事業用電気工作物が一般送配電事業又は配電事業の用に供される場合にあっては，その事業用電気工作物の損壊によりその一般送配電事業又は配電事業に係る電気の供給に著しい支障を生じないようにすること．

【解答】（4）

応用問題にチャレンジ

次の文章は，「電気事業法」および「電気事業法施行規則」に定められている調査の義務に関する記述である．文中の　　　に当てはまる語句または数値を記入しなさい．

a. 電線路維持運用者は，経済産業省令で定めるところにより，その供給する電気を使用する　(1)　電気工作物が経済産業省令で定める技術基準に適合しているかどうかを，原則として，　(2)　年に1回以上調査しなければならない．

b. 調査の結果，　(1)　電気工作物が技術基準に適合していないと認めるときは，遅滞なく，その技術基準に適合するようにするためにとるべき措置及びその措置をとらなかった場合に生ずべき結果をその　(3)　に通知しなければならない．

c. 電線路維持運用者は，　(4)　を備え，調査及び通知に関する業務に関し経済産業省令で定める事項を記載し，原則として，　(2)

　年間保存しなければならない.

d. 電線路維持運用者は，経済産業大臣の登録を受けた者（以下「登録調査機関」という.）に，上記 a 及び b の業務を [(5)] することができる.

　　電気事業法 第 57 条（調査の義務），第 57 条の 2（調査業務の委託）および電気事業法施行規則 第 96 条（一般用電気工作物の調査），第 103 条（調査結果の記録等）に関する問題である.
設問の各項は次の条文にかかわるものである.

　a 項：電気事業法 第 57 条，電気事業法施行規則第 96 条
　b 項：電気事業法 第 57 条
　c 項：電気事業法 第 57 条，電気事業法施行規則第 103 条
　d 項：電気事業法 第 57 条の 2

【解答】　(1) 一般用　(2) 4　(3) 所有者又は占有者　(4) 帳簿
　　　　　(5) 委託

(1) 事業用電気工作物の技術基準への適合

　電気事業法 第 39 条（事業用電気工作物の維持），第 40 条（技術基準適合命令）について学習する.

(2) 一般用電気工作物の技術基準への適合

電気事業法 第 56 条（技術基準適合命令），第 57 条（調査の義務），第 57 条の 2（調査業務の委託）および電気事業法施行規則 第 96 条（一般用電気工作物の調査），第 103 条（調査結果の記録等）について学習する.

演　習　問　題

【問題 1】

　次の文章は，「電気事業法」における事業用電気工作物の技術基準および技

術基準適合命令に関する記述である．文中の [   ] に当てはまる語句を解答群の中から選びなさい．

a. 事業用電気工作物の技術基準は，次に掲げるところによらなければならないことが定められている．

① 事業用電気工作物は，人体に危害を及ぼし，又は物件に損傷を与えないようにすること．

② 事業用電気工作物は，他の電気的設備その他の物件の機能に電気的又は [(1)] な障害を与えないようにすること．

③ 事業用電気工作物の [(2)] により一般送配電事業者又は配電事業者の [(3)] に著しい支障を及ぼさないようにすること．

④ 事業用電気工作物が一般送配電事業又は配電事業の用に供される場合にあっては，その事業用電気工作物の [(2)] によりその一般送配電事業又は配電事業に係る [(3)] に著しい支障を生じないようにすること．

b. 主務大臣は，事業用電気工作物が上記aの主務省令で定める技術基準に適合していないと認めるときは，事業用電気工作物を [(4)] する者に対し，その技術基準に適合するように事業用電気工作物を修理し，改造し，若しくは移転し，若しくはその使用を一時停止すべきことを命じ，又はその使用を [(5)] することができる．

〔解答群〕

（イ）化学的　（ロ）停　止　（ハ）磁気的
（ニ）需　要　（ホ）損　壊　（ヘ）設　置
（ト）静電的　（チ）故　障　（リ）保　安
（ヌ）留　保　（ル）運　用　（ヲ）使　用
（ワ）制　限　（カ）禁　止　（ヨ）電気の供給

【問題2】

次の文章は，「電気事業法」における一般用電気工作物の保安に関する記述である．文中の [   ] に当てはまる語句を解答群の中から選びなさい．

a. 経済産業大臣は，一般用電気工作物が経済産業省令で定める技術基準に適合していないと認めるときは，その所有者又は占有者に対し，その技術基準に適合するように一般用電気工作物を [(1)] し，改造し，若しく

は移転し，若しくはその使用を一時停止すべきことを命じ，又はその使用を $\boxed{(2)}$ することができる．

b. 一般用電気工作物と直接に電気的に接続する電線路を維持し，及び運用する者（以下「電線路維持運用者」という．）は，経済産業省令で定めるところにより，その一般用電気工作物が上記 a の経済産業省令で定める技術基準に適合しているかどうかを調査しなければならない．ただし，その一般用電気工作物の $\boxed{(3)}$ の場所に立ち入ることにつき，その所有者又は占有者の承諾を得ることができないときは，この限りでない．

c. 電線路維持運用者は，上記 b の規定による調査の結果，一般用電気工作物が上記 a の経済産業省令で定める技術基準に適合していないと認めるときは，遅滞なく，その技術基準に適合するようにするためとるべき措置及びその措置をとらなかった場合に生ずべき $\boxed{(4)}$ をその所有者又は占有者に通知しなければならない．

d. 電線路維持運用者は，経済産業大臣の $\boxed{(5)}$ を受けた者に，上記 b 及び c の業務を委託することができる．

〔解答群〕

（イ）監　視	（ロ）交　換	（ハ）排　除	（ニ）承　認
（ホ）結　果	（ヘ）登　録	（ト）責　任	（チ）操　作
（リ）設　置	（ヌ）修　理	（ル）損　害	（ヲ）指　定
（ワ）延　期	（カ）制　限	（ヨ）点　検	

●問題1の解答●

(1) － (ハ)，(2) － (ホ)，(3) － (ヨ)，(4) － (ヘ)，(5) － (ワ)

電気事業法 第39条（事業用電気工作物の維持），第40条（技術基準適合命令）を参照．

●問題2の解答●

(1) － (ヌ)，(2) － (カ)，(3) － (リ)，(4) － (ホ)，(5) － (ヘ)

電気事業法 第56条（技術基準適合命令），第57条（調査の義務），第57条の2（調査業務の委託）を参照．

1.4 保安規程および電気主任技術者

要点

　事業用電気工作物は，一般用電気工作物に比べ規模が大きく，危険性も大きいため，事業用電気工作物の設置者に対し，

① 　事業用電気工作物を技術基準に適合するように維持する義務

② 　保安規程を作成し届け出る義務

③ 　主任技術者を選任し届け出る義務

を課している．①については1.3節のとおりであるが，②および③に関する条文は次のとおりである．

1. 保安規程に関する主な条文

(1) 電気事業法　第42条（保安規程）：要旨

a. 事業用電気工作物（小規模事業用電気工作物を除く．以下この款において同じ．）を設置する者は，事業用電気工作物の工事，維持及び運用に関する保安を確保するため，主務省令で定めるところにより，保安を一体的に確保することが必要な事業用電気工作物の組織ごとに保安規程を定め，事業用電気工作物の使用の開始前に，主務大臣に届け出なければならない．

b. 事業用電気工作物を設置する者は，保安規程を変更したときは，遅滞なく，変更した事項を主務大臣に届け出なければならない．

c. 主務大臣は，事業用電気工作物の工事，維持及び運用に関する保安を確保するため必要があると認めるときは，事業用電気工作物を設置する者に対し，保安規程を変更すべきことを命ずることができる．

d. 事業用電気工作物を設置する者及びその従業者は，保安規程を守らなければならない．

(2) 電気事業法施行規則　第50条（保安規程）：抜粋

電気事業法第42条第1項の保安規程は，事業用電気工作物の種類ごとに定める．

一般送配電事業，送電事業，配電事業又は発電事業の用に供する事業用電気工作物について定める主な事項は次のとおりである．

① 事業用電気工作物の工事，維持又は運用に関する保安のための関係法令及び保安規程の遵守のための体制（経営責任者の関与を含む．）に関すること．
② 事業用電気工作物の工事，維持又は運用を行う者の職務及び組織に関すること．
③ 事業用電気工作物の工事，維持又は運用を行う者に対する保安教育に関すること．
④ 事業用電気工作物の保安のための巡視，点検及び検査に関すること．
⑤ 事業用電気工作物の運転又は操作に関すること．
⑥ 発電所又は蓄電所の運転を相当期間停止する場合における保全の方法に関すること．
⑦ 災害その他非常の場合に採るべき措置に関すること．
⑧ 事業用電気工作物の工事，維持又は運用に関する保安についての適正な記録に関すること．
⑨ その他事業用電気工作物の工事，維持及び運用に関する保安に関し必要な事項．

2. 主任技術者に関する主な条文

(1) 電気事業法　第43条（主任技術者）

a. 事業用電気工作物を設置する者は，事業用電気工作物の工事，維持及び運用に関する保安の監督をさせるため，主務省令で定めるところにより，主任技術者免状の交付を受けている者のうちから，主任技術者を選任しなければならない．

第1章 電気事業法および関連法令

b. 自家用電気工作物（小規模事業用電気工作物を除く.）を設置する者は，上記a項の規定にかかわらず，主務大臣の許可を受けて，主任技術者免状の交付を受けていない者を主任技術者として選任することができる.

c. 事業用電気工作物を設置する者は，主任技術者を選任したとき（b項の許可を受けて選任した場合を除く.）は，遅滞なく，その旨を主務大臣に届け出なければならない.これを解任したときも，同様とする.

d. 主任技術者は，事業用電気工作物の工事，維持及び運用に関する保安の監督の職務を誠実に行わなければならない.

e. 事業用電気工作物の工事，維持又は運用に従事する者は，主任技術者がその保安のためにする指示に従わなければならない.

(2) 電気事業法施行規則 第56条（免状の種類による監督の範囲）：抜粋

主任技術者免状の交付を受けている者が，保安の監督をすることができる事業用電気工作物の工事，維持及び運用の範囲は，次の表の左欄に掲げる主任技術者免状の種類に応じて，それぞれ同表の右欄に掲げるとおりとする.

主任技術者免状の種類	保安の監督をすることができる範囲
① 第1種電気主任技術者免状	事業用電気工作物の工事，維持及び運用
② 第2種電気主任技術者免状	電圧170 000 V未満の事業用電気工作物の工事，維持及び運用
③ 第3種電気主任技術者免状	電圧50 000 V未満の事業用電気工作物（出力5 000 kW以上の発電所又は蓄電所を除く.）の工事，維持及び運用

基本例題にチャレンジ

「電気事業法」に基づく保安規程において定めなければならない事項として，誤っているのは次のうちどれか.

(1) 事業用電気設備の新増設計画に関すること.

(2) 事業用電気工作物の工事，維持又は運用を行う者に対する保安教育に関すること.

(3) 事業用電気工作物の保安のための巡視，点検および検査に関すること.

(4) 事業用電気工作物の運転又は操作に関すること.

(5) 発電所又は蓄電所の運転を相当期間停止する場合における保全の方法に関すること.

電気事業法 第42条（保安規程）に規定されているように，保安規程で定めるべき事項は「事業用電気工作物の工事，維持及び運用に関する保安を確保するため」に必要な事項で，その具体的内容は電気事業法施行規則 第50条（保安規程）に定められている.

電気設備の新増設計画は，保安規程に定める必要はない.

【解答】 (1)

応 用 問 題 に チ ャ レ ン ジ

次の文章は，「電気事業法および同法施行規則」に基づく，電気主任技術者に関する記述である．文中の ▢ にあてはまる語句または数値を記入しなさい.

a. 事業用電気工作物を ▢(1)▢ する者は，事業用電気工作物の工事，維持及び運用に関する保安の監督をさせるため，主務省令で定めるところにより，主任技術者免状の交付を受けている者のうちから，主任技術者を選任しなければならない.

b. 第2種電気主任技術者免状を有する者が保安の監督をすることができる範囲は，電圧 ▢(2)▢ V未満の事業用電気工作物の工事，維持及び運用[注]である.

c. 第3種電気主任技術者免状を有する者が保安の監督をすることができ

る範囲は，電圧 (3) V 未満の事業用電気工作物（出力 (4) kW 以上の発電所又は蓄電所を除く.）の工事，維持及び運用^(注)である.

(注) 事業用電気工作物の工事，維持及び運用のうち，電気主任技術者の対象とならないものは水力設備，火力設備（内燃力を原動力とするものなどを除く.），原子力設備及び燃料電池設備（改質器の最高使用圧力が 98 kPa 以上のものに限る.）に係るものである. ただし，これらの設備のうち電気的設備に係るものは対象となる.

電気事業法 第 43 条（主任技術者）および電気事業法施行規則 第 56 条（免状の種類による監督の範囲）に関する問題である.

電気事業法では，事業用電気工作物の設置者に対し，事業用電気工作物の工事，維持及び運用に関する保安の監督をさせるために，主任技術者を選任し届け出る義務を課すとともに，主任技術者と事業用電気工作物の工事，維持及び運用に従事する者の義務について規定している.

主任技術者免状には，第 1 種，第 2 種および第 3 種電気主任技術者免状，第 1 種，第 2 種ダム水路主任技術者免状，第 1 種，第 2 種ボイラー・タービン主任技術者免状の 7 種がある.

これらの主任技術者免状の交付を受けている者が監督できる範囲は，免状の種類ごとに電気事業法施行規則第 56 条に定められている.

【解答】 (1) 設置 (2) 170 000 (3) 50 000 (4) 5 000

電気事業法 第 42 条（保安規程），第 43 条（主任技術者）および電気事業法施行規則 第 50 条（保安規程），第 56 条（免状の種類による監督の範囲）について学習する.

演 習 問 題

【問題1】

次の文章は，「電気事業法」および「電気事業法施行規則」に基づく，保安規程に関する記述の一部である．文中の ⬜ に当てはまる最も適切なものを解答群の中から選びなさい．

a. 事業用電気工作物（小規模事業用電気工作物を除く．以下この款において同じ．）を設置する者は，事業用電気工作物の工事，維持及び運用に関する保安を確保するため，主務省令で定めるところにより，保安を一体的に確保することが必要な事業用電気工作物の (1) ごとに保安規程を定め，当該 (1) における事業用電気工作物の使用（使用前自主検査又は溶接事業者検査を伴うものにあっては，その工事）の開始前に，主務大臣に届け出なければならない．

b. 事業用電気工作物を設置する者は，保安規程を変更したときは， (2) ，変更した事項を主務大臣に届け出なければならない．

c. 自家用電気工作物を設置する者が保安規程に定める事項を示すと次のとおりである．

① 事業用電気工作物の工事，維持又は運用に関する業務を管理する者の (3) 及び (1) に関すること．

② 事業用電気工作物の工事，維持又は運用に従事する者に対する (4) に関すること．

③ 事業用電気工作物の工事，維持及び運用に関する保安のための巡視，点検及び検査に関すること．

④ 事業用電気工作物の運転又は操作に関すること．

⑤ 事業用電気工作物の工事，維持及び運用に関する保安についての (5) に関すること．

〔解答群〕

（イ）7日以内に （ロ）安全管理 （ハ）組　織 （ニ）10日以内に

（ホ）設置場所 （ヘ）記　録 （ト）職　位 （チ）事業場

（リ）権　限 （ヌ）契　約 （ル）工　程 （ヲ）保安教育

（ワ）訓　練　　　（カ）職　務　　　（ヨ）遅滞なく

【問題2】

次の文章は，「電気事業法」における，主任技術者および保安規程に関する記述の一部である．文中の□□□に当てはまる最も適切なものを解答群の中から選びなさい．

a. 主任技術者は，　(1)　電気工作物の工事，　(2)　及び運用に関する保安の　(3)　の職務を誠実に行わなければならない．

b. 電気主任技術者試験は，主任技術者免状の種類ごとに，　(1)　電気工作物の工事，　(2)　及び運用の保安に関して必要な知識及び　(4)　について，経済産業大臣が行う．

c. 　(1)　電気工作物を設置する者及びその　(5)　は，保安規程を守らなければならない．

〔解答群〕

（イ）保　守　　　（ロ）維　持　　　（ハ）技　能　　　（ニ）電気事業用
（ホ）工事業者　　（ヘ）技　術　　　（ト）施設利用者　（チ）監　督
（リ）点　検　　　（ヌ）自家用　　　（ル）事業用　　　（ヲ）指　導
（ワ）経　験　　　（カ）確　保　　　（ヨ）従業者

●問題1の解答●

(1)－（ハ），(2)－（ヨ），(3)－（カ），(4)－（ヲ），(5)－（ヘ）

電気事業法 第42条（保安規程），電気事業法施行規則 第50条（保安規程）を参照．

●問題2の解答●

(1)－（ル），(2)－（ロ），(3)－（チ），(4)－（ハ），(5)－（ヨ）

電気事業法 第42条（保安規程），第43条（主任技術者），第45条（電気主任技術者試験）を参照．

第1章 電気事業法および関連法令

1.5 工事計画の認可および届出

要点

　　事業用電気工作物の保安は，設置者が自主保安により技術基準に適合するように維持することが基本であるが，公共の安全を確保し，環境の保全を図る上で重要な事業用電気工作物については，設置または変更の工事計画の認可を受けまたは届出を行うことを定め，また，そのうち特に重要なものについては使用前に自主検査を行うことなどを電気事業法において規定している．

　　これらの規定を受ける事業用電気工作物の範囲の詳細や手続きの方法等は，同法の施行規則に定められている．

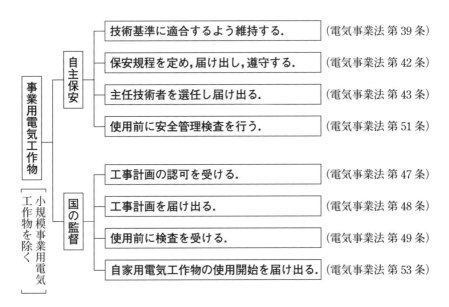

事業用電気工作物（小規模事業用電気工作物を除く）

自主保安
- 技術基準に適合するよう維持する． （電気事業法 第39条）
- 保安規程を定め，届け出し，遵守する． （電気事業法 第42条）
- 主任技術者を選任し届け出る． （電気事業法 第43条）
- 使用前に安全管理検査を行う． （電気事業法 第51条）

国の監督
- 工事計画の認可を受ける． （電気事業法 第47条）
- 工事計画を届け出る． （電気事業法 第48条）
- 使用前に検査を受ける． （電気事業法 第49条）
- 自家用電気工作物の使用開始を届け出る． （電気事業法 第53条）

1. 認可に関する主な条文

(1) 電気事業法　第47条（工事計画）：抜粋

a. 事業用電気工作物の設置又は変更の工事であって，公共の安全の確保上特に重要なものとして主務省令で定めるものをしようとする者は，その工事の計画について主務大臣の認可を受けなければならない．ただし，事業用電気工作物が滅失し，若しくは損壊した場合又は災害その他非常の場合において，やむを得ない一時的な工事としてするときは，この限りでない．

b. a項の認可を受けた者は，その認可を受けた工事の計画を変更しようとするときは，主務大臣の認可を受けなければならない．ただし，その変更が主務省令で定める軽微なものであるときは，この限りでない．

(2) 電気事業法施行規則　第62条（工事計画の認可等）：抜粋

電気事業法第47条a項の主務省令で定める事業用電気工作物（小規模事業用電気工作物を除く．）の設置又は変更の工事は，別表第2の左欄に掲げる工事の種類に応じて，それぞれ同表の中欄に掲げるものとする．

2. 届出に関する主な条文

(1) 電気事業法　第48条（工事計画）：抜粋

a. 事業用電気工作物の設置又は変更の工事（電気事業法 第47条のa項に定めるものを除く．）であって，主務省令で定めるものをしようとする者は，その工事の計画を主務大臣に届け出なければならない．その工事の計画の変更（主務省令で定める軽微なものを除く．）をしようとするときも，同様とする．

b. a項の規定による届出をした者は，その届出が受理された日から30日を経過した後でなければ，その届出に係る工事を開始してはならない．

(2) 電気事業法施行規則　第65条（工事計画の事前届出）：抜粋

電気事業法第48条a項の主務省令で定めるものは，次のとおりとする．

① 事業用電気工作物の設置又は変更の工事であって，別表第2の左欄に掲げる工事の種類に応じて，それぞれ同表の右欄に掲げるもの．

(3) 電気事業法施行規則　第66条（工事計画の事前届出）：要旨

工事の計画の届出をしようとする者は，工事計画（変更）届出書に次の書類等を添えて提出しなければならない．

① 工事計画書

② 工事工程表

③ 変更の工事又は工事の計画の変更に係る場合は，変更を必要とする理由を記載した書類

電気事業法施行規則　別表2　：抜粋

工事の種類		認可を要するもの	事前届出を要するもの
発電所	a. 設置の工事	出力20 kW以上の発電所の設置であって，次に掲げるもの以外のもの ① 水力発電所の設置 ② 火力発電所の設置 ③ 燃料電池発電所の設置 ④ 太陽電池発電所の設置 ⑤ 風力発電所の設置	水力発電所，汽力を原動力とする火力発電所，出力500 kW以上の燃料電池発電所，出力2 000 kW以上の太陽電池発電所，出力500 kW以上の風力発電所の設置など
蓄電所	a. 設置の工事	（該当無し）	出力1万kW以上又は容量8万kW·h以上の蓄電所の設置
変電所	a. 設置の工事	（該当無し）	電圧17万V以上（構内以外の場所から伝送される電気を変成するために設置する変圧器その他の電気工作物の総合体であって，構内以外の場所に伝送するためのもの以外のもの（以下「受電所」という.）にあっては，10万V以上）の変電所の設置
	b. 変更の工事	（該当無し）	電圧17万V以上であって，容量10万kV·A以上（受電所にあっては，電圧10万V以上であって，容量1万kV·A以上）の変圧器の改造であって，次に掲げるものなど ① 20%以上の電圧又は容量の変更を伴うもの ② 電圧調整装置を付加するもの

送電線路	a. 設置の工事	（該当無し）	電圧17万V以上の送電線路の設置など
需要設備	a. 設置の工事	（該当無し）	受電電圧1万V以上の需要設備の設置
	b. 変更の工事であって，次の設備に係るもの (1) 遮断器		他の者が設置する電気工作物と電気的に接続するための遮断器（受電電圧1万V以上の需要設備に属するものに限る.）であって，電圧1万V以上のものの設置，20%以上の遮断電流の変更を伴う改造，取替えなど
	(2) 電力貯蔵装置	（該当無し）	受電電圧1万V以上の需要設備に属する電力貯蔵装置であって，容量8万kW·h以上のものの設置など
	(3) (1),(2)の機器以外の機器（計器用変成器を除く.）		電圧1万V以上の機器であって，容量1万kV·A以上又は出力1万kW以上のものの設置，20%以上の電圧又は20%以上の容量若しくは出力の変更を伴う改造など
	(4) 電線路		電圧5万V以上の電線路の設置など

3. 使用前の自主検査に関する主な条文

(1) 電気事業法　第51条（使用前安全管理検査）：抜粋

電気事業法第48条第1項の規定による届出をして設置又は変更の工事をする事業用電気工作物であって，主務省令で定めるものを設置する者は，主務省令で定めるところにより，その使用の開始前に，当該事業用電気工作物について自主検査を行い，その結果を記録し，これを保存しなければならない.

(2) 電気事業法施行規則　第73条の2の2（使用前安全管理検査）：抜粋

電気事業法第51条第1項の主務省令で定める事業用電気工作物は，次に掲げるもの以外のものなどとする.

① 出力3万kW未満であって，ダムの高さが15m未満の水力発電所

② 内燃力を原動力とする火力発電所

③ 変更の工事を行う発電所，蓄電所又は変電所の属する電力用コンデンサ

④ 変更の工事を行う発電所，蓄電所又は変電所に属する分路リアクトル又は限流リアクトル

⑤ 電力貯蔵装置（蓄電所に属する出力 1 万 kW 以上又は容量 8 万 kW·h 以上のものを除く.）

⑥ 非常用予備発電装置

4. 小規模事業用電気工作物の保安規制

　これまで一般用電気工作物として扱われてきた小規模事業用電気工作物（太陽電池発電設備（出力 10 kW 以上 50 kW 未満）および風力発電設備（20 kW 未満））については，太陽光パネルの飛散や風車のブレード破損・タワーの倒壊などの事故の発生などにより，これら発電設備の安全確保に対する社会的な要請を受け，次のような保安規制が行われることになった.

　a．技術基準に適合するように維持する.（電気事業法第 39 条（事業用電気工作物の維持））

　b．次のような基礎情報を届け出る.（電気事業法第 46 条（小規模事業用電気工作物を設置する者の届出），同法施行規則第 57 条（小規模事業用電気工作物を設置する者の届出））

① 設置者の氏名，住所，設備の設置場所などの情報

② 保安の監督業務の担当者の氏名，連絡先や点検の頻度

　c．使用前自己確認を行い，その結果を届け出る.（電気事業法第 51 条の 2（設置者による事業用電気工作物の自己確認））

基本例題にチャレンジ

　次の文章は，「電気事業法」に基づく，工事計画の届出に関するものである.

　自家用電気工作物の需要設備を設置する場合の工事計画について，主務大臣へ事前届出を要するものは受電電圧□□□ V 以上のものである.

　上記の記述中の空白箇所に記入する数値として，正しいのは，次のうちどれか.

(1)　6 600　　　　　(2)　10 000　　　　　(3)　60 000

(4)　100 000　　　　(5)　170 000

　　　　　　　　　　電気事業法 第48条に規定された工事計画の届出が必要な事業用電気工作物の具体的な範囲については，電気事業法施行規則 第65条（工事計画の事前届出）に定められている．

　需要設備を設置するときは，別表2に基づき，受電電圧1万V以上の場合に届出が必要である．

【解答】　(2)

応用問題にチャレンジ

次の文章は，「電気事業法」および「電気事業法施行規則」に基づく，受電所における変圧器の改造工事に関する記述である．文中の　　　　に当てはまる語句または数値を記入しなさい．

　a.　受電所における変圧器の改造工事のうち，主務大臣に対する工事計画の事前届出（以下「届出」という．）が必要なものは，電圧　(1)　kV 以上で，容量　(2)　kV·A 以上の変圧器の改造であって，次に掲げるものである．
　　①　20%以上の電圧又は容量の変更を伴うもの．
　　②　　(3)　を付加するもの．
　b.　上記 a の届出をした者は，その届出が受理された日から　(4)　日を経過した後でなければ，その届出に係る工事を開始してはならない．
　c.　上記 a の届出をした者は，その使用の開始前に，当該変圧器の自主検査を行い，その結果を　(5)　し，これを保存しなければならない．

(1) a項は電気事業法施行規則の別表第2に関する問題である.

「受電所」とは、別表第2に定められているように、「構内以外の場所から伝送される電気を変成するために設置する変圧器その他の電気工作物の総合体であって、構内以外の場所に伝送するためのもの以外のもの」をいう.

「受電所」の場合には、次の工事の場合などに届出が必要である.

① 電圧10万V以上で容量1万kV·A以上の変圧器の設置.

② 電圧10万V以上で、容量1万kV·Aの変圧器の改造であって、次に掲げるもの.

　ア) 20%以上の電圧又は容量の変更を伴うもの.

　イ) 電圧調整装置を付加するもの.

(2) b項は、電気事業法 第48条（工事計画）に関する問題である.

(3) c項は、電気事業法 第51条（使用前安全管理検査）に関する問題で、届出をして設置・変更の工事をする事業用電気工作物のうち定められたものについては、その使用の開始前に自主検査を行い、その結果を記録し、これを保存しなければならない.

この記録が必要になる工事の範囲は、電気事業法施行規則 第73条の2の2（使用前安全管理検査）に規定されている.

【解答】　(1) 100　(2) 10 000　(3) 電圧調整装置　(4) 30　(5) 記録

ここが重要

電気事業法 第47条（工事計画）、第48条（工事計画）、第51条（使用前安全管理検査）および電気事業法施行規則 第65条（工事計画の事前届出）、第73条の2の2（使用前安全管理検査）について学習する.

演 習 問 題

【問題1】

　次の文章は，「電気事業法」および「電気事業法施行規則」に基づく，電気工作物の工事をする場合の手続きに関する記述である．文中の□□□に当てはまる語句または数値を解答群の中から選びなさい．

　a.　　(1)　電気工作物の設置又は変更の工事（公共の安全の確保上特に重要なものとして経済産業省令で定めるものを除く．）であって，経済産業省令で定めるものをしようとする者は，その工事の計画を経済産業大臣に届け出なければならない．

　b.　上記aの規定による届出をした者は，その届出が受理された日から　(2)　を経過した後でなければ，その届出に係る工事を開始してはならない．

　c.　次に掲げる　(1)　電気工作物の設置の工事の計画は，届出の対象となっている．

①　火力発電所であって　(3)　を原動力とするものの設置

②　電圧 170 000 V 以上（受電所にあっては　(4)　V 以上）の変電所の設置

③　受電電圧　(5)　V 以上の需要設備の設置

〔解答群〕

（イ）自家用	（ロ）100 000	（ハ）6 000	（ニ）汽 力
（ホ）3 週間	（ヘ）30 日	（ト）250 000	（チ）10 000
（リ）内燃力	（ヌ）ガスタービン	（ル）事業用	（ヲ）60 000
（ワ）3 000	（カ）3 か月	（ヨ）電気事業用	

【問題2】

　次の文章は，「電気事業法」および「電気事業法施行規則」に基づく，事業用電気工作物の工事計画の届出に関する記述である．文中の□□□に当てはまる最も適切なものを解答群の中から選びなさい．なお，工事は，やむを得ずに行う一時的な工事ではないとする．

　a.　事業用電気工作物を設置又は変更するための工事計画を主務大臣に届け

出た者は，　(1)　から 30 日を経過した後でなければ，その届出に係る工事を開始してはならない．

b. 内燃力を原動力とする火力発電所の設置であって，出力　(2)　以上の発電所を設置しようとする者は，その工事の計画を主務大臣に届け出なければならない．

c. 出力 30 000 kW 以上の水力発電設備に係る水車の改造工事であって，出力の変更が　(3)　％以上となるものをしようとする者は，その工事の計画を主務大臣に届け出なければならない．

d. 受電電圧が　(4)　以上の，需要設備（鉱山保安法の適用対象を除く）を設置しようとする者は，その工事の計画を主務大臣に届け出なければならない．

e. 上記 b～d の工事計画を届け出ようとする者は，届出書に工事計画書，　(5)　及び当該電気工作物の種類に応じた書類を添えて提出しなければならない．

〔解答群〕

（イ）届け出た日	（ロ）工事体制表	（ハ）20
（ニ）10 000 V	（ホ）工事予算書	（ヘ）その届出が受理された日
（ト）600 V	（チ）郵送した日	（リ）10
（ヌ）1 000 kW	（ル）6 000 V	（ヲ）10 000 kW
（ワ）工事工程表	（カ）5 000 kW	（ヨ）50

【問題 3】

次の文章は，「電気事業法」に基づく事業用電気工作物およびその使用前自主検査に関する記述である．文中の　　　　に当てはまる最も適切なものを解答群の中から選びなさい．

a. 事業用電気工作物を　(1)　は，事業用電気工作物を主務省令で定める技術基準に適合するように　(2)　しなければならない．

b. 使用前自主検査を行う事業用電気工作物を　(1)　は，使用前自主検査の実施に係る体制について，主務省令で定める時期に，事業用電気工作物（原子力を原動力とする発電用のものを除く．）であって経済産業省令で定めるものを　(1)　にあっては経済産業大臣の登録を受けた者が，その

　　他の者にあっては主務大臣が行う (3) を受けなければならない．

c．上記 b の (3) は，事業用電気工作物の (4) を旨として，使用前自主検査の実施に係る組織， (5) ，工程管理その他主務省令で定める事項について行う．

〔解答群〕

　（イ）検査の費用　　（ロ）所有する者　（ハ）許　可　　　（ニ）検査の方法
　（ホ）審　査　　　　（ヘ）故障防止　　（ト）検査の項目　（チ）承　認
　（リ）信頼性向上　　（ヌ）維　持　　　（ル）使用する者　（ヲ）運　用
　（ワ）設置する者　　（カ）建　設　　　（ヨ）安全管理

●問題1の解答●

（1）−（ル），（2）−（ヘ），（3）−（ニ），（4）−（ロ），（5）−（チ）

電気事業法 第48条（工事計画），電気事業法施行規則 第65条（工事計画の事前届出）を参照．

●問題2の解答●

（1）−（ヘ），（2）−（ヲ），（3）−（ハ），（4）−（ニ），（5）−（ワ）

電気事業法 第48条（工事計画），電気事業法施行規則 第65条（工事計画の事前届出），第66条（工事計画の事前届出）を参照．

●問題3の解答●

（1）−（ワ），（2）−（ヌ），（3）−（ホ），（4）−（ヨ），（5）−（ニ）

電気事業法 第39条（事業用電気工作物の維持），第51条（使用前安全管理検査）を参照．

1.6 電気関係報告規則

 要点

　電気事業法 第106条（報告の徴収）で，経済産業大臣は一般送配電事業者や自家用電気工作物を設置する者等に業務の状況などについて報告をさせることができることが規定されており，その具体的な内容は「電気関係報告規則」に定められている．

1. 電気関係報告規則　第3条および第3条の2（事故報告）：要旨

(1) 事故報告の方法

　a．電気事業者又は自家用電気工作物を設置する者の事故報告

　① 事故の発生を知った時から24時間以内可能な限り速やかに事故の発生の日時及び場所，事故が発生した電気工作物並びに事故の概要について，電話等の方法で報告する．

　② 事故の発生を知った日から起算して30日以内に所定の様式の報告書を提出する．ただし，供給支障事故などで事故の原因が自然現象であるものについては報告書の提出を要しない．

　b．小規模事業用電気工作物を設置する者の事故報告

　① 事故の発生を知った時から24時間以内可能な限り速やかに氏名，事故の発生の日時及び場所，事故が発生した電気工作物並びに事故の概要について電話等の方法で報告する．

　② 事故の発生を知った日から起算して30日以内に当該事故の詳細を記載した報告書を提出する．

（2）電気事業者又は自家用電気工作物を設置する者の報告が必要な事故：抜粋

事故		報告先	
		電気事業者	自家用電気工作物を設置する者
感電又は電気工作物の破損若しくは電気工作物の誤操作若しくは電気工作物を操作しないことにより人が死傷した事故（死亡又は病院若しくは診療所に入院した場合に限る.）		管轄する産業保安監督部長	管轄する産業保安監督部長
電気火災事故（工作物にあっては，その半焼以上の場合に限る.）			
電気工作物の破損又は電気工作物の誤操作若しくは電気工作物を操作しないことにより，他の物件に損傷を与え，又はその機能の全部又は一部を損なわせた事故			
主要電気工作物の破損事故	出力 500 kW 以上の燃料電池発電所，出力 50 kW 以上の太陽電池発電所，出力 20 kW 以上の風力発電所，出力 1 万 kW 又は容量 8 万 kW·h 以上の蓄電所，電圧 17 万 V 以上 30 万 V 未満の変電所・送電線路や電圧 1 万 V 以上の需要設備など	管轄する産業保安監督部長	管轄する産業保安監督部長
	電圧 30 万 V 以上の変電所・送電線路など	経済産業大臣	経済産業大臣
供給支障事故	供給支障電力が 7 000 kW 以上 7 万 kW 未満で，支障時間が 1 時間以上又は供給支障電力が 7 万 kW 以上 10 万 kW 未満で，支障時間が 10 分以上	管轄する産業保安監督部長	—
	供給支障電力が 10 万 kW 以上で，支障時間が 10 分以上	経済産業大臣	—
	一般送配電事業者の一般送配電事業の用に供する電気工作物，配電事業者の配電事業の用に供する電気工作物又は特定送配電事業者の特定送配電事業の用に供する電気工作物と電気的に接続されている電圧 3 000 V 以上の自家用電気工作物の破損又は自家用電気工作物の誤操作若しくは自家用電気工作物を操作しないことにより一般送配電事業者，配電事業者又は特定送配電事業者に供給支障を発生させた事故	—	管轄する産業保安監督部長
電気工作物に係る社会的に影響を及ぼした事故		管轄する産業保安監督部長	管轄する産業保安監督部長

(3) 小規模事業用電気工作物の事故報告

　小規模事業用電気工作物を設置する者は，次の各号に掲げる事故が発生したときは，小規模事業用電気工作物の設置の場所を管轄する産業保安監督部長に報告しなければならない．この場合において，二以上の号に該当する事故であって，報告先の産業保安監督部長が異なる事故は，経済産業大臣に報告しなければならない．

① 感電又は電気工作物の破損若しくは電気工作物の誤操作若しくは電気工作物を操作しないことにより人が死傷した事故（死亡又は病院若しくは診療所に入院した場合に限る．）

② 電気火災事故（工作物にあっては，その半焼以上の場合に限る．）

③ 電気工作物の破損又は電気工作物の誤操作若しくは電気工作物を操作しないことにより，他の物件に損傷を与え，又はその機能の全部又は一部を損なわせた事故

④ 小規模事業用電気工作物に属する主要電気工作物の損壊事故

2．電気関係報告規則　第5条（自家用電気工作物を設置する者の発電所の出力の変更等の報告）

　自家用電気工作物（原子力発電工作物及び小規模事業用電気工作物を除く．）を設置する者は，次の場合は，遅滞なく，その旨を当該自家用電気工作物の設置の場所を管轄する産業保安監督部長に報告しなければならない．

① 発電所，蓄電所若しくは変電所の出力又は送電線路若しくは配電線路の電圧を変更した場合

② 発電所，蓄電所，変電所その他の自家用電気工作物を設置する事業場又は送電線路若しくは配電線路を廃止した場合

基本例題にチャレンジ

「電気関係報告規則」に基づく事故報告に関して，受電電圧6 600 Vの自家用電気工作物を設置する事業場における下記(1)から(5)の事故事例のうち，事故報告に該当しないのはどれか．

第1章　電気事業法および関連法令

(1) 自家用電気工作物の破損事故に伴う構内1号柱の倒壊により道路をふさぎ，長時間の交通障害を起こした．

(2) 保修作業員が，作業中誤って分電盤内の低圧200 Vの端子に触れて感電負傷し，治療のため3日間入院した．

(3) 電圧100 V屋内配線の漏電により火災が発生し，建屋が全焼した．

(4) 従業員が，操作を誤って高圧の誘導電動機を損壊させた．

(5) 落雷により高圧負荷開閉器が破損し，電気事業者に供給支障を発生させたが，電気火災は発生せず，また，感電死傷者は出なかった．

6 600 Vの誘導電動機の破損事故は，主要電気工作物の破損事故に該当しないので，報告をする必要はない．

【解答】 (4)

応用問題にチャレンジ

次の文章は，「電気関係報告規則」に基づく電気事故の定義に関する記述である．文中の　　　に当てはまる語句を記入しなさい．

a. 「電気火災事故」とは，漏電，短絡，　(1)　その他の電気的要因により建造物，車両その他の工作物（　(2)　を除く．），山林等に火災が発生することをいう．

b. 「破損事故」とは，電気工作物の変形，損傷若しくは破壊などが原因で，電気工作物の　(3)　が低下又は喪失することにより，直ちに，その運転が停止することなどをいう．

c. 「供給支障事故」とは，破損事故又は電気工作物の誤操作若しくは電気工作物を操作しないことにより　(4)　（当該電気工作物を管理する者を除く．）に対し，電気の供給が停止し，又は電気の使用を　(5)　に制限することをいう．ただし，電路が自動的に再閉路されることにより電気の供給の停止が終了した場合を除く．

電気関係報告規則 第1条（定義）に関する問題である．同法に定められている主な用語の定義は次のとおりである．

a. 「電気火災事故」とは，漏電，短絡，せん絡その他の電気的要因により建造物，車両その他の工作物（電気工作物を除く．），山林等に火災が発生することをいう．

b. 「破損事故」とは，電気工作物の変形，損傷若しくは破壊，火災又は絶縁劣化若しくは絶縁破壊が原因で，当該電気工作物の機能が低下又は喪失したことにより，直ちに，その運転が停止し，若しくはその運転を停止しなければならなくなること又はその使用が不可能となり，若しくはその使用を中止することをいう．

c. 「供給支障事故」とは，破損事故又は電気工作物の誤操作若しくは電気工作物を操作しないことにより電気の使用者（当該電気工作物を管理する者を除く．）に対し，電気の供給が停止し，又は電気の使用を緊急に制限することをいう．ただし，電路が自動的に再閉路されることにより電気の供給の停止が終了した場合を除く．

【解答】 (1) せん絡　(2) 電気工作物　(3) 機能　(4) 電気の使用者
　　　　 (5) 緊急
　　　　 【注】「せん絡」とは火花放電によって電極間がつながる現象をいう．

1. 報告が必要な場合

(1) 次のような重大事故が発生した場合
　　① 感電などによる死傷事故
　　② 電気火災事故
　　③ 主要電気工作物の破損事故
　　④ 供給支障事故

(2) 発電所，蓄電所，変電所その他の自家用電気工作物を設置する事業所等を廃止した場合

2. 事故報告の方法と報告期限

① 事故の発生を知った時から 24 時間以内に事故の発生の日時，場所および事故が発生した電気工作物と事故の概要などについて，電話等の方法で報告する．

② 事故の発生を知った日から起算して 30 日以内に定められた報告書を提出する．

演 習 問 題

【問題 1】

　次の文章は，「電気関係報告規則」に基づく，自家用電気工作物を設置する者の事故報告に関する記述である．文中の　　　に当てはまる語句を解答群の中から選びなさい．

　感電又は破損事故若しくは電気工作物の誤操作若しくは電気工作物を　(1)　ことにより人が死傷した事故（死亡又は病院若しくは診療所に治療のため　(2)　場合に限る．）が発生したときの自家用電気工作物を設置する者の報告は，事故の発生を知った時から 24 時間以内可能な限り速やかに事故の発生の日時及び場所，事故が発生した電気工作物並びに　(3)　について，電話等の方法により行うとともに，事故の発生を知った日から起算して　(4)　以内に所定の様式の報告書を当該自家用電気工作物の設置の場所を管轄する　(5)　に提出して行わなければならない．

〔解答群〕

（イ）30 日	（ロ）操作した	（ハ）入院した
（ニ）補修しない	（ホ）3 週間	（ヘ）労働基準監督署長
（ト）7 日	（チ）事故の概要	（リ）消防署長
（ヌ）操作しない	（ル）応急措置	（ヲ）産業保安監督部長
（ワ）通院した	（カ）復旧対策	（ヨ）検診に行った

【問題 2】

　次の文章は，「電気事業法」に基づく「電気関係報告規則」の記述である．

文中の□□□□に当てはまる最も適切なものを解答群の中から選びなさい.

a. 「破損事故」とは，電気工作物の変形，損傷若しくは破壊，火災又は (1) 若しくは絶縁破壊が原因で，当該電気工作物の機能が低下又は喪失したことにより， (2) ，その運転が停止し，若しくはその運転を停止しなければならなくなること又はその使用が不可能となり，若しくはその使用を中止することをいう.

b. 「 (3) 」とは，破損事故又は電気工作物の誤操作若しくは電気工作物を (4) しないことにより電気の使用者（当該電気工作物を管理する者を除く.）に対し，電気の供給が停止し，又は電気の使用を緊急に制限することをいう. ただし，電路が自動的に (5) されることにより電気の供給の停止が終了した場合を除く.

〔解答群〕
(イ) 復 旧　　　　(ロ) 結果として　　　(ハ) 再閉路
(ニ) 48 時間以内に　(ホ) 操 作　　　　　(ヘ) 直ちに
(ト) 供給停止事故　(チ) 供給支障事故　(リ) バックアップ
(ヌ) 地 絡　　　　(ル) 保 守　　　　　(ヲ) 絶縁劣化
(ワ) 停電事故　　　(カ) 点 検　　　　　(ヨ) 短 絡

【問題3】

「電気関係報告規則」では，自家用電気工作物の設置者が報告しなければならない事故を規定しているが，以下は，その一部を示したものである. 文中の□□□□に当てはまる最も適切なものを解答群の中から選びなさい.

① 感電により人が死傷した事故（死亡又は病院若しくは診療所に (1) した場合に限る.）
② 出力 20 kW 以上の (2) 発電所に属する主要電気工作物の破損事故
③ 電圧 10 000 V 以上の (3) に属する主要電気工作物の破損事故
④ 一般送配電事業者の一般送配電事業の用に供する電気工作物と電気的に接続されている電圧 (4) V 以上の自家用電気工作物の破損により一般送配電事業者に供給支障を発生させた事故
⑤ 電気工作物に係る (5) に影響を及ぼした事故

〔解答群〕

(イ) 7 000 　　　(ロ) 変電所 　　　(ハ) 経済的 　　　(ニ) 受　診

(ホ) 燃料電池 　　(ヘ) 3 000 　　　(ト) 管　理 　　　(チ) 入　院

(リ) 社会的 　　　(ヌ) 風　力 　　　(ル) 需要設備 　　(ヲ) 太陽電池

(ワ) 通　院 　　　(カ) 600 　　　　(ヨ) 送電線路

●問題1の解答●

(1) － (ヌ) 　(2) － (ハ) 　(3) － (チ) 　(4) － (イ) 　(5) － (ヲ)

電気関係報告規則 第3条（事故報告）を参照.

●問題2の解答●

(1) － (ヲ), (2) － (ヘ), (3) － (チ), (4) － (ホ), (5) － (ハ)

電気関係報告規則 第1条（定義）を参照.

●問題3の解答●

(1) － (チ), (2) － (ヌ), (3) － (ル), (4) － (ヘ), (5) － (リ)

電気関係報告規則 第3条（事故報告）を参照.

第2章 電気工事士法および電気用品安全法

2.1 電気工事士法と電気工事業法

要点

　「電気工事士法」は，電気工事の欠陥による漏電，感電などの災害を防止するために，電気工事に従事する者の資格および義務について定めた法律である．また，「電気工事業の業務の適正化に関する法律」（いわゆる電気工事業法）は，電気工事業を営む者の登録等およびその業務の規制を行うことにより，一般用電気工作物等および自家用電気工作物の保安の確保に資することを目的にしている．

1．電気工事士法に関する主な条文

(1) 電気工事士法　第1条（目的）

　この法律は，電気工事の作業に従事する者の資格及び義務を定め，もって電気工事の欠陥による災害の発生の防止に寄与することを目的とする．

(2) 電気工事士法　第2条（用語の定義）：抜粋

　　a. この法律において「一般用電気工作物等」とは，一般用電気工作物（電気事業法 第38条 第1項に規定する一般用電気工作物をいう．）及び小規模事業用電気工作物（電気事業法 第38条 第3項に規定する小規模事業用電気工作物をいう．）をいう．

　　b. この法律において「自家用電気工作物」とは，電気事業法 第38条 第4項に規定する自家用電気工作物（小規模事業用電気工作物及び発電所，変電所，最大電力500 kW 以上の需要設備に設置する電気工作物その他の経済産業省令で定めるものを除

く.※)」をいう.

※「自家用電気工作物」については,電気事業法の定義と電気工事士法の定義が異なる.

電気事業法の「自家用電気工作物」の範囲と異なる点については,電気工事士法施行規則 第1条の2(自家用電気工作物から除かれる電気工作物)で,「発電所,蓄電所,変電所,最大電力500 kW 以上の需要設備,送電線路及び保安通信設備」が電気工事士法の範囲外となることが定められている.

c. この法律において「電気工事」とは,一般用電気工作物等又は自家用電気工作物を設置し,又は変更する工事をいう.ただし,政令で定める軽微な工事※を除く.

※軽微な工事については,「電気工事士法施行令」第1条(軽微な工事)に定められている.

軽微な工事の具体的な例は次のとおりである.

① 電圧 600 V 以下で使用する接続器や開閉器にコードなどを接続する工事

② 電圧 600 V 以下で使用する電気機器に電線をねじ止めする工事

d. この法律において「電気工事士」とは,第1種電気工事士及び第2種電気工事士をいう.

(3) 電気工事士法 第3条(電気工事士等):要旨

a. 第1種電気工事士でなければ,原則として,自家用電気工作物に係る電気工事の作業に従事してはならない.

b. 第1種電気工事士又は第2種電気工事士でなければ,原則として,一般用電気工作物等に係る電気工事の作業に従事してはならない.

c. 自家用電気工作物に係る電気工事のうち「特殊電気工事※」については,原則として,特種電気工事資格者でなければ,その作業に従事してはならない.

※特殊電気工事には,電気工事士法施行規則 第2条の2(特殊電気工事)に定められた「ネオン工事」と「非常用予備発電装置工事」がある.

d. 自家用電気工作物に係る電気工事のうち「簡易電気工事※」については,

認定電気工事従事者は，その作業に従事することができる．

※簡易電気工事については，電気工事士法施行規則 第2条の3（簡易電気工事）で，電圧 600 V 以下で使用する自家用電気工作物に係る電気工事（電線路に係るものを除く．）と定められている．

2．電気工事業法に関する主な条文

(1) 電気工事業の業務の適正化に関する法律 第1条（目的）

この法律は，電気工事業を営む者の登録等及びその業務の規制を行うことにより，その業務の適正な実施を確保し，もって一般用電気工作物等及び自家用電気工作物の保安の確保に資することを目的とする．

基本例題にチャレンジ

次の電気工事士法に関する記述のうち，誤っているのはどれか．ただし，自家用電気工作物および一般用電気工作物等とは，それぞれ電気工事士法の定義による当該電気工作物をいうものとする．

(1) 第1種電気工事士は，自家用電気工作物及び一般用電気工作物等を通じ，すべての電気工事の作業に従事することができる．

(2) 第2種電気工事士は，一般用電気工作物等に係るすべての電気工事の作業に従事することができる．

(3) 特種電気工事資格者は，自家用電気工作物に係る電気工事のうち，特殊電気工事の作業に従事することができる．

(4) 上記(3)の特殊電気工事には，ネオン工事と非常用予備発電装置工事がある．

(5) 認定電気工事従事者は，自家用電気工事に係わる工事のうち，簡易電気工事の作業に従事することができる．

やさしい解説　電気工事士法 第3条（電気工事士等）および電気工事士法施行規則 第2条の2（特殊電気工事）に関する問題である．

第1種電気工事士であっても，「ネオン工事」と「非常用予備発電装置工事」の特殊電気工事の作業には従事することができない．

【解答】　(1)

応用問題にチャレンジ

次の文章は，「電気工事士法」および「電気工事士法施行規則」に定められている法律の目的および電気工事士等の資格に関する記述である．文中の　　　　に当てはまる語句または数値を記入しなさい．

　この法律は，電気工事の作業に従事する者の資格及び　(1)　を定め，もって電気工事の　(2)　による　(3)　の発生の防止に寄与することを目的としている．

　また，この法律に基づく資格及びその資格で従事することができる作業の例として，次のようなものがある．

　a.　第1種電気工事士免状の交付を受けている者は，一般用電気工作物等に係る電気工事の作業，及び自家用電気工作物（最大電力　(4)　kW 未満の需要設備．以下同じ）に係る電気工事であって，次のbの電気工事を除くものの作業に従事することができる．

　b.　特種電気工事資格者認定証の交付を受けている者は，自家用電気工作物に係わる電気工事のうち，　(5)　工事又はネオン工事の作業に従事することができる．

やさしい解説　　　電気工事士法 第1条（目的），第2条（用語の定義），第3条（電気工事士等）および電気工事士法施行規則 第2条の2（特殊電気工事）に関する問題である．

　第1種電気工事士でなければ，自家用電気工作物（電気工事士法でいう自家用電気工作物は，最大電力 500 kW 未満の需要設備である．）の電気工事の作業に従事できないが，500 kW 以上の自家用電気工作物の工事は，電気主任技術者の監督のもとで行われるので，工事士の資格のない者でも工事の作業に従事することができる．

　なお，第1種電気工事士であっても，自家用電気工作物の特殊電気工事の作業には従事することができない．

【解答】　(1) 義務　(2) 欠陥　(3) 災害　(4) 500
　　　　　(5) 非常用予備発電装置

(1) 電気工事士法の目的（第1条）
　電気工事の作業に従事する者の資格及び義務を定め，もって電気工事の欠陥による災害の発生の防止に寄与することを目的とする．

(2) 電気工事士等と従事できる電気工事（第3条）
　①　第1種電気工事士：一般用電気工作物等の電気工事
　　　　　　　　　　　　自家用電気工作物の内で500 kW未満の需要設備の電気工事（特殊電気工事には従事できない．）
　②　第2種電気工事士：一般用電気工作物等の電気工事
　③　特種電気工事資格者：自家用電気工作物のうちで，500 kW未満の需要設備の特殊電気工事（ネオン工事，非常用予備発電装置工事）
　④　認定電気工事従事者：自家用電気工作物のうちで，500 kW未満の需要設備の簡易工事（電圧600 V以下で使用する自家用電気工作物に係る工事）

【注】　電気工事士法では，電気事業の用に供する電気工作物や自家用電気工作物のうちの発電所，変電所，500 kW以上の需要設備，送電線路等については規定していない．
　　　　これらについては，電気事業法に基づき，電気主任技術者の監督のもとで工事を行うことになり，工事士の資格の規定は特に必要とされない．

(3) 電気工事業の業務の適正化に関する法律の目的（第1条）
　電気工事業を営む者の登録等及びその業務の規制を行うことにより，その業

務の適正な実施を確保し，もって一般用電気工作物等及び自家用電気工作物の保安の確保に資することを目的とする．

演 習 問 題

【問題 1】

　次の文章は，「電気工事士法」に関する記述である．文中の□□□の中に当てはまる語句を解答群から選びなさい．

　この法律は，電気工事の (1) に従事する者の資格及び (2) を定め，もって電気工事の (3) による災害の発生の防止に寄与することを目的としている．

　この法律に基づく資格の例として，自家用電気工作物の工事に従事することができる (4) 免状がある．また，非常用予備発電装置又はネオンに係る工事に従事することができる (5) 認定証がある．

〔解答群〕

（イ）業　務	（ロ）管　理	（ハ）規　則
（ニ）第 3 種電気主任技術者	（ホ）権　利	（ヘ）義　務
（ト）責　任	（チ）過　失	（リ）欠　陥
（ヌ）第 1 種電気工事士	（ル）特定電気工事資格者	（ヲ）事　故
（ワ）作　業	（カ）特種電気工事資格者	
（ヨ）第 2 種電気工事士		

【問題 2】

　次の文章は，「電気事業法」，「電気工事業の業務の適正化に関する法律」および「電気用品安全法」の目的に関する記述である．文中の□□□に当てはまる語句を解答群の中から選びなさい．

a．電気事業法は，電気事業の運営を適正かつ合理的ならしめることによって，電気の (1) の利益を保護し，及び電気事業の健全な発達を図るとともに，電気工作物の工事，維持及び運用を規制することによって，(2) の安全を確保し，及び (3) を図ることを目的とする．

b．電気工事業の業務の適正化に関する法律は，電気工事業を営む者の登録

等及びその業務の規制を行うことにより，その業務の適正な実施を確保し，もって， (4) の保安の確保に資することを目的とする.

c. 電気用品安全法は，電気用品の製造，販売等を規制するとともに，電気用品の安全性の確保につき民間事業者の自主的な活動を促進することにより，電気用品による (5) の発生を防止することを目的とする.

〔解答群〕

（イ）感電事故 　　（ロ）一般用電気工作物等及び自家用電気工作物
（ハ）省エネルギー 　（ニ）生産者 　　（ホ）火災事故
（ヘ）一般用電気工作物等及び事業用電気工作物
（ト）エネルギーの確保 （チ）取扱者 　（リ）環境の保全
（ヌ）危険及び障害 　（ル）一般用電気工作物等 （ヲ）供給者
（ワ）電気設備 　（カ）使用者 　　（ヨ）公　共

【問題3】

次の文章は，「電気工事士法」および「電気工事業の業務の適正化に関する法律」に関する記述である. 文中の　　　に当てはまる最も適切なものを解答群の中から選びなさい.

a. これらの法律でいう「自家用電気工作物」は，電気事業法で規定される自家用電気工作物から，発電所，蓄電所，変電所，最大電力 (1) 以上の需要設備， (2) 及び保安通信設備が除かれる.

b. 「電気工事士」とは， (3) をいう.

c. 第1種電気工事士は，経済産業省令で定めるやむを得ない事由がある場合を除き，第1種電気工事士免状の交付を受けた日から (4) 以内に自家用電気工作物の保安に関する講習を受けなければならない. 当該講習を受けた日以降についても，同様とする.

d. 「電気工事業の業務の適正化に関する法律」でいう「電気工事」は，「電気工事士法」で規定される電気工事から (5) が除かれる.

〔解答群〕

（イ）電車線等 （ロ）50 kW （ハ）3 年 （ニ）簡易電気工事
（ホ）500 kW （ヘ）送電線路 （ト）臨時工事 （チ）2 000 kW
（リ）配電線路 （ヌ）1 年 （ル）5 年

（ヲ）主任電気工事士，第1種電気工事士及び第2種電気工事士

（ワ）第1種電気工事士及び第2種電気工事士

（カ）家庭用電気機械器具の販売に付随して行う工事

（ヨ）第1種電気工事士，第2種電気工事士，特種電気工事資格者及び認定
　　電気工事従事者

●問題1の解答●

（1）－（ワ），（2）－（ヘ），（3）－（リ），（4）－（ヌ），（5）－（カ）
電気工事士法第1条（目的），第3条（電気工事士等）を参照.

●問題2の解答●

（1）－（カ），（2）－（ヨ），（3）－（リ），（4）－（ロ），（5）－（ヌ）
電気事業法第1条（目的），電気工事業の業務の適性化に関する法律第1条
（目的），電気用品安全法第1条（目的）を参照.

●問題3の解答●

（1）－（ホ），（2）－（ヘ），（3）－（ワ），（4）－（ル），（5）－（カ）
設問のa項，b項については電気工事士法第2条（用語の定義），電気工事士
法施行規則第1条の2（自家用電気工作物から除かれる電気工作物）c項につい
ては電気工事士法第4条の3（第1種電気工事士の講習），d項については電気
工事業の業務の適正化に関する法律第2条（定義）を参照.

第2章 電気工事士法および電気用品安全法

2.2 電気用品安全法

 要点

　電気用品安全法は，電気用品の製造，販売等について規制することにより，電気用品による危険および障害の発生を防止することを目的としている.

　電気用品安全法に関する主な条文は次のとおりである.

(1) 電気用品安全法　第1条（目的）

　この法律は，電気用品の製造，販売等を規制するとともに，電気用品の安全性の確保につき民間事業者の自主的な活動を促進することにより，電気用品による危険及び障害の発生を防止することを目的とする.

(2) 電気用品安全法　第2条（定義）

　a.　この法律において「電気用品」とは，次に掲げる物をいう.

　　①　一般用電気工作物等（電気事業法第38条第1項に規定する一般用電気工作物及び同条第3項に規定する小規模事業用電気工作物をいう.）の部分となり，又はこれに接続して用いられる機械，器具又は材料であって，政令で定めるもの※

　　②　携帯発電機であって，政令で定めるもの※

　　③　蓄電池であって，政令で定めるもの※

　b.　この法律において「特定電気用品」とは，構造又は使用方法その他の使用状況からみて特に危険又は障害の発生するおそれが多い電気用品であって，政令で定めるもの※をいう.

　※　電気用品安全法施行令　第1条（電気用品），第1条の2（特定

電気用品）に，電線，ヒューズ，配線器具，電熱器具，電動力応用機械器具など具体的な用品名が定められている．

(3) 電気用品安全法　第3条（事業の届出）

電気用品の製造又は輸入の事業を行う者は，経済産業省令で定める電気用品の区分に従い，事業開始の日から30日以内に，次の事項を経済産業大臣に届け出なければならない．

① 氏名又は名称及び住所並びに法人にあっては，その代表者の氏名
② 経済産業省令で定める電気用品の型式の区分
③ 当該電気用品を製造する工場又は事業場の名称及び所在地（電気用品の輸入の事業を行う者にあっては，当該電気用品の製造事業者の氏名又は名称及び住所）

基本例題にチャレンジ

次の文章は，「電気用品安全法」の目的に関するものである．文中の□□□に当てはまる語句として，正しい組み合わせはどれか．

電気用品安全法は，電気用品の製造， (ア) 等を規制するとともに，電気用品の安全性の確保につき民間事業者の (イ) な活動を促進することにより，電気用品による危険及び (ウ) の発生を防止することを目的に定められた．

	(ア)	(イ)	(ウ)
(1)	販売	組織的	障害
(2)	販売	組織的	災害
(3)	販売	自主的	障害
(4)	輸入	自主的	災害
(5)	輸入	組織的	障害

電気用品安全法　第1条（目的）に関する問題である.

【解答】　(3)

応用問題にチャレンジ

次の文章は，「電気用品安全法」に関する記述である．文中の□に当てはまる語句を記入しなさい.

a. この法律において「電気用品」とは，　(1)　電気工作物等の部分となり，又はこれに接続して用いられる機械，器具又は　(2)　であって，政令で定めるもの，　(3)　発電機および蓄電池であって，政令で定めるものをいう.

b. この法律において「　(4)　電気用品」とは，構造又は使用方法その他の使用状況からみて特に　(5)　又は障害の発生のおそれが多い電気用品であって，政令で定めるものをいう.

電気用品安全法 第2条（定義）に関する問題である.

【解答】　(1) 一般用　(2) 材料　(3) 携帯　(4) 特定　(5) 危険

(1) 電気用品安全法　第1条（目的）

電気用品の製造，販売等を規制し，電気用品による危険及び障害の発生を防止することを目的とする.

(2) 電気用品安全法　第2条（定義）

「電気用品」とは，一般用電気工作物等の部分となり，又はこれに接続して用いられる機械，器具又は材料及び携帯発電機及び蓄電池をいう.

また，構造又は使用方法その他の使用状況からみて特に危険又は障害の発生するおそれが多い電気用品を「特定電気用品」という.

演 習 問 題

【問題1】

次の文章は，「電気用品安全法」に関する記述である．文中の □ に当てはまる語句または数値を記入しなさい．

a. この法律は，電気用品の製造，販売等を規制するとともに，電気用品の安全性の確保につき (1) の自主的な活動を促進することにより，電気用品による危険及び (2) の発生を防止することを目的とする．

b. 電気用品の製造又は (3) の事業を行う者は，事業開始の日から (4) 日以内に，氏名又は名称及び住所，電気用品の型式の区分等を (5) に届け出なければならない．

【問題2】

次の文章は，「電気用品安全法」に関する記述である．文中の □ に当てはまるものを解答群の中から選びなさい．

a. 電気用品安全法では，電気用品の製造，販売等を規制するとともに，電気用品の安全性の確保につき (1) を促進することにより，電気用品による危険及び障害の発生を防止することを目的としている．

b. この法律において「電気用品」とは，次に掲げる物をいう．

① 一般用電気工作物等の部分となり，又はこれに接続して用いられる機械，器具又は (2) であって，政令で定めるもの

② 携帯発電機であって，政令で定めるもの

③ 蓄電池であって，政令で定めるもの

c. 電気用品の製造又は (3) の事業を届け出た「届出事業者」は，その届出に係る型式の電気用品の技術基準に対する適合性について，所定の規定による義務を履行したときは，当該電気用品に経済産業省令で定める方式による表示を付することができる．電気用品の製造，(3) 又は販売の事業を行う者は，この表示が付されているものでなければ，電気用品を販売し，又は販売の目的で陳列してはならない．ただし，電気用品安全法に定める経済産業大臣の承認を受けたときはこの限りでない．この

電気用品に表示する記号としては，特定電気用品に表示される　(4)　がある．

d. 電気事業法に規定する　(5)　若しくは自家用電気工作物を設置する者又は電気工事士法に規定する電気工事士，特種電気工事資格者若しくは認定電気工事従事者は，経済産業省令で定める方式による表示が付されているものでなければ，電気用品を電気工作物の設置又は変更の工事に使用してはならない．ただし，電気用品安全法に定める経済産業大臣の承認を受けたときはこの限りでない．

〔解答群〕

(イ) 国際協力　　(ロ) ◇PSE　　　(ハ) 試作品

(ニ) 啓発活動　　(ホ) 電気事業者　　(ヘ) ⬡PSE

(ト) 輸　入　　(チ) 接続事業者　　(リ) 仲　介

(ヌ) 材　料　　(ル) 器　物　　(ヲ) 設置者

(ワ) ⓙis　　　(カ) 輸　出　　(ヨ) 民間事業者の自主的な活動

● 問題1の解答 ●

(1) 民間事業者　(2) 障害　(3) 輸入　(4) 30　(5) 経済産業大臣

電気用品安全法 第1条(目的)，第3条(事業の届出)を参照．

● 問題2の解答 ●

(1) － (ヨ)，(2) － (ヌ)，(3) － (ト)，(4) － (ロ)，(5) － (ホ)

電気用品安全法 第1条(目的)，第2条(定義)，第3条(事業の届出)，第10条(表示)，第27条(販売の制限)，第28条(使用の制限)を参照．

特定電気用品には，菱形の PSE マーク ◇PSE を表示する．また，特定電気用品以外の電気用品には，丸形の PSE マーク ⬡PSE を表示する．(電気用品安全法施行規則 別表第6，別表第7)

第3章 電気設備技術基準とその解釈

3.1 用語の定義

 要点

1. 「電気設備技術基準」と「電気設備技術基準の解釈」

電気事業法 第39条第2項により，技術基準で規制すべきことは次のように定められている．

(1) 事業用電気工作物は，人体に危害を及ぼし，又は物件に損傷を与えないようにすること．

(2) 事業用電気工作物は，他の電気的設備その他の物件の機能に電気的又は磁気的な障害を与えないようにすること．

(3) 事業用電気工作物の損壊により一般送配電事業者又は配電事業者の電気の供給に著しい支障を及ぼさないようにすること．

(4) 事業用電気工作物が一般送配電事業又は配電事業の用に供される場合にあっては，その事業用電気工作物の損壊によりその一般送配電事業に係る電気の供給に著しい支障を生じないようにすること．

この定めにより，発電所から電気使用場所までの電気設備を対象にした技術基準が，「電気設備に関する技術基準を定める省令」（以下「電気設備技術基準」という．）である．

電気設備技術基準は，平成9年（1997年）に全面改正されて，特定の目的を実現するための具体的な手段，方法等を規定せず必要な性能のみを定める内容になったため，省令の条項は大幅に整理削減され簡素化された．

また，この改正でどのような規格の資機材または施設方法が省令を

満たすかを判断することが困難になるおそれが出てきたことから，具体的な材料の規格，数値，計算式等を記載した「電気設備の技術基準の解釈」（以下「電気設備技術基準の解釈」または「解釈」という．）が併せて定められた．

２．用語の定義

電気設備技術基準および電気設備技術基準の解釈の用語の定義で主なものは次のとおりである．

（1）電気設備技術基準　第1条（用語の定義）：抜粋

① 「電路」　通常の使用状態で電気が通じているところ

② 「電気機械器具」　電路を構成する機械器具

③ 「発電所」　発電機，原動機，燃料電池，太陽電池その他の機械器具を施設して電気を発生させるところ

④ 「蓄電所」　構外から伝送される電力を構内に施設した電力貯蔵装置その他の電気工作物により貯蔵し，当該伝送された電力と同一の使用電圧及び周波数でさらに構外に伝送する所（同一の構内において発電設備，変電設備又は需要設備と電気的に接続されているものを除く．）をいう．

⑤ 「変電所」　構外から伝送される電気を構内に施設した変圧器，回転変流器，整流器その他の電気機械器具により変成する所であって，変成した電気をさらに構外に伝送するもの（蓄電所を除く．）

⑥ 「開閉所」　構内に施設した開閉器その他の装置により電路を開閉する所であって，発電所，蓄電所，変電所及び需要場所以外のもの

⑦ 「電線」　強電流電気の伝送に使用する電気導体，絶縁物で被覆した電気導体又は絶縁物で被覆した上を保護被覆で保護した電気導体

⑧ 「電線路」　発電所，蓄電所，変電所，開閉所及びこれらに類する場所並びに電気使用場所相互間の電線（電車線を除く．）並びにこれを支持し，又は保蔵する工作物

⑨ 「調相設備」　無効電力を調整する電気機械器具

⑩ 「弱電流電線」　弱電流電気の伝送に使用する電気導体，絶縁物で被覆した電気導体又は絶縁物で被覆した上を保護被覆で保護した電気導体

⑪ 「弱電流電線路」　弱電流電線及びこれを支持し，又は保蔵する工作物（造営物の屋内又は屋側に施設するものを除く．）

⑫「光ファイバケーブル」　光信号の伝送に使用する伝送媒体であって，保護被覆で保護したもの

⑬「光ファイバケーブル線路」　光ファイバケーブル及びこれを支持し，又は保蔵する工作物（造営物の屋内又は屋側に施設するものを除く．）

⑭「支持物」　木柱，鉄柱，鉄筋コンクリート柱及び鉄塔並びにこれらに類する工作物であって，電線又は弱電流電線若しくは光ファイバケーブルを支持することを主たる目的とするもの

⑮「連接引込線」　一需要場所の引込線（架空電線路の支持物から他の支持物を経ないで需要場所の取付け点に至る架空電線及び需要場所の造営物（土地に定着する工作物のうち，屋根及び柱又は壁を有する工作物をいう．）の側面等に施設する電線であって，当該需要場所の引込口に至るものをいう．）から分岐して，支持物を経ないで他の需要場所の引込口に至る部分の電線（第1図参照）

⑯「配線」　電気使用場所において施設する電線（電気機械器具内の電線及び電線路の電線を除く．）

⑰「電力貯蔵装置」とは，電力を貯蔵する電気機械器具をいう．

(2) 電気設備技術基準の解釈　第1条（用語の定義）：抜粋

① 「技術員」　設備の運転又は管理に必要な知識及び技能を有する者

② 「架空引込線」　架空電線路の支持物から他の支持物を経ずに需要場所の取付け点に至る架空電線（第1図参照）

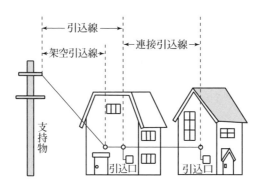

第1図　引込線と連接引込線

③「引込線」 架空引込線及び需要場所の造営物の側面等に施設する電線であって，当該需要場所の引込口に至るもの（第1図参照）

④「屋内配線」 屋内の電気使用場所において，固定して施設する電線（電気機械器具内の電線，管灯回路の配線等を除く.）

⑤「屋側配線」 屋外の電気使用場所において，当該電気使用場所における電気の使用を目的として，造営物に固定して施設する電線（電気機械器具内の電線，管灯回路の配線等を除く.）

⑥「屋外配線」 屋外の電気使用場所において，当該電気使用場所における電気の使用を目的として，固定して施設する電線（屋側配線，電気機械器具内の電線，管灯回路の配線等を除く.）

⑦「管灯回路」 放電灯用安定器又は放電灯用変圧器から放電管までの電路

⑧「複合ケーブル」 電線と弱電流電線とを束ねたものの上に保護被覆を施したケーブル（第2図参照）

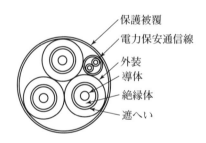

第2図　複合ケーブルの例

⑨「難燃性」 炎を当てても燃え広がらない性質

⑩「自消性のある難燃性」 難燃性であって，炎を除くと自然に消える性質

⑪「不燃性」 難燃性のうち，炎を当てても燃えない性質

⑫「耐火性」 不燃性のうち，炎により加熱された状態においても著しく変形又は破壊しない性質

⑬「接触防護措置」 次のいずれかに適合するように施設することをいう.

　　a．設備を，屋内にあっては床上2.3 m以上，屋外にあっては地表上2.5 m以上の高さに，かつ，人が通る場所から手を伸ばしても触れることのない範囲に施設すること.

b．設備に人が接近又は接触しないよう，さく，へい等を設け，又は設備を金属管に収める等の防護措置を施すこと．

⑭「簡易接触防護措置」 次のいずれかに適合するように施設することをいう．

a．設備を，屋内にあっては床上 1.8 m 以上，屋外にあっては地表上 2 m 以上の高さに，かつ，人が通る場所から容易に触れることのない範囲に施設すること．

b．設備に人が接近又は接触しないよう，さく，へい等を設け，又は設備を金属管に収める等の防護措置を施すこと．

(3) 電気設備技術基準の解釈　第 49 条（電線路に係る用語の定義）：抜粋

①「第 1 次接近状態」 架空電線が，他の工作物と接近する場合において，当該架空電線が他の工作物の上方又は側方において，水平距離で 3 m 以上，かつ，架空電線路の支持物の地表上の高さに相当する距離以内に施設されることにより，架空電線路の電線の切断，支持物の倒壊等の際に，当該電線が他の工作物に接触するおそれがある状態（第 3 図参照）

②「第 2 次接近状態」 架空電線が他の工作物と接近する場合において，当該架空電線が他の工作物の上方又は側方において水平距離で 3 m 未満に施設される状態（第 3 図参照）

③「接近状態」 第 1 次接近状態及び第 2 次接近状態（第 3 図参照）

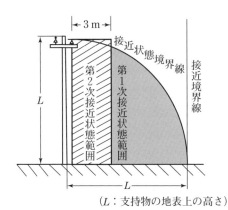

（L：支持物の地表上の高さ）

第 3 図　接近状態

3．電圧の種別

電圧の種別等については，電気設備技術基準 第2条（電圧の種別等）で次のように定めている．

a．電圧は，次の区分により低圧，高圧及び特別高圧の3種とする．

① 低圧：直流にあっては750 V以下，交流にあっては600 V以下のもの．

② 高圧：直流にあっては750 Vを，交流にあっては600 Vを超え，7 000 V以下のもの．

③ 特別高圧：7 000 Vを超えるもの．

b．高圧又は特別高圧の多線式電路（中性線を有するものに限る．）の中性線と他の一線とに電気的に接続して施設する電気設備については，その使用電圧又は最大使用電圧がその多線式電路の使用電圧又は最大使用電圧に等しいものとして，この省令の規定を適用する．

基本例題にチャレンジ

電気設備技術基準では，「電圧の種別等」で電圧を次のように区分している．

a．低圧は，直流にあっては （ア） V以下，交流にあっては （イ） V以下のもの．

b．高圧は，直流にあっては （ア） Vを，交流にあっては （イ） Vを超え， （ウ） V以下のもの．

c．特別高圧は， （ウ） Vを超えるもの．

上記の記述中の空白箇所に記入する数値として，正しいものを組み合わせたのは次のうちどれか．

	（ア）	（イ）	（ウ）
(1)	700	500	6 000
(2)	750	500	7 000
(3)	750	600	7 000
(4)	800	600	8 000
(5)	800	700	8 000

第３章　電気設備技術基準とその解釈

　電気設備技術基準 第2条（電圧の種別等）では，電圧の種別を次表のように定義している．

電圧の種別	直　流	交　流
低　圧	750 V 以下	600 V 以下
高　圧	750 V を超え 7 000 V 以下	600 V を超え 7 000 V 以下
特別高圧	7 000 V を超えるもの	

【解答】（3）

応用問題にチャレンジ

次の文章は，「電気設備に関する技術基準を定める省令」における用語の定義に関する記述である．文中の□□□に当てはまる語句を記入しなさい．

a．「変電所」とは，構外から伝送される電気を構内に施設した変圧器，回転変流器，整流器その他の電気機械器具により　(1)　する所であって，　(1)　した電気をさらに構外に伝送するもの（蓄電所を除く．）をいう．

b．「電線」とは，　(2)　の伝送に使用する電気導体，絶縁物で被覆した電気導体又は絶縁物で被覆した上を　(3)　で保護した電気導体をいう．

c．「弱電流電線路」とは，弱電流電線及びこれを支持し，又は保蔵する工作物（　(4)　の屋内又は屋側に施設するものを除く．）をいう．

d．「支持物」とは，木柱，鉄柱，鉄筋コンクリート柱及び鉄塔並びにこれらに類する工作物であって，電線又は弱電流電線若しくは　(5)　を支持することを主たる目的とするものをいう．

電気設備技術基準 第1条（用語の定義）に関する問題である．

「変電所」とは，構外から伝送される電気を構内で変成し，さらに構外に伝送する所をいう．したがって，工場の受電用の電気設備は技術基準でいう変電所には含まれない．また，「構内」とは，さく，へい等で区切られ，関係者以外の者が自由に出入りできない，ある程度以上の広さを有する地域をいう．

「電線」とは，「強電流電気」の伝送に使用する電気導体をいう．

「弱電流電気」は，電話，インターホン，拡声器等に使用される低電圧微小電流の電気をいい，これ以外の電気を「強電流電気」という．

「弱電流電線」は，弱電流電気の伝送に使用する電線であり，これを支持または保蔵する工作物をあわせて「弱電流電線路」という．

【解答】 (1) 変成　(2) 強電流電気　(3) 保護被覆　(4) 造営物
(5) 光ファイバケーブル

1．用語の定義

電気設備技術基準 第1条（用語の定義）および解釈 第1条（用語の定義），第49条（電線路に係る用語の定義）の主な用語の定義について学習する．

2．電圧の種別等

電気設備技術基準 第2条（電圧の種別等）に規定された，低圧，高圧および特別高圧を区分する電圧値を暗記しておく．

(1) 低圧　　　　直流は 750 V 以下，交流は 600 V 以下のもの

(2) 高圧　　　　低圧を超え 7 000 V 以下のもの

(3) 特別高圧　　7 000 V を超えるもの

演 習 問 題

【問題1】

　次の文章は，「電気設備技術基準」および「電気設備技術基準の解釈」に基づく，用語の定義に関する記述である．文中の＿＿＿に当てはまる語句を解答群の中から選びなさい．

　a．電気設備技術基準による用語の定義

　　①「発電所」とは，発電機，原動機，燃料電池，太陽電池その他の機械器具（電気事業法第38条第1項に規定する小規模発電設備，　(1)　を得る目的で施設するもの，電気用品安全法の適用を受ける　(2)　を除く．）を施設して電気を発生させる所をいう．

　　②「電線」とは，強電流電気の伝送に使用する電気導体，　(3)　で被覆した電気導体又は　(3)　で被覆した上を保護被覆で保護した電気導体をいう．

　b．電気設備技術基準の解釈による用語の定義

　　①「屋内配線」とは，屋内の電気使用場所において，固定して施設する電線（電気機械器具内の電線，　(4)　の配線，エックス線管回路の配線，第142条第七号に規定する接触電線，第181条第1項に規定する小勢力回路の電線及び第182条に規定する出退表示灯回路の電線などを除く．）をいう．

　　②「地中管路」とは，地中電線路，地中　(5)　，地中光ファイバケーブル線路，地中に施設する水管及びガス管その他これらに類するもの並びにこれらに附属する地中箱等をいう．

〔解答群〕

　（イ）管灯回路　　　（ロ）半導電層　　　（ハ）非常用予備電源

　（ニ）移動電源　　　（ホ）弱電流電線路　（ヘ）シールド膜

　（ト）配電線路　　　（チ）水銀　　　　　（リ）接地線

　（ヌ）絶縁物　　　　（ル）制御回路　　　（ヲ）携帯用発電機

　（ワ）二次電池　　　（カ）常用電源　　　（ヨ）弱電回路

【問題2】

次の文章は，「電気設備技術基準」および「電気設備技術基準の解釈」に基づく，用語の定義に関する記述である．文中の＿＿＿＿に当てはまる最も適切なものを解答群の中から選びなさい．

a．「 (1) 」とは，通常の使用状態で電気が通じているところをいう．

b．「 (2) 」とは，電気使用場所において施設する電線（電気機械器具内の電線及び電線路の電線を除く．）をいう．

c．「 (3) 」とは，無効電力を調整する電気機械器具をいう．

d．「 (4) 」とは，造営物のうち，人が居住若しくは勤務し，又は頻繁に出入り若しくは来集するものをいう．

e．「 (5) 」とは，分散型電源が，連系している電力系統から解列された状態において，当該分散型電源設置者の構内負荷にのみ電力を供給している状態をいう．

〔解答群〕

（イ）内　線　　　　　（ロ）電　路　　　　　（ハ）配　線
（ニ）電気工作物　　　（ホ）工作物　　　　　（ヘ）充電部
（ト）電力用コンデンサ（チ）住　宅　　　　　（リ）単独運転
（ヌ）自立運転　　　　（ル）調相設備　　　　（ヲ）変圧器
（ワ）逆潮流　　　　　（カ）分岐回路　　　　（ヨ）建造物

●問題1の解答●

(1) － (ハ), (2) － (ヲ), (3) － (ヌ), (4) － (イ), (5) － (ホ)

電気設備技術基準 第1条（用語の定義），電気設備技術基準の解釈 第1条（用語の定義），第201条（電気鉄道等に係る用語の定義）を参照．

●問題2の解答●

(1) － (ロ), (2) － (ハ), (3) － (ル), (4) － (ヨ), (5) － (ヌ)

電気設備技術基準 第1条（用語の定義），電気設備技術基準の解釈 第1条（用語の定義），第201条（電気鉄道等に係る用語の定義），第220条（分散型電源の系統連系設備に係る用語の定義）を参照．

【注】(5) については，3.14節参照．

第3章 電気設備技術基準とその解釈

3.2 電路の絶縁

🔑 要点

電路は，十分に絶縁されなければ漏えい電流による火災や感電の危険などの障害が生じるため，大地から完全に絶縁することを原則としている．また，その絶縁性能の判定については，絶縁抵抗試験と絶縁耐力試験があるが，低圧電路については測定が簡単な絶縁抵抗試験による方法が一般に採用されている．

これらの関連条文は次のとおりである．

【注】高圧および特別高圧については絶縁耐力試験を行う．（「3.3 節　電路および機器の絶縁耐力」参照）

(1) 電気設備技術基準　第4条（電気設備における感電，火災等の防止）

電気設備は，感電，火災その他人体に危害を及ぼし，又は物件に損傷を与えるおそれがないように施設しなければならない．

(2) 電気設備技術基準　第5条（電路の絶縁）

a．電路は大地から絶縁しなければならない．ただし，構造上やむを得ない場合であって通常予見される使用形態を考慮し危険のおそれがない場合，又は混触による高電圧の侵入等の異常が発生した際の危険を回避するための接地その他の保安上必要な措置を講ずる場合は，この限りでない．

b．a項の場合にあっては，その絶縁性能は，第22条及び第58条の規定を除き，事故時に想定される異常電圧を考慮し，絶縁破壊による危険のおそれがないものでなければならない．

c. 変成器内の巻線と当該変成器内の他の巻線との間の絶縁性能は，事故時に想定される異常電圧を考慮し，絶縁破壊による危険のおそれがないものでなければならない.

(3) 電気設備技術基準　第22条（低圧電線路の絶縁性能）

低圧電線路中絶縁部分の電線と大地との間及び電線の線心相互間の絶縁抵抗は，使用電圧に対する漏えい電流が最大供給電流の1/2 000を超えないようにしなければならない.

(4) 電気設備技術基準　第58条（低圧の電路の絶縁性能）

電気使用場所における使用電圧が低圧の電路の電線相互間及び電路と大地との間の絶縁抵抗は，開閉器又は過電流遮断器で区切ることのできる電路ごとに，次の表の左欄に掲げる電路の使用電圧の区分に応じ，それぞれ同表の右欄に掲げる値以上でなければならない.

電路の使用電圧の区分		絶縁抵抗値
300 V 以下	対地電圧（接地式電路においては電線と大地との間の電圧，非接地式電路においては電線間の電圧をいう. 以下同じ）が150 V 以下の場合	0.1 MΩ
	その他の場合	0.2 MΩ
300 V を超えるもの		0.4 MΩ

【注】使用電圧が低圧の電路であって，絶縁抵抗測定が困難な場合においては，当該電路の使用電圧が加わった状態における漏えい電流が，1 mA 以下であることが電気設備技術基準の解釈　第14条（低圧電路の絶縁性能）に定められている.
　　なお，1 mA という電流は，人体に対する感電の危険がなく，1箇所に集中して漏電しても火災がほとんどない大きさである.

以上のように，電路は十分に絶縁されなければならないが，保安上および経済上などの理由から，接地することが定められている箇所や構造上から絶縁で

きない部分がある.

　絶縁原則から除外する具体的な箇所については，電気設備技術基準の解釈 第13条（電路の絶縁）で規定されているが，その主な箇所は次のとおりである.

① 高圧電路又は特別高圧電路と低圧電路とを結合する変圧器の低圧電路に施す接地.（電気設備技術基準の解釈　第24条）

② 避雷器に施す接地.（電気設備技術基準の解釈　第37条）

③ 計器用変成器の2次側電路に施す接地.（電気設備技術基準の解釈　第28条）

④ 電路の中性点に施す接地.（電気設備技術基準の解釈　第19条）

⑤ 試験用変圧器や単線式電気鉄道の帰線等，電路の一部を大地から絶縁しないで電気を使用することがやむを得ないもの.（電気設備技術基準の解釈　第13条）

⑥ 電気浴器，電気炉，電気ボイラー，電解槽等，大地から絶縁することが技術上困難なもの.（電気設備技術基準の解釈　第13条）

基本例題にチャレンジ

電路は大地から絶縁することが原則とされているが，この例外が認められている場合として**不適切なもの**は次のうちどれか.

(1) 避雷器に施す接地

(2) 高圧変圧器の低圧側に施す接地

(3) 計器用変成器の二次側に施す接地

(4) 電気炉用変圧器の一次側に施す接地

(5) 試験用変圧器の二次側の1端子に施す接地

やさしい解説

　(1) 避雷器は，雷電流を大地に放電して異常電圧を低減するもので，接地して使用する.

　(2) 高圧または特別高圧電路と低圧電路を結合する変圧器では，変圧器の内部故障などにより低圧側に高電圧が侵入することを防止するため，低圧側の中性点または1端子に接地工事を施す.（第1図参照）

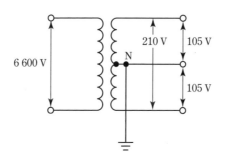

第1図　高圧用変圧器の低圧側の接地例

(3) CT や VT などの計器用変成器の二次側には計器や継電器などが接続される.

高圧または特別高圧の電路に施設される計器用変圧器の二次側は，混触などによる危険を防止するため接地する.

(4) 変圧器の二次側の電気炉は大地から絶縁することが困難であるが，変圧器の一次側は絶縁しなければならない.

(5) 試験用変圧器の二次側の一端子は接地して使用する.（第2図参照）

第2図　試験用変圧器

【解答】（4）

応用問題にチャレンジ

次の文章は，「電気設備技術基準」の電路の絶縁に関する記述である．文中の□□□に当てはまる語句を記入しなさい．

a．電路は，　(1)　から絶縁しなければならない．ただし，構造上やむを得ない場合であって通常予見される使用形態を考慮し危険のおそれがない場合，又は　(2)　による高電圧の侵入等の異常が発生した際の危険を回避するための　(3)　その他の保安上必要な措置を講ずる場合は，この限りでない．

b．変成器内の巻線と当該変成器内の他の巻線との間の絶縁性能は，事故時に想定される　(4)　を考慮し，　(5)　による危険のおそれがないものでなければならない．

やさしい解説

　　　　電気設備技術基準 第5条（電路の絶縁）第1項および第3項の条文である．

　　　　電路は，漏れ電流が流れて火災や感電が生じる等の障害の発生を防止するため，大地から絶縁することを原則としている．

【解答】　(1) 大地　(2) 混触　(3) 接地　(4) 異常電圧
　　　　　(5) 絶縁破壊

ここが重要

　　　　電気設備技術基準 第4条（電気設備における感電，火災等の防止），第5条（電路の絶縁），第22条（低圧電線路の絶縁性能），第58条（低圧の電路の絶縁性能）および電気設備技術基準の解釈 第13条（電路の絶縁），第14条（低圧電路の絶縁性能）について学習する．

演 習 問 題

【問題】

　次の文章は「電気設備技術基準」に基づく，低圧の電線路の絶縁性能および電気使用場所における低圧の電路の絶縁性能に関する記述である．文中の　　　に当てはまる語句または数値を記入しなさい．

　a．低圧電線路中絶縁部分の電線と大地との間及び電線の線心相互間の絶縁抵抗は，　(1)　に対する漏えい電流が最大供給電流の　(2)　を超えないようにしなければならない．

　b．電気使用場所における使用電圧が低圧の電路の電線相互間及び電路と大地との間の絶縁抵抗は，開閉器又は過電流遮断器で区切ることのできる電路ごとに，次の表の左欄に掲げる電路の使用電圧の区分に応じ，それぞれ同表の右欄に掲げる値以上でなければならない．

電路の使用電圧の区分		絶縁抵抗値
300 V 以下	対地電圧（接地式電路においては電線と大地との間の電圧，非接地式電路においては電線間の電圧をいう．以下同じ）が 150 V 以下の場合	(3)
	その他の場合	(4)
300 V を超えるもの		(5)

●問題の解答●

　(1) 使用電圧　(2) 1 / 2 000　(3) 0.1 MΩ　(4) 0.2 MΩ　(5) 0.4 MΩ

　電気設備技術基準 第 22 条（低圧電線路の絶縁性能），第 58 条（低圧の電路の絶縁性能）を参照．

第3章 電気設備技術基準とその解釈

3.3 電路および機器の絶縁耐力

 要点

　高圧および特別高圧の電路や機械器具等については絶縁耐力が定められており，試験電圧や試験方法が電気設備技術基準の解釈 第15条，第16条で規定されている．

(1) 電気設備技術基準の解釈　第15条（高圧又は特別高圧の電路の絶縁性能）：抜粋

　高圧又は特別高圧の電路は，次の各号のいずれかに適合する絶縁性能を有すること．

　　① 第1表に規定する試験電圧を電路と大地との間（多心ケーブルにあっては，心線相互間及び心線と大地との間）に連続して10分間加えたとき，これに耐える性能を有すること．

　　② 電線にケーブルを使用する交流の電路においては，第1表に規定する試験電圧の2倍の直流電圧を電路と大地との間（多心ケーブルにあっては，心線相互間及び心線と大地との間）に連続して10分間加えたとき，これに耐える性能を有すること．

(2) 電気設備技術基準の解釈　第16条（機械器具等の電路の絶縁性能）：抜粋

a．変圧器

　変圧器の電路は，次の各号のいずれかに適合する絶縁性能を有すること．

　　① 第2表中欄に規定する試験電圧を，同表右欄に規定する試験方法で加えたとき，これに耐える性能を有すること．

第1表

電路の種類				試験電圧
最大使用電圧が 7 000 V 以下の電路	交流の電路			最大使用電圧の 1.5 倍の交流電圧
	直流の電路			最大使用電圧の 1.5 倍の直流電圧又は 1 倍の交流電圧
最大使用電圧が 7 000 V を超え, 60 000 V 以下の電路	最大使用電圧が 15 000 V 以下の中性点接地式電路（中性線を有するものであって, その中性線に多重接地するものに限る.）			最大使用電圧の 0.92 倍の電圧
	上記以外			最大使用電圧の 1.25 倍の電圧（10 500 V 未満となる場合は, 10 500 V）
最大使用電圧が 60 000 V を超える電路	整流器に接続する以外のもの	中性点非接地式電路		最大使用電圧の 1.25 倍の電圧
		中性点接地式電路	最大使用電圧が 170 000 V を超えるもの	中性点が直接接地されている発電所, 蓄電所又は変電所若しくはこれに準ずる場所に施設するもの	最大使用電圧の 0.64 倍の電圧
			上記以外の中性点直接接地式電路	最大使用電圧の 0.72 倍の電圧
			上記以外	最大使用電圧の 1.1 倍の電圧（75 000 V 未満となる場合は, 75 000 V）
	整流器に接続するもの	交流側及び直流高電圧側電路		交流側の最大使用電圧の 1.1 倍の交流電圧又は直流側の最大使用電圧の 1.1 倍の直流電圧
		直流側の中性線又は帰線（第201条第六号に規定するものをいう.）となる電路（周波数変換装置（FC）又は非同期連系装置（BTB）の直流部分等の短小な直流電路において, 異常電圧の発生のおそれのない場合は, 絶縁耐力試験を行わないことができる.）		次の式により求めた値の交流電圧 $V \times (1/\sqrt{2}) \times 0.51 \times 1.2$ V は, 逆変換器転流失敗時に中性線又は帰線となる電路に現れる交流性の異常電圧の波高値（単位：V）

（備考）電位変成器を用いて中性点を接地するものは, 中性点非接地式とみなす.

78

第2表

変圧器の巻線の種類						試験電圧	試験方法
最大使用電圧が7 000 V以下のもの						最大使用電圧の1.5倍の電圧（500 V未満となる場合は，500 V）	※1
最大使用電圧が7 000 Vを超え60 000 V以下のもの	最大使用電圧が15 000 V以下のものであって，中性点接地式電路（中性線を有するものであって，その中性線に多重接地するものに限る.）に接続するもの					最大使用電圧の0.92倍の電圧	
	上記以外のもの					最大使用電圧の1.25倍の電圧（10 500 V未満となる場合は，10 500 V）	
最大使用電圧が60 000 Vを超えるもの	整流器に接続する以外のもの	中性点非接地式電路に接続するもの				最大使用電圧の1.25倍の電圧	
		中性点接地式電路に接続するもの	星形結線のもの	中性点直接接地式電路に接続するもの	中性点を直接接地するもの 最大使用電圧が170 000 V以下のもの	最大使用電圧の0.72倍の電圧	※2
					中性点を直接接地するもの 最大使用電圧が170 000 Vを超えるもの	最大使用電圧の0.64倍の電圧	
				中性点に避雷器を施設するもの		最大使用電圧の0.72倍の電圧	※3
			上記以外のものであって，中性点に避雷器を施設するもの			最大使用電圧の1.1倍の電圧（75 000 V未満となる場合は，75 000 V）	※4
			スコット結線のものであって，T座巻線と主座巻線の接続点に避雷器を施設するもの				
			上記以外のもの				
	整流器に接続するもの					整流器の交流側の最大使用電圧の1.1倍の交流電圧又は整流器の直流側の最大使用電圧の1.1倍の直流電圧	※1

※1：試験される巻線と他の巻線，鉄心及び外箱との間に試験電圧を連続して10分間加える．

※2：試験される巻線の中性点端子，他の巻線（他の巻線が2以上ある場合は，それぞれの巻線）の任意の1端子，鉄心及び外箱を接地し，試験される巻線の中性点端子以外の任意の1端子と大地との間に試験電圧を連続して10分間加える．

※3：試験される巻線の中性点端子，他の巻線（他の巻線が2以上ある場合は，それぞれの巻線）の任意の1端子，鉄心及び外箱を接地し，試験される巻線の中性点端子以外の任意の1端子と大地との間に試験電圧を連続して10分間加え，更に中性点端子と大地との間に最大使用電圧の0.3倍の電圧を連続して10分間加える．

※4：試験される巻線の中性点端子（スコット結線にあっては，T座巻線と主座巻線の接続点端子．以下この項において同じ．）以外の任意の1端子，他の巻線（他の巻線が2以上ある場合は，それぞれの巻線）の任意の1端子，鉄心及び外箱を接地し，試験される巻線の中性点端子以外の各端子に三相交流の試験電圧を連続して10分間加える．ただし，三相交流の試験電圧を加えることが困難である場合は，試験される巻線の中性点端子及び接地される端子以外の任意の1端子と大地との間に単相交流の試験電圧を連続して10分間加え，更に中性点端子と大地との間に最大使用電圧の0.64倍（スコット結線にあっては，0.96倍）の電圧を連続して10分間加えることができる．

（備考）電位変成器を用いて中性点を接地するものは，中性点非接地式とみなす．

② 民間規格評価機関として日本電気技術規格委員会が承認した規格である「電路の絶縁耐力の確認方法」の適用の欄に規定する方法により絶縁耐力を確認したものであること．

ｂ．回転機

回転機は，次の各号のいずれかに適合する絶縁性能を有すること．

① 第3表に規定する試験電圧を巻線と大地との間に連続して10分間加えたとき，これに耐える性能を有すること．

第3表

種　類		試験電圧
回転変流機		直流側の最大使用電圧の1倍の交流電圧（500V未満となる場合は，500V）
上記以外の回転機	最大使用電圧が7 000V以下のもの	最大使用電圧の1.5倍の電圧（500V未満となる場合は，500V）
	最大使用電圧が7 000Vを超えるもの	最大使用電圧の1.25倍の電圧（10 500V未満となる場合は，10 500V）

② 回転変流機を除く交流の回転機においては，第3表に規定する試験電圧の1.6倍の直流電圧を巻線と大地との間に連続して10分間加えたとき，これに耐える性能を有すること．

c．整流器

整流器は，第4表の中欄に規定する試験電圧を同表の右欄に規定する試験方法で加えたとき，これに耐える性能を有すること．

第4表

最大使用電圧	試験電圧	試験方法
60 000 V 以下	直流側の最大使用電圧の1倍の交流電圧（500 V 未満となる場合は，500 V）	充電部分と外箱との間に連続して10分間加える．
60 000 V 超過	交流側の最大使用電圧の1.1倍の交流電圧又は，直流側の最大使用電圧の1.1倍の直流電圧	交流側及び直流高電圧側端子と大地との間に連続して10分間加える．

d．燃料電池

燃料電池は，最大使用電圧の1.5倍の直流電圧又は1倍の交流電圧（500 V 未満となる場合は，500 V）を充電部分と大地との間に連続して10分間加えたとき，これに耐える性能を有すること．

e．太陽電池モジュール

太陽電池モジュールは，次の各号のいずれかに適合する絶縁性能を有すること．

① 最大使用電圧の1.5倍の直流電圧又は1倍の交流電圧（500 V 未満となる場合は，500 V）を充電部分と大地との間に連続して10分間加えたとき，これに耐える性能を有すること．

② 使用電圧が低圧の場合は，日本産業規格 JIS C 8918 (2013)「結晶系太陽電池モジュール」の「7.1 電気的性能」又は日本産業規格 JIS C 8939 (2013)「薄膜太陽電池モジュール」の「7.1 電気的性能」に適合するものであるとともに，省令第58条の規定に準ずるものであること．

基本例題にチャレンジ

公称電圧が **33 000 V** の電路に接続して使用する一般の変圧器の **33 000 V** 側巻線の絶縁耐力試験を次のように実施したが，適切なのはどれか．

	試験電圧〔V〕	試　験　方　法
(1)	41 250	試験される巻線と鉄心及び外箱との間に試験電圧を連続して1分間加えた．
(2)	41 250	試験される巻線と他の巻線，鉄心及び外箱との間に試験電圧を連続して10分間加えた．
(3)	43 125	試験される巻線と他の巻線，鉄心及び外箱との間に試験電圧を連続して10分間加えた．
(4)	43 125	試験される巻線と鉄心及び外箱との間に試験電圧を連続して1分間加えた．
(5)	51 750	試験される巻線と他の巻線，鉄心及び外箱との間に試験電圧を連続して10分間加えた．

(1) 試験電圧

　試験電圧値の算定の基礎となる「最大使用電圧」は，普通の運転状態でその回路に加わる線間電圧の最大値であり，使用電圧（公称電圧）が 1 kV を超え，500 kV 未満のものについては，次式で計算することができる．（電気設備技術基準の解釈 第1条）

$$(最大使用電圧) = \left\{ \frac{(公称電圧)}{1.1} \right\} \times 1.15 \qquad \cdots\cdots ①$$

　問題の 33 000 V 側巻線は，7000 V を超え，60 000 V 以下の巻線に該当するので，試験電圧は最大使用電圧の 1.25 倍である．

　最大使用電圧 V_m は，①式により，

$$V_m = \frac{33\,000}{1.1} \times 1.15 = 34\,500 \text{ V}$$

となるので，試験電圧 V_t は，

$$V_t = 34\,500 \times 1.25 = 43\,125 \text{ V}$$

【注】 使用電圧（公称電圧）は，その電路を代表する線間電圧で，一般に 6 600 V，22 000 V，66 000 V 等のように 1.1 の倍数の数値である．

（2）試験時間

試験電圧を連続して 10 分間加える．

（3）電圧印加箇所

第1図のように，他の巻線，鉄心，外箱を短絡して接地し，試験する巻線と大地間に試験電圧を加える．

【解答】（3）

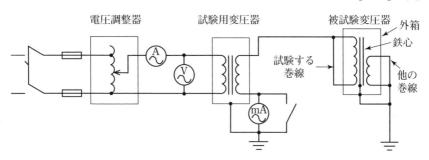

電圧調整器　　試験用変圧器　　被試験変圧器

外箱
鉄心
試験する
巻線
他の
巻線

第1図　変圧器の絶縁耐力試験の試験回路

応用問題にチャレンジ

次の文章は，変圧器およびそれに接続された電路の絶縁耐力試験を行う場合の注意事項に関する記述である．文中の□□に当てはまる語句を記入しなさい．

　使用電圧 66 000 V 用変圧器及びそれに接続された電路の絶縁耐力試験を行う場合には，下記の注意が必要である．

a．試験前に，その回路が絶縁されていることを ⎡(1)⎤ で確認し，また，試験後にも絶縁に異常がないか ⎡(1)⎤ で確認する．

b．試験回路に接地形計器用変圧器，コンデンサ形計器用変圧器，避雷器およびサージアブソーバ等が接続されている場合は，試験回路か

ら切り離して行う.

c．試験電圧には，　(2)　周波数のなるべく正弦波に近い交流電圧を用いる.

d．試験電圧は，急激に上昇させずに徐々に　(3)　まで上昇させることが望ましい.

e．試験中に電源電圧が　(4)　するおそれのある場合は，試験電圧確認用電圧計の指針に注意し，常に一定の試験電圧が加えられるように調整する.

f．試験後の回路は，必ず　(5)　して充電電荷を放電させるものとする.

やさしい解説　　技術基準では定められていないが，絶縁耐力試験を行う上での一般的な注意事項に関する問題である.

　　(1) 試験回路が大地と絶縁されていることを，絶縁抵抗計（メガー）で試験前に確認する.

また，試験後にも絶縁抵抗に異常がないことを確認する.

(2) 試験回路に，接地形計器用変圧器，コンデンサ形計器用変圧器，避雷器，雷サージ吸収用コンデンサなどが接続されている場合は，回路から切り離す.

　　これらの器具については，電気設備技術基準の解釈 第16条（機械器具等の電路の絶縁性能）を適用して絶縁耐力試験を行う.

(3) 試験は商用周波数の正弦波電圧で行う．電圧は，急激に上昇させずに，徐々に試験電圧値まで上げることが望ましい.

(4) 試験電圧の印加時間が連続して10分間を経過した後に電圧を徐々に下げる.

　　電圧が0になってから電源を切り，充電部を接地して充電電荷を放電する.

【解答】　(1) 絶縁抵抗計（メガー）　　(2) 商用
　　　　　(3) 試験電圧値（規定電圧値）　　(4) 変動　　(5) 接地

ここが重要

電気設備技術基準の解釈 第15条（高圧又は特別高圧の電路の絶縁性能），第16条（機械器具等の電路の絶縁性能）について学習する．

演 習 問 題

【問題1】

次の文章は，「電気設備技術基準」および「電気設備技術基準の解釈」に基づく，電路の絶縁性能に関する記述である．文中の□□□に当てはまる語句または数値を解答群の中から選びなさい．

a．電気使用場所における使用電圧が低圧の電路の電線相互間及び電路と大地との間の絶縁抵抗は，開閉器又は過電流遮断器で区切ることのできる電路ごとに，次の表の左欄に掲げる電路の使用電圧の区分に応じ，それぞれ同表の右欄に掲げる値以上でなければならない．

電路の使用電圧の区分		絶縁抵抗値
300 V 以下	対地電圧（接地式電路においては電線と大地との間の電圧，非接地式電路においては電線間の電圧をいう．）が，　(1)　V以下の場合	0.1 MΩ
	その他の場合	(2) MΩ
300 V を超えるもの		0.4 MΩ

b．高圧又は最大使用電圧が 60 000 V 以下の特別高圧の電路は，次の各号のいずれかに適合する絶縁性能を有すること．

① 次の表に規定する試験電圧を電路と大地との間（(3)にあっては，心線相互間及び心線と大地との間）に連続して 10 分間加えたとき，これに耐える性能を有すること．

② 電線にケーブルを使用する(4)の電路においては，次の表に規定する試験電圧の2倍の直流電圧を電路と大地との間（(3)にあっては，

心線相互間及び心線と大地との間）に連続して 10 分間加えたとき，これに耐える性能を有すること．

電路の種類		試験電圧
最大使用電圧が 7 000 V 以下の電路	交流の電路	最大使用電圧の 1.5 倍の交流電圧
	直流の電路	最大使用電圧の 1.5 倍の直流電圧又は 1 倍の交流電圧
最大使用電圧が 7 000 V を超え，60 000 V 以下の電路	最大使用電圧が 15 000 V 以下の中性点接地式電路（中性線を有するものであって，その中性線に多重接地するものに限る．）	最大使用電圧の 0.92 倍の電圧
	上記以外	最大使用電圧の (5) 倍の電圧（10 500 V 未満となる場合は，10 500V）

〔解答群〕

（イ）200　　　　　（ロ）直　流　　　　（ハ）多心ケーブル

（ニ）特別高圧　　　（ホ）0.15　　　　（ヘ）1.25

（ト）0.2　　　　　（チ）交　流　　　　（リ）100

（ヌ）多心型電線　　（ル）1.10　　　　（ヲ）ビニル外装ケーブル

（ワ）150　　　　　（カ）0.3　　　　　（ヨ）1.50

【問題 2】

次の文章は，「電気設備技術基準」および「電気設備技術基準の解釈」に基づく，電路の絶縁性能に関する記述である．文中の ☐ に当てはまる最も適切なものを解答群の中から選びなさい．

太陽電池モジュールは，次のいずれかに適合する絶縁性能を有すること．

a．最大使用電圧の 1.5 倍の直流電圧又は (1) 倍の交流電圧（500 V 未満となる場合は，500 V）を充電部分と大地との間に (2) 加えたとき，これに耐える性能を有すること．

b．使用電圧が低圧の場合の絶縁性能は，次によること．

① 日本産業規格 JIS C 8918（2013）「結晶系太陽電池モジュール」の「7.1 電気的性能」又は日本産業規格 JIS C 8939（2013）「 (3) 太陽電池モ

ジュール」の「7.1 電気的性能」に適合するものであること.

② 電路の電線相互間及び電路と大地との間の絶縁抵抗は, (4) 又は過電流遮断器で区切ることのできる電路ごとに, 次の表の左欄に掲げる電路の使用電圧の区分に応じ, それぞれ同表の右欄に掲げる値以上でなければならない.

電路の使用電圧の区分		絶縁抵抗値
300 V 以下	対地電圧(接地式電路においては電線と大地との間の電圧, 非接地式電路においては電線間の電圧をいう.)が, 150 V 以下の場合	0.1 MΩ
	その他の場合	0.2 MΩ
300 V を超えるもの		(5) MΩ

〔解答群〕

(イ) 0.5　　(ロ) 0.6　　(ハ) 1 分間隔で 10 回

(ニ) 1　　(ホ) 薄膜　　(ヘ) 有機半導体

(ト) 注水状態で 1 分間　(チ) 1.1　　(リ) 断路器

(ヌ) 0.4　　(ル) 連続して 10 分間　(ヲ) 化合物半導体

(ワ) 1.25　　(カ) 太陽電池アレイ　(ヨ) 開閉器

【問題3】

次の文章は,「電気設備技術基準の解釈」に基づく電気機械器具等の電路の絶縁および接地に関する記述である. 文中の□□に当てはまる最も適切なものを解答群の中から選びなさい.

a. 発電所, 蓄電所又は変電所, 開閉所若しくはこれらに準ずる場所に施設する低圧交流母線の電路は, 最大使用電圧の (1) の交流電圧(500 V 未満となる場合は, 500 V)を電路と大地との間(多心ケーブルにあっては, 心線相互間及び心線と大地との間)に連続して 10 分間加えたとき, これに耐える性能を有すること.

b. 最大使用電圧が 22 000 V の同期発電機は, (2) V の交流電圧, 又は (3) V の直流電圧を巻線と大地との間に連続して 10 分間加えたとき, これに耐える性能を有すること.

c．大地との間の電気抵抗値が (4) 以下の値を保っている建物の鉄骨その他の金属体は，非接地式高圧電路に施設する機械器具等に施すA種接地工事及び非接地式高圧電路と低圧電路とを結合する変圧器に施すB種接地工事の接地極に使用することができる．

d．変圧器の安定巻線又は遊休巻線を異常電圧から保護するためにその巻線に接地を施す場合には，接地工事は， (5) 接地工事によること．

〔解答群〕

（イ）24 200　　（ロ）1.5 倍　　（ハ）1 Ω　　（ニ）27 500
（ホ）2 Ω　　（ヘ）B 種　　（ト）44 000　　（チ）1.1 倍
（リ）35 200　　（ヌ）3 Ω　　（ル）33 000　　（ヲ）39 600
（ワ）C 種　　（カ）1.25 倍　　（ヨ）A 種

●問題1の解答●

(1) － (ワ)，(2) － (ト)，(3) － (ハ)，(4) － (チ)，(5) － (ヘ)

電気設備技術基準 第58条（低圧の電路の絶縁性能），電気設備技術基準の解釈 第15条（高圧又は特別高圧の電路の絶縁性能）を参照．

●問題2の解答●

(1) － (ニ)，(2) － (ル)，(3) － (ホ)，(4) － (ヨ)，(5) － (ヌ)

電気設備技術基準 第58条（低圧の電路の絶縁性能），電気設備技術基準の解釈 第16条（機械器具等の電路の絶縁性能）を参照．

●問題3の解答●

(1) － (ロ)，(2) － (ニ)，(3) － (ト)，(4) － (ホ)，(5) － (ヨ)

電気設備技術基準の解釈 第16条（機械器具等の電路の絶縁性能），同解釈 第18条（工作物の金属体を利用した接地工事），同解釈 第19条（保安上又は機能上必要な場合における電路の接地）を参照．

3.4 電線等の施設

要点

1. 電線類の施設

電線類の施設に関する主な条文は次のとおりである.

(1) 電気設備技術基準　第6条 (電線等の断線の防止)

電線, 支線, 架空地線, 弱電流電線等 (弱電流電線及び光ファイバケーブルをいう.) その他の電気設備の保安のために施設する線は, 通常の使用状態において断線のおそれがないように施設しなければならない.

(2) 電気設備技術基準　第28条 (電線の混触の防止)

電線路の電線, 電力保安通信線又は電車線等は, 他の電線又は弱電流電線等と接近し, 若しくは交さする場合又は同一支持物に施設する場合には, 他の電線又は弱電流電線等を損傷するおそれがなく, かつ, 接触, 断線等によって生じる混触による感電又は火災のおそれがないように施設しなければならない.

(3) 電気設備技術基準　第29条 (電線による他の工作物等への危険の防止)

電線路の電線又は電車線等は, 他の工作物又は植物と接近し, 又は交さする場合には, 他の工作物又は植物を損傷するおそれがなく, かつ, 接触, 断線等によって生じる感電又は火災のおそれがないように施設しなければならない.

(4) 電気設備技術基準の解釈　第61条（支線の施設方法及び支柱による代用）：抜粋

架空電線路の支持物に施設する支線は，次の各号によること．

① 支線の引張強さは，10.7 kN（第62条及び第70条第3項の規定により施設する支線にあっては6.46 kN）以上であること．

② 支線の安全率は，2.5（第62条及び第70条第3項の規定により施設する支線にあっては，1.5）以上であること．

③ 支線により線を使用する場合は次によること．

　イ　素線を3条以上より合わせたものであること

　ロ　素線は，直径が2 mm以上，かつ，引張強さが0.69 kN/mm^{2}以上の金属線であること

(5) 電気設備技術基準の解釈　第65条（低高圧架空電線路に使用する電線）：抜粋

低圧架空電線路又は高圧架空電線路に使用する電線の種類は，使用電圧に応じ第1表に規定するものであること．ただし，次のいずれかに該当する場合は，裸電線を使用することができる．

　イ　低圧架空電線を，B種接地工事の施された中性線又は接地側電線として施設する場合

　ロ　高圧架空電線を，海峡横断箇所，河川横断箇所，山岳地の傾斜が急な箇所又は谷越え箇所であって，人が容易に立ち入るおそれがない場所に施設する場合

第1表　低高圧架空電線路に使用する電線

使用電圧の区分		電線の種類
低圧	300 V以下	絶縁電線，多心型電線又はケーブル
	300 V超過	絶縁電線（引込用ビニル絶縁電線及び引込用ポリエチレン絶縁電線を除く.）又はケーブル
高圧		高圧絶縁電線，特別高圧絶縁電線又はケーブル

(6) 電気設備技術基準の解釈　第 66 条（低高圧架空電線の引張強さに対する安全率）：要旨

　a．高圧架空電線は，ケーブルである場合を除き，規定された荷重が加わる場合における引張強さに対する安全率が硬銅線又は耐熱銅合金線では 2.2 以上，その他の電線では 2.5 以上となるような弛度により施設すること．

　b．低圧架空電線が次のいずれかに該当する場合は，a 項の規定に準じて施設すること．

　　① 使用電圧が 300 V を超える場合

　　② 多心型電線である場合

(7) 電気設備技術基準の解釈　第 69 条（高圧架空電線路の架空地線）

　高圧架空電線路に使用する架空地線には，引張強さ 5.26 kN 以上のもの又は直径 4 mm 以上の裸硬銅線を使用するとともに，これを (6) 第 66 条 a 項の規定に準じて施設すること．

(8) 電気設備技術基準の解釈　第 85 条（特別高圧架空電線の引張強さに対する安全率）

　特別高圧架空電線は，(6) 第 66 条 a 項の規定に準じて施設すること．

(9) 電気設備技術基準の解釈　第 90 条（特別高圧架空電線路の架空地線）：抜粋

　特別高圧架空電線路に使用する架空地線には，引張強さ 8.01 kN 以上の裸線又は直径 5 mm 以上の裸硬銅線を使用するとともに，これを (6) 第 66 条 a 項の規定に準じて施設すること．

2. 電線の接続

　電線の接続に関する主な条文は次のとおりである．

(1) 電気設備技術基準　第 7 条（電線の接続）

　電線を接続する場合は，接続部分において電線の電気抵抗を増加させないように接続するほか，絶縁性能の低下（裸電線を除く.）及び通常の使用状態において断線のおそれがないようにしなければならない．

(2) 電気設備技術基準の解釈　第12条（電線の接続法）：要旨

電線を接続する場合は，原則として，電線の電気抵抗を増加させないように接続するとともに，次の各号によること．

- a．裸電線（多心型電線の絶縁物で被覆していない導体を含む．）相互，又は裸電線と絶縁電線（多心型電線の絶縁物で被覆した導体を含み，平形導体合成樹脂絶縁電線を除く．），キャブタイヤケーブル若しくはケーブルとを接続する場合は，次によること．
  - ①　電線の引張強さを20%以上減少させないこと．
  - ②　接続部分には，接続管その他の器具を使用し，又はろう付けすること．
- b．絶縁電線相互又は絶縁電線とコード，キャブタイヤケーブル若しくはケーブルとを接続する場合は，a号の規定に準じるほか，次のいずれかによること．
  - ①　接続部分の絶縁電線の絶縁物と同等以上の絶縁効力のある接続器を使用すること．
  - ②　接続部分をその部分の絶縁電線の絶縁物と同等以上の絶縁効力のあるもので十分被覆すること．

基本例題にチャレンジ

次の文章は，「電気設備技術基準の解釈」に基づく，絶縁電線の接続法に関する記述である．

　絶縁電線相互又は絶縁電線とコード，キャブタイヤケーブル若しくはケーブルとを接続する場合は，次によること．

- a．電線の　(ア)　を，原則として増加させないように接続すること．
- b．電線の引張強さを，原則として　(イ)　%以上減少させないこと．
- c．接続部分には，接続管その他の器具を使用し，又は　(ウ)　すること．
- d．接続部分は，その部分の絶縁電線の絶縁物と同等以上の　(エ)　のあるもので十分被覆すること．

上記の記述中の空白箇所に記入する語句または数値として，適切なものを組み合わせたのは次のうちどれか．

	（ア）	（イ）	（ウ）	（エ）
(1)	絶縁抵抗	30	圧着	厚み
(2)	電気抵抗	50	ろう付け	厚み
(3)	絶縁抵抗	20	圧着	絶縁効力
(4)	電気抵抗	20	ろう付け	絶縁効力
(5)	電気抵抗	30	ろう付け	絶縁抵抗

電気設備技術基準の解釈 第12条（電線の接続法）に関する問題である．

この条文に関係する用語は次のとおりである．

① 「絶縁電線」は第1図のように，絶縁物で被覆した電気導体である．

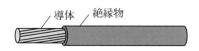

第1図　絶縁電線

② 「多心型電線」は第2図のように，絶縁物で被覆した導体を絶縁物で被覆していない導体の周囲にらせん状に巻き付けた電線で，300 V以下の低圧架空電線に用いられる．

第2図　多心型電線

③ 「コード」は，屋内で使用される小形の電気機器に使用される電線で，ビニルコードとゴムコードに大別される．

④ 「キャブタイヤケーブル」は，第3図のように絶縁物で被覆した上に外装で保護した電気導体で，主として移動電線として用いられる．高圧用のものは，金属製の電気遮へい層が設けられている．

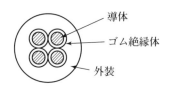

第3図 キャブタイヤケーブル

⑤ 「ケーブル」は絶縁物で被覆した上に外装で保護した電気導体で，第4図のように高圧用のものは金属製の電気遮へい層が設けられている．

⑥ 「接続管」とは第5図のような器具をいう．

⑦ 「ろう付け」とは，導体間を溶融させた融点の低い金属で接合する方法である．

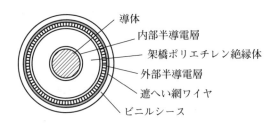

第4図 高圧用ケーブル

（a）S形スリーブ

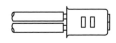

（b）リングスリーブ

第5図 電線の接続管

【解答】 （4）

応用問題にチャレンジ

次の文章は，「電気設備技術基準の解釈」に基づく，高低圧架空電線類の施設に関する記述である．文中の□□□に当てはまる語句または数値を記入しなさい．

a．高圧架空電線は，　(1)　である場合を除き，原則として，引張強さに対する安全率が硬銅線又は耐熱銅合金線では　(2)　以上，その他の電線では　(3)　以上となるような弛度によって施設すること．

b．高圧架空電線路に使用する架空地線には，引張強さ 5.26 kN 以上のもの又は直径　(4)　mm 以上の裸硬銅線を使用すること．

c．特別高圧架空電線路に使用する架空地線には，引張強さ 8.01 kN 以上の裸線又は直径　(5)　mm 以上の裸硬銅線を使用すること．

　　　　電気設備技術基準の解釈 第66条（低高圧架空電線の引張強さに対する安全率），第69条（高圧架空電線路の架空地線）および第90条（特別高圧架空電線路の架空地線）に関する問題である．

　電線の安全率は，硬銅線または耐熱銅合金線では2.2以上としているが，その他の電線は耐久性や信頼性に劣るので2.5以上としている．

　第6図の弛度 D（＝たるみ）を大きくすると，電線にかかる張力 T が小さくなって電線の引張荷重に対する安全率が増加する．ただし，いたずらに弛度を大きくすると，電線の地上高を確保するために支持物の高さを高くしなければならない事態になるとともに電線の横揺れや氷雪による垂れ下がりによる事故が起きるおそれがある．

$$D = \frac{wS^2}{8T} \ [\text{m}]$$

D：弛度（たるみ）〔m〕

T：電線の最低点における水平方向
　　の張力〔N〕

S：径間長〔m〕

w：電線 1 m 当たりの荷重〔N/m〕

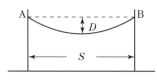

第6図　弛度

【解答】(1) ケーブル　(2) 2.2　(3) 2.5　(4) 4　(5) 5

ここが
重要

1. 電気設備技術基準 第6条（電線等の断線の防止）は，電線，支線，架空地線などの断線防止を定めたもので，電気設備技術基準の解釈には，第61条，第65条，第66条，第69条，第85条などの多くの関連条文がある．

2. 電気設備技術基準 第7条（電線の接続）は，電線の接続方法を定めた条文で，電気設備技術基準の解釈 第12条（電線の接続法）が主な関連条文である．

演 習 問 題

【問題1】

次の文章は，「電気設備技術基準の解釈」に基づく，絶縁電線，多心型電線，キャブタイヤケーブル，低圧ケーブルおよび高圧ケーブルの規格に共通の事項に関する記述である．文中の　　　に当てはまる最も適切なものを解答群の中から選びなさい．

a．通常の使用状態における　(1)　に耐えること．

b．　(2)　が2本以上のものにあっては，色分けその他の方法により　(2)　が識別できること．

c．導体補強線を有するものにあっては，導体補強線は天然繊維若しくは化学繊維又は　(3)　であること．

d．接地線を有するものにあっては，接地線の導体は　(4)　であること．

e．　(5)　を有するものにあっては，　(5)　はテープ状のもの，被覆状のもの，編組状のもの又は線状のものであること．また，アルミニウム製のものはケーブル以外の電線に使用しないこと．

〔解答群〕

（イ）温　度　　　（ロ）素　線　　　（ハ）軟銅線　　　（ニ）鉛　被

（ホ）硬銅線　　　（ヘ）防湿剤　　　（ト）線　心　　　（チ）アルミ合金線

（リ）遮へい　　　（ヌ）中性線　　　（ル）紙　　　　　（ヲ）鋼　線

（ワ）短絡電流　　（カ）架空地線　　（ヨ）無効電力

【問題2】

　次の文章は,「電気設備技術基準」および「電気設備技術基準の解釈」に基づく,架空電線路等の危険防止に関する記述である.文中の□□□に当てはまる語句または数値を解答群の中から選びなさい.

a.電線,支線,架空地線,弱電流電線等(弱電流電線及び光ファイバケーブルをいう.以下同じ.)その他の電気設備の保安のために施設する線は, (1) の使用状態において断線のおそれがないように施設しなければならない.

b.電線路の電線,電力保安通信線又は電車線等は,他の電線又は弱電流電線等と接近し,若しくは交さする場合又は同一支持物に施設する場合には,他の電線又は弱電流電線等を損傷するおそれがなく,かつ,接触,断線等によって生じる (2) による感電又は火災のおそれがないように施設しなければならない.

c.電線路の電線又は (3) 等は,他の工作物又は植物と接近し,又は交さする場合には,他の工作物又は植物を損傷するおそれがなく,かつ,接触,断線等によって生じる感電又は火災のおそれがないように施設しなければならない.

d.使用電圧が35 000 V以下の特別高圧架空電線と低圧又は高圧の架空電線とを (4) に施設する場合は,特別高圧架空電線と低圧又は高圧の架空電線との離隔距離は, (5) m以上であること.ただし,特別高圧架空電線がケーブルである場合であって,低圧架空電線が絶縁電線又はケーブルであるとき又は高圧架空電線が特別高圧絶縁電線,高圧絶縁電線又はケーブルであるときは,0.5 mまで減ずることができる.

〔解答群〕

(イ) 同一支持物	(ロ) 1.2	(ハ) 2.12
(ニ) 災害時	(ホ) 同一系統	(ヘ) 同一経路
(ト) 1.0	(チ) 弱電流電線	(リ) 地　絡
(ヌ) 短　絡	(ル) 電車線	(ヲ) 混　触
(ワ) 緊急時	(カ) 通　常	(ヨ) 電力保安通信線

【問題3】

次の文章は，「電気設備技術基準の解釈」における架空電線路の支持物における支線の施設についての記述である．文中の　　　に当てはまる最も適切なものを解答群の中から選びなさい．

高圧又は　(1)　の架空電線路の支持物として使用する木柱，　(2)　鉄筋コンクリート柱又は　(2)　鉄柱には，次により支線を施設すること．

a．電線路の水平角度が　(3)　以下の箇所に施設される柱であって，当該柱の両側の径間の差が　(4)　場合は，その径間の差により生じる不平均張力による水平力に耐える支線を，電線路に平行な方向の両側に設けること．

b．電線路の水平角度が　(3)　を超える箇所に施設される柱は，全架渉線につき各架渉線の　(5)　により生じる水平横分力に耐える支線を設けること．

c．電線路の全架渉線を引き留める箇所に使用される柱は，全架渉線につき各架渉線の　(5)　に等しい不平均張力による水平力に耐える支線を，電線路に平行な方向に設けること．

〔解答群〕

　（イ）B種　　　　（ロ）10度　　　　（ハ）許容最大張力　　（ニ）15度

　（ホ）3度　　　　（ヘ）低　圧　　　（ト）小さい　　　　　（チ）A種

　（リ）大きい　　　（ヌ）想定最大張力（ル）C種　　　　　　（ヲ）5度

　（ワ）特別高圧　　（カ）無　い　　　（ヨ）許容最大応力

●問題1の解答●

(1)－（イ），(2)－（ト），(3)－（ヲ），(4)－（ハ），(5)－（リ）

電気設備技術基準の解釈 第3条（電線の規格の共通事項）を参照．

●問題2の解答●

(1)－（カ），(2)－（ヲ），(3)－（ル），(4)－（イ），(5)－（ロ）

電気設備技術基準 第6条（電線等の断線の防止），第28条（電線の混触の防止），第29条（電線による他の工作物等への危険の防止），電気設備技術基準の解釈 第107条（35 000 V以下の特別高圧架空電線と低高圧架空電線等との併架

又は共架）を参照.

●問題3の解答●

(1) － （ワ），(2) － （チ），(3) － （ヲ），(4) － （リ），(5) － （ヌ）

電気設備技術基準の解釈 第62条（架空電線路の支持物における支線の施設）を参照.

第3章 電気設備技術基準とその解釈

3.5 風圧荷重と保安工事

 要点

1. 支持物の強度

架空電線路または架空電車線路の支持物の強度等を決定する上で最も重要な要素である風圧荷重に関する主な条文は次のとおりである.

(1) 電気設備技術基準 第32条（支持物の倒壊の防止）

a. 架空電線路又は架空電車線路の支持物の材料及び構造（支線を施設する場合は，当該支線に係るものを含む.）は，その支持物が支持する電線等による引張荷重，10分間平均で風速40 m/sの風圧荷重及び当該設置場所において通常想定される地理的条件，気象の変化，振動，衝撃その他の外部環境の影響を考慮し，倒壊のおそれがないよう，安全なものでなければならない. ただし，人家が多く連なっている場所に施設する架空電線路にあっては，その施設場所を考慮して施設する場合は，10分間平均で風速40 m/sの風圧荷重の1/2の風圧荷重を考慮して施設することができる.

b. 架空電線路の支持物は，構造上安全なものとすること等により連鎖的に倒壊のおそれがないように施設しなければならない.

(2) 電気設備技術基準の解釈 第58条（架空電線路の強度検討に用いる荷重）：抜粋

a. 架空電線路の強度検討に用いる風圧荷重の種類は次によること. なお，風速は，気象庁が「地上気象観測指針」において定める10分間平均風速とする.

① 甲種風圧荷重：第1表に規定する構成材の垂直投影面に加わる圧力を基礎として計算したもの，又は風速 40 m/s 以上を想定した風洞実験に基づく値より計算したもの.

第1表

風圧を受けるものの区分			構成材の垂直投影面に加わる圧力
支持物	木柱		780 Pa
	鉄筋コンクリート柱	丸形のもの	780 Pa
		その他のもの	1 180 Pa
架渉線	多導体（構成する電線が2条ごとに水平に配列され，かつ，当該電線相互間の距離が電線の外径の20倍以下のものに限る．）を構成する電線		880 Pa
	その他のもの		980 Pa

② 乙種風圧荷重：架渉線の周囲に厚さ 6 mm，比重 0.9 の氷雪が付着した状態に対し，甲種風圧荷重の 0.5 倍を基礎として計算したもの.

③ 丙種風圧荷重：甲種風圧荷重の 0.5 倍を基礎として計算したもの.

④ 着雪時風圧荷重：架渉線の周囲に比重 0.6 の雪が同心円状に付着した状態に対し，甲種風圧荷重の 0.3 倍を基礎として計算したもの.

b．aの風圧荷重の適用については，第2表によること．ただし，異常着雪時想定荷重の計算においては，同表にかかわらず着雪時風圧荷重を適用すること.

第2表

季節	地方		適用する風圧荷重
高温季	全ての地方		甲種風圧荷重
低温季	氷雪の多い地方	海岸地その他の低温季に最大風圧を生じる地方	甲種風圧荷重又は乙種風圧荷重のいずれか大きいもの
		上記以外の地方	乙種風圧荷重
	氷雪の多い地方以外の地方		丙種風圧荷重

c．人家が多く連なっている場所に施設される架空電線路の構成材のうち，次に掲げるものの風圧荷重については，bの規定にかかわらず甲種風圧荷重又は乙種風圧荷重に代えて丙種風圧荷重を適用することができる．

① 低圧又は高圧の架空電線路の支持物及び架渉線．

② 使用電圧が 35 000 V 以下の特別高圧架空電線路であって，電線に特別高圧絶縁電線又はケーブルを使用するものの支持物，架渉線並びに特別高圧架空電線を支持するがいし装置及び腕金類．

2. 保安工事

　架空電線路が建造物，道路，横断歩道橋，鉄道，軌道，架空弱電流電線，アンテナまたはその他の工作物と接近または交差する場合に，一般の架空電線より強化すべき点のうちで共通な施設方法をまとめたものが保安工事である．

(1) 電気設備技術基準の解釈　第 70 条（低圧保安工事，高圧保安工事及び連鎖倒壊防止）：抜粋

a. 低圧保安工事

　低圧保安工事は，次の各号によること．

① 電線は，次のいずれかによること．

　イ）ケーブルを使用し，第 67 条の規定により施設すること．

　ロ）引張強さ 8.01 kN 以上のもの又は直径 5 mm 以上の硬銅線（使用電圧が 300 V 以下の場合は，引張強さ 5.26 kN 以上のもの又は直径 4 mm 以上の硬銅線）を使用し，第 66 条第 1 項の規定に準じて施設すること．

② 木柱は次によること．

　イ）風圧荷重に対する安全率は，2.0 以上であること．

　ロ）木柱の太さは，末口で直径 12 cm 以上であること．

③ 径間は，第 3 表によること．

第3表

支持物の種類	径　間		
	第63条第3項に規定する，高圧架空電線路における長径間工事に準じて施設する場合	電線に引張強さ8.71 kN以上のもの又は断面積22 mm²以上の硬銅より線を使用する場合	その他の場合
木柱，A種鉄筋コンクリート柱又はA種鉄柱	300 m 以下	150 m 以下	100 m 以下
B種鉄筋コンクリート柱又はB種鉄柱	500 m 以下	250 m 以下	150 m 以下
鉄塔	制限無し	600 m 以下	400 m 以下

b. 高圧保安工事

高圧保安工事は，次の各号によること．

① 電線はケーブルである場合を除き，引張強さ8.01 kN以上のもの又は直径5 mm以上の硬銅線であること．

② 木柱の風圧荷重に対する安全率は，2.0以上であること．

③ 径間は，第4表によること．ただし，電線に引張強さ14.51 kN以上のもの又は断面積38 mm²以上の硬銅より線を使用する場合であって，支持物にB種鉄筋コンクリート柱，B種鉄柱又は鉄塔を使用するときは，この限りでない．

第4表

支持物の種類	径間
木柱，A種鉄筋コンクリート柱又はA種鉄柱	100 m 以下
B種鉄筋コンクリート柱又はB種鉄柱	150 m 以下
鉄塔	400 m 以下

c. 連鎖倒壊防止

低圧又は高圧架空電線路の支持物で直線路が連続している箇所において，連鎖的に倒壊するおそれがある場合は，必要に応じ，16基以下ごとに，支線を電線路に平行な方向にその両側に設け，また，5基以下ごとに支線を電線路と直

角の方向にその両側に設けること．ただし，技術上困難であるときは，この限りでない．

(2) 電気設備技術基準の解釈　第95条（特別高圧保安工事）：抜粋

a．第1種特別高圧保安工事

第1種特別高圧保安工事は，次の各号によること．

① 電線は，ケーブルである場合を除き，第5表に規定するものであること．

第5表

使用電圧の区分	電　線
100 000 V 未満	引張強さ 21.67 kN 以上のより線又は断面積 55 mm^2 以上の硬銅より線
100 000 V 以上 130 000 V 未満	引張強さ 38.05 kN 以上のより線又は断面積 100 mm^2 以上の硬銅より線
130 000 V 以上 300 000 V 未満	引張強さ 58.84 kN 以上のより線又は断面積 150 mm^2 以上の硬銅より線
300 000 V 以上	引張強さ 77.47 kN 以上のより線又は断面積 200 mm^2 以上の硬銅より線

② 径間の途中において電線を接続する場合は，圧縮接続によること．

③ 支持物は，B種鉄筋コンクリート柱，B種鉄柱又は鉄塔であること．

④ 径間は，第6表によること．

第6表

支持物の種類	電線の種類	径間
B種鉄筋コンクリート柱又はB種鉄柱	引張強さ 58.84 kN 以上のより線又は断面積 150 mm^2 以上の硬銅より線	制限無し
	その他	150 m 以下
鉄塔	引張強さ 58.84 kN 以上のより線又は断面積 150 mm^2 以上の硬銅より線	制限無し
	その他	400 m 以下

⑤ 電線が他の工作物と接近又は交差する場合は，その電線を支持するがい

し装置は，次のいずれかのものであること．

・懸垂がいし又は長幹がいしを使用するものであって，50 ％衝撃せん絡電圧の値が，当該電線の近接する他の部分を支持するがいし装置の値の110 ％（使用電圧が 130 000 V を超える場合は，105 ％）以上のもの

・アークホーンを取り付けた懸垂がいし，長幹がいし又はラインポストがいしを使用するもの

・2 連以上の懸垂がいし又は長幹がいしを使用するもの

⑥　上記⑤号の場合において，支持線を使用するときは，その支持線には，本線と同一の強さ及び太さのものを使用し，かつ，本線との接続は，堅ろうにして電気が安全に伝わるようにすること．

⑦　電線路には，架空地線を施設すること．ただし，使用電圧が 100 000 V 未満の場合において，がいしにアークホーンを取り付けるとき又は電線の把持部にアーマロッドを取り付けるときは，この限りでない．

⑧　電線路には，電路に地絡を生じた場合又は短絡した場合に 3 秒（使用電圧が 100 000 V 以上の場合は，2 秒）以内に自動的に電路を遮断する装置を設けること．

b．第 2 種特別高圧保安工事

第 2 種特別高圧保安工事は，次の各号によること．

①　支持物に木柱を使用する場合は，当該木柱の風圧荷重に対する安全率は，2 以上であること．

第 7 表

支持物の種類	電線の種類	径間
木柱，A 種鉄筋コンクリート柱又は A 種鉄柱	全て	100 m 以下
B 種鉄筋コンクリート柱又は B 種鉄柱	引張強さ 38.05 kN 以上のより線又は断面積 100 mm² 以上の硬銅より線	制限無し
	その他	200 m 以下
鉄塔	引張強さ 38.05 kN 以上のより線又は断面積 100 mm² 以上の硬銅より線	制限無し
	その他	400 m 以下

② 径間は，第7表によること．

③ 電線が他の工作物と接近又は交差する場合は，その電線を支持するがいし装置は，次のいずれかのものであること．

・50 %衝撃せん絡電圧の値が，当該電線の近接する他の部分を支持するがいし装置の値の110 %（使用電圧が130 000 Vを超える場合は,105 %）以上のもの

・アークホーンを取り付けた懸垂がいし，長幹がいし又はラインポストがいしを使用するもの

・2連以上の懸垂がいし又は長幹がいしを使用するもの

・2個以上のラインポストがいしを使用するもの

④ 上記③号の場合において，支持線を使用するときは，その支持線には，本線と同一の強さ及び太さのものを使用し，かつ，本線との接続は，堅ろうにして電気が安全に伝わるようにすること．

c．第3種特別高圧保安工事

第3種特別高圧保安工事の径間は，第8表によること．

第8表

支持物の種類	電線の種類	径間
木柱，A種鉄筋コンクリート柱又はA種鉄柱	引張強さ14.51 kN以上のより線又は断面積38 mm² 以上の硬銅より線	150 m以下
	その他	100 m以下
B種鉄筋コンクリート柱又はB種鉄柱	引張強さ38.05 kN以上のより線又は断面積100 mm² 以上の硬銅より線	制限無し
	引張強さ21.67 kN以上のより線又は断面積55 mm² 以上の硬銅より線	250 m以下
	その他	200 m以下
鉄塔	引張強さ38.05 kN以上のより線又は断面積100 mm² 以上の硬銅より線	制限無し
	引張強さ21.67 kN以上のより線又は断面積55 mm² 以上の硬銅より線	600 m以下
	その他	400 m以下

基本例題にチャレンジ

架空電線路に使用する支持物の強度の計算における風圧荷重の適用については，次の各号によること．

a．氷雪の多い地方以外の地方では，高温季においては (ア) 風圧荷重，低温季については (イ) 風圧荷重．

b．氷雪の多い地方（次号に掲げる地方を除く．）では，高温季においては (ア) 風圧荷重，低温季については (ウ) 風圧荷重．

c．氷雪の多い地方のうち，海岸地その他の低温季に最大風圧を生ずる地方では，高温季においては (ア) 風圧荷重，低温季については (ア) 風圧荷重又は (ウ) 風圧荷重のいずれか大きいもの．

上記の記述中の空白箇所（ア），（イ）および（ウ）に記入する字句として，適切なものを組み合わせたのは，次のうちどれか．

	（ア）	（イ）	（ウ）
（1）	甲種	丙種	乙種
（2）	甲種	乙種	丙種
（3）	乙種	甲種	丙種
（4）	乙種	丙種	甲種
（5）	丙種	甲種	乙種

やさしい解説

　　電気設備技術基準の解釈 第58条（架空電線路の強度検討に用いる荷重）に関する問題である．
　　電線や支持物の強度を計算する場合には風圧荷重が大きな要素になるが，風圧荷重の種類と地域ごとの選び方は次の表のとおりである．

季節	地　　方		適用する風圧荷重
高温季	全ての地方		甲種風圧荷重
低温季	氷雪の多い地方	海岸地その他の低温季に最大風圧を生じる地方	甲種風圧荷重又は乙種風圧荷重のいずれか大きいもの
		上記以外の地方	乙種風圧荷重
	氷雪の多い地方以外の地方		丙種風圧荷重

　なお，氷雪の多い地方で低温季に甲種風圧荷重を適用した場合には，風圧荷重は高温季と同じ値になるが，低温による電線の収縮で電線張力は増加する．

【解答】　(1)

応用問題にチャレンジ

　次の文章は，「電気設備技術基準」に基づく，架空電線路等の支持物の倒壊による危険の防止に関する記述である．文中の□□□に当てはまる語句または数値を記入しなさい．

a．架空電線路又は架空電車線路の支持物の材料及び構造（支線を施設する場合は，当該支線に係るものを含む.）は，その支持物が支持する電線等による　(1)　，10分間平均で風速　(2)　m/秒の風圧荷重及び当該設置場所において通常想定される　(3)　，気象の変化，振動，衝撃その他の外部環境の影響を考慮し，倒壊のおそれがないよう，安全なものでなければならない．ただし，人家が多く連なっている場所に施設する架空電線路にあっては，その施設場所を考慮して施設する場合は，10分間平均で風速　(2)　m/秒の風圧荷重の　(4)　の風圧荷重を考慮して施設することができる．

b．架空電線路の支持物は，構造上安全なものとすること等により，　(5)　に倒壊のおそれがないように施設しなければならない．

電気設備技術基準　第32条に関する問題である.

支持物の強度を決定する上で最も重要な要素である風速を10分間平均で40 m/秒とすること, また人家などによる風の遮へい効果を期待できるときは10分間平均で40 m/秒のときの風圧荷重の1/2に低減できることが規定されている.

【解答】　(1) 引張荷重　(2) 40　(3) 地理的条件　(4) 1/2
　　　　　(5) 連鎖的

1. 支持物の強度

電気設備技術基準 第32条（支持物の倒壊の防止）および主な関連条文として電気設備技術基準の解釈 第58条（架空電線路の強度検討に用いる荷重）について学習する.

2. 保安工事

電気設備技術基準の解釈 第70条（低圧保安工事, 高圧保安工事及び連鎖倒壊防止）, 第95条（特別高圧保安工事）について学習する.

演 習 問 題

【問題1】

次の文章は,「電気設備技術基準の解釈」に基づく, 架空電線路に使用する支持物の強度計算に適用する風圧荷重に関する記述である. 文中の　　　　に当てはまる語句または数値を解答群の中から選びなさい.

a. 甲種風圧荷重, 乙種風圧荷重及び内種風圧荷重の適用については, 次によること.

① 氷雪の多い地方以外の地方では, 高温季においては甲種風圧荷重, 低温季においては (1) 風圧荷重

② 氷雪の多い地方（次の③に掲げる地方を除く.）では, 高温季においては甲種風圧荷重, 低温季においては乙種風圧荷重

③　氷雪の多い地方のうち，海岸地その他の低温季に　(2)　を生じる地方
　　では，高温季においては甲種風圧荷重，低温季においては甲種風圧荷
　　重又は乙種風圧荷重のいずれか大きいもの

b．　(3)　が多く連なっている場所に施設される架空電線路の構成材のうち，
　　次に掲げるものの風圧荷重については，上記 a の規定にかかわらず甲種風
　　圧荷重又は乙種風圧荷重に代えて丙種風圧荷重を適用することができる．

①　低圧又は高圧の架空電線路の支持物及び架渉線

②　使用電圧が　(4)　V 以下の特別高圧架空電線路であって，電線に特別
　　高圧絶縁電線又はケーブルを使用するものの支持物，架渉線並びに特
　　別高圧架空電線を支持するがいし装置及び　(5)

〔解答群〕

　(イ) 乙種又は丙種　　　(ロ) 部　材　　　　(ハ) 瞬間最大風速
　(ニ) 丙　種　　　　　　(ホ) 鉄　塔　　　　(ヘ) 35 000
　(ト) 60 000　　　　　　(チ) 最大風圧　　　(リ) 湖　沼
　(ヌ) 季節風　　　　　　(ル) 山　　　　　　(ヲ) 甲種又は乙種
　(ワ) 100 000　　　　　(カ) 腕金類　　　　(ヨ) 人　家

【問題 2】

　次の文章は，高圧保安工事についての記述である．次の□□□の中に当てはま
る数値を解答群から選びなさい．ただし，「電気設備技術基準の解釈」に準
拠するものとする．

　高圧保安工事は，次の各号によらなければならない．

a．電線は，ケーブルである場合を除き，引張強さ　(1)　kN 以上のもの又
　　は直径　(2)　mm の硬銅線若しくはこれと同等以上の強さおよび太さの
　　ものであること．

b．木柱の風圧荷重に対する安全率は，　(3)　以上であること．

c．径間は，次の表の左欄に掲げる支持物の種類に応じ，それぞれ同表の右
　　欄に掲げる値以下であること．ただし，電線に引張強さ 14.51 kN 以上の
　　もの又は断面積　(4)　mm² 以上の硬銅より線を使用する場合であって，
　　支持物に B 種鉄筋コンクリート柱，B 種鉄柱又は鉄塔を使用するときは，
　　この限りでない．

支持物の種類	径　間
木柱，A種鉄筋コンクリート柱又はA種鉄柱	100 m
B種鉄筋コンクリート柱又はB種鉄柱	150 m
鉄　塔	(5)　m

〔解答群〕

（イ）1　　　　（ロ）1.5　　　（ハ）2　　　　（ニ）3　　　　（ホ）4

（ヘ）5　　　　（ト）5.26　　（チ）5.93　　（リ）8.01　　（ヌ）28

（ル）38　　　（ヲ）48　　　（ワ）200　　　（カ）300　　　（ヨ）400

【問題3】

　次の文章は，「電気設備技術基準の解釈」に基づく，特別高圧架空電線路の第1種特別高圧保安工事に関する記述である．文中の □ に当てはまる最も適切なものを解答群の中から選びなさい．

a．径間の途中において電線を接続する場合は，(1) によること．

b．径間は，支持物が鉄塔の場合は (2) とする．

　　ただし，電線に引張強さ 58.84 kN 以上のより線又は断面積 150 mm² 以上の硬銅より線を使用するものとする．

c．電線が他の工作物と接近し，又は交差する場合にあっては，その電線を支持するがいし装置は，次のいずれかに掲げるものであること．

　①　懸垂がいし又は長幹がいしを使用するものであって，50 %衝撃せん絡電圧の値が，当該電線の近接する他の部分を支持するがいし装置の値の 110 %（使用電圧が 130 000 V を超える場合は 105 %）以上のもの．

　②　アークホーンを取り付けた懸垂がいし，長幹がいし又は (3) を使用するもの．

　③　2連以上の懸垂がいし又は長幹がいしを使用するもの．

d．電線路には，(4) を施設すること．ただし，使用電圧が 100 000 V 未満の場合において，がいしにアークホーンを取り付けるとき又は電線の把持部にアーマロッドを取り付けるときは，この限りでない．

e．電線路には，電路に地絡を生じた場合又は短絡した場合に，使用電圧が 100 000 V 未満の場合においては，(5) 秒以内に自動的に電路を遮断

する装置を設けること.

〔解答群〕

（イ）S形スリーブ　　　（ロ）支持線　　　　　　　　（ハ）2

（ニ）圧縮接続　　　　　（ホ）避雷器　　　　　　　　（ヘ）150 m 以下

（ト）3　　　　　　　　（チ）400 m 以下　　　　　　（リ）1

（ヌ）ピンがいし　　　　（ル）ステーションポストがいし　（ヲ）制限無し

（ワ）接続用コネクタ　　（カ）ラインポストがいし　　（ヨ）架空地線

【問題4】

　次の文章は，「電気設備技術基準の解釈」に基づく特別高圧架空電線路の第2種特別高圧保安工事に関する記述である．文中の□□□に当てはまる最も適切なものを解答群の中から選びなさい.

a．支持物に木柱を使用する場合は，当該木柱の風圧荷重に対する安全率は，　(1)　以上であること.

b．支持物にA種鉄柱を使用する場合は，径間は，(2)　m以下であること.

c．電線が他の工作物と接近又は交差する場合は，その電線を支持するがいし装置は，次のいずれかのものであること.

　①　(3)　の値が，当該電線の近接する他の部分を支持するがいし装置の値の110 %（使用電圧が130 000 Vを超える場合は，105 %）以上のもの

　②　アークホーンを取り付けた懸垂がいし，　(4)　又はラインポストがいしを使用するもの

　③　2連以上の懸垂がいし又は(4)　を使用するもの

　④　2個以上のラインポストがいしを使用するもの

d．上記cの場合において，　(5)　を使用するときは，その　(5)　には，本線と同一の強さ及び太さのものを使用し，かつ，本線との接続は，堅ろうにして電気が安全に伝わるようにすること.

〔解答群〕

（イ）乾燥せん絡電圧　　（ロ）100　　　　　　（ハ）支　　線

（ニ）2　　　　　　　　（ホ）架空地線　　　　（ヘ）50 %衝撃せん絡電圧

（ト）ピンがいし　　　　（チ）400　　　　　　（リ）3

（ヌ）1.5　　　　　（ル）長幹がいし　　　　（ヲ）10

（ワ）支持線　　　　（カ）注水せん絡電圧　　（ヨ）玉がいし

●問題1の解答●

(1)　－（ニ），(2)　－（チ），(3)　－（ヨ），(4)　－（ヘ），(5)　－（カ）

電気設備技術基準の解釈 第58条（架空電線路の強度検討に用いる荷重）を参照.

●問題2の解答●

(1)　－（リ），(2)　－（ヘ），(3)　－（ハ），(4)　－（ル），(5)　－（ヨ）

電気設備技術基準の解釈 第70条（低圧保安工事，高圧保安工事及び連鎖倒壊防止）を参照.

●問題3の解答●

(1)　－（ニ），(2)　－（ヲ），(3)　－（カ），(4)　－（ヨ），(5)　－（ト）

電気設備技術基準の解釈 第95条（特別高圧保安工事）を参照.

●問題4の解答●

(1)　－（ニ），(2)　－（ロ），(3)　－（ヘ），(4)　－（ル），(5)　－（ワ）

電気設備技術基準の解釈 第95条（特別高圧保安工事）を参照.

第3章 電気設備技術基準とその解釈

3.6 電気機械器具の危険の防止

 要点

　電気設備は，感電，火災その他人体に危害を及ぼし，または物件に損傷を与えるおそれがないように施設しなければならない．

　この観点から，次の条文などで電気機械器具の具備すべき耐熱性能や電気機械器具を設置する場合の制限が規定されている．

（1）電気設備技術基準　第8条（電気機械器具の熱的強度）

　電路に施設する電気機械器具は，通常の使用状態においてその電気機械器具に発生する熱に耐えるものでなければならない．

（2）電気設備技術基準　第9条（高圧又は特別高圧の電気機械器具の危険の防止）

　a．高圧又は特別高圧の電気機械器具は，取扱者以外の者が容易に触れるおそれがないように施設しなければならない．ただし，接触による危険のおそれがない場合は，この限りでない．

　b．高圧又は特別高圧の開閉器，遮断器，避雷器その他これらに類する器具であって，動作時にアークを生ずるものは，火災のおそれがないよう，木製の壁又は天井その他の可燃性の物から離して施設しなければならない．ただし，耐火性の物で両者の間を隔離した場合は，この限りでない．

（3）電気設備技術基準の解釈　第20条（電気機械器具の熱的強度）

　電路に施設する変圧器，遮断器，開閉器，電力用コンデンサ又は計器用変成器その他の電気機械器具は，民間規格評価機関として日本電

気技術規格委員会が承認した規格である「電気機械器具の熱的強度の確認方法」の「適用」の欄に規定する方法により熱的強度を確認したとき，通常の使用状態で発生する熱に耐えるものであること．

(4) 電気設備技術基準の解釈　第21条（高圧の機械器具の施設）：要旨

高圧の機械器具は，次のような場合に施設できる．

① 発電所，蓄電所，変電所，開閉所若しくはこれらに準ずる場所に施設する場合．

② 屋内であって，取扱者以外の者が出入りできないように措置した場所に施設する場合．

③ 人が触れるおそれがないように，機械器具の周囲に適当なさく，へい等を設け，さく，へい等との高さと，さく，へい等から機械器具の充電部分までの距離との和を5 m以上とし，かつ，危険である旨の表示をする場合．（第1図参照）

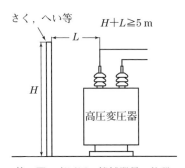

第1図　高圧用の機械器具の施設

④ 工場等の構内において，人が触れるおそれがないように，機械器具の周囲に適当なさく，へい等を設ける場合．

⑤ 機械器具に附属する高圧電線にケーブル又は引下げ用高圧絶縁電線を使用し，機械器具を人が触れるおそれがないように地表上4.5 m（市街地外においては4 m）以上の高さに施設する場合．

⑥ 機械器具をコンクリート製の箱又はD種接地工事を施した金属製の箱

に収め，かつ，充電部分が露出しないように施設する場合．

(5) 電気設備技術基準の解釈　第22条（特別高圧の機械器具の施設）：要旨

特別高圧の機械器具は，次のような場合に施設できる．

① 発電所，蓄電所，変電所，開閉所若しくはこれらに準ずる場所に施設する場合．

② 屋内であって，取扱者以外の者が出入りできないように措置した場所に施設する場合．

③ 人が触れるおそれがないように，機械器具の周囲に適当なさくを設け，さくの高さとさくから機械器具の充電部分までの距離との和を第1表の値以上とし，かつ，危険である旨の表示をする場合．

第1表

使用電圧の区分	さくの高さとさくから充電部分までの距離との和又は地表上の高さ
35 000 V 以下	5 m
35 000 V を超え 160 000 V 以下	6 m
160 000 V を超過	$(6 + c)$ m

（備考）c：使用電圧と 160 000 V の差を 10 000 V で除した値（小数点以下を切り上げる.）に 0.12 を乗じたもの

④ 機械器具を地表上5 m以上の高さに施設し，充電部分の地表上の高さを第1表に規定する値以上とし，かつ，人が触れるおそれがないように施設する場合．

⑤ 工場等の構内において，機械器具を絶縁された箱又はA種接地工事を施した金属製の箱に収め，かつ，充電部分が露出しないように施設する場合．

(6) 電気設備技術基準の解釈　第23条（アークを生じる器具の施設）

高圧用又は特別高圧用の開閉器，遮断器又は避雷器その他これらに類する器具（以下この条において「開閉器等」という．）であって，動作時にアークを生じるものは，次のいずれかにより施設すること．

① 耐火性のものでアークを生じる部分を囲むことにより，木製の壁又は

天井その他の可燃性のものから隔離すること.

② 木製の壁又は天井その他の可燃性のものとの離隔距離を，第2表に規定する値以上とすること.

第2表

開閉器等の使用電圧の区分		離隔距離
高圧		1 m
特別高圧	35 000 V 以下	2 m（動作時に生じるアークの方向及び長さを火災が発生するおそれがないように制限した場合にあっては，1 m）
	35 000 V 超過	2 m

基本例題にチャレンジ

次の文章は，「電気設備技術基準の解釈」に基づく，アークを生じる器具の施設に関する記述である.
文中の空白箇所（ア），（イ）および（ウ）に記入する数値として，正しいものを組み合わせたのは次のうちどれか.

高圧用又は特別高圧用の開閉器，遮断器，避雷器その他これらに類する器具であって，動作時にアークを生じるものは，木製の壁又は天井その他の可燃性の物から次の距離以上離さなければならない. ただし，耐火性の物で両者の間を隔離した場合は，この限りでない.

a. 高圧用のものにあっては (ア) m

b. 使用電圧が 35 000 V 以下の特別高圧用のもの（c.のものを除く）にあっては (イ) m

c. 使用電圧が 35 000 V 以下の特別高圧用で，動作時に生じるアークの方向及び長さを火災が発生するおそれがないように制限した場合は (ウ) m

	（ア）	（イ）	（ウ）
(1)	0.5	1	0.5
(2)	0.5	1	1

(3)　　1　　　　2　　　　1
(4)　　1　　　　2　　　　1.5
(5)　　1.5　　　3　　　　2

　　　　　　　　　動作時にアークを発生するものは，近くに可燃
性のものを置くと火災になるおそれがあるので，
電気設備技術基準の解釈 第23条で離隔距離の値
が規定されている．（第2図参照）

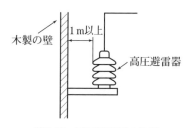

木製の壁

1 m以上

高圧避雷器

第2図　高圧避雷器の施設

【解答】(3)

応用問題にチャレンジ

次の文章は，「電気設備技術基準」の電気機械器具の危険防止に関する記
述である．文中の　　　　に当てはまる語句を記入しなさい．

a．高圧又は特別高圧の電気機械器具は，　(1)　以外の者が容易に触れ
　　るおそれがないように施設しなければならない．ただし，　(2)　に
　　よる危険のおそれがない場合は，この限りでない．

b．高圧又は特別高圧の開閉器，遮断器，避雷器その他これらに類する
　　器具であって動作時に　(3)　を生ずるものは，　(4)　のおそれがな
　　いよう，木製の壁又は天井その他の可燃性の物から離して施設しな
　　ければならない．ただし，　(5)　の物で両者の間を隔離した場合は，
　　この限りでない．

電気設備技術基準 第9条（高圧又は特別高圧の電気機械器具の危険の防止）の条文である．感電防止のために，高圧および特別高圧の機器は取扱者以外の者が容易に触れることがないようにしなければならない．また，アークを発生する設備から可燃物に火が移らないように施設することを定めている．

【解答】 (1) 取扱者　(2) 接触　(3) アーク　(4) 火災
　　　　　(5) 耐火性

　　　　　電気設備技術基準 第8条（電気機械器具の熱的強度），第9条（高圧又は特別高圧の電気機械器具の危険の防止）および電気設備技術基準の解釈 第21条（高圧の機械器具の施設），第22条（特別高圧の機械器具の施設），第23条（アークを生じる器具の施設）について学習する．

演 習 問 題

【問題1】

　次の文章は「電気設備技術基準の解釈」に基づいて，高圧用の機械器具を施設することができる場合についての記述である．文中の□□に当てはまる語句または数値を記入しなさい．

a．屋内であって，取扱者以外の者が出入りできないように措置した場所に施設する場合．

b．人が触れるおそれがないように，機械器具の周囲に適当なさく，へい等を設け，さく，へい等との高さとさく，へい等から機械器具の　(1)　までの距離の和を　(2)　m 以上とし，かつ，危険である旨の表示をする場合．

c．機械器具に附属する高圧電線にケーブル又は引下げ用高圧絶縁電線を使用し，機械器具を地表上　(3)　m（市街地外においては　(4)　m）以上の高さに施設する場合．

第3章　電気設備技術基準とその解釈

d．機械器具をコンクリート製の箱又は　(5)　種接地工事を施した金属製の箱に収め，かつ，　(1)　が露出しないように施設する場合．

【問題2】

次の文章は「電気設備技術基準の解釈」に基づいて，66 000 Vの特別高圧用の機械器具を施設できる場合についての記述である．文中の□□□に当てはまる数値または語句を記入しなさい．

　a．人が触れるおそれがないように，機械器具の周囲に適当なさくを設け，さくの高さとさくから機械部分の充電部分までの距離の和を　(1)　m以上とし，かつ，　(2)　である旨の表示をする場合．

　b．機械器具を地表上　(3)　m以上の高さに施設し，かつ，充電部分の地表上の高さを　(1)　m以上とし，かつ，人が触れるおそれがないように施設する場合．

　c．工場等の構内において，機械器具を　(4)　された箱又は　(5)　種接地工事を施した金属製の箱に収め，かつ，充電部分が露出しないように施設する場合．

【問題3】

次の文章は，「電気設備技術基準」に基づく保安原則に関する記述である．文中の□□□に当てはまる最も適切なものを解答群の中から選びなさい．

　a．電気設備は，感電，火災その他　(1)　に危害を及ぼし，又は物件に損傷を与えるおそれがないように施設しなければならない．

　b．変成器内の巻線と当該変成器内の他の巻線との間の絶縁性能は，　(2)　を考慮し，絶縁破壊による危険のおそれがないものでなければならない．

　c．電線，支線，架空地線，弱電流電線等その他の電気設備の保安のために施設する線は，　(3)　において断線のおそれがないように施設しなければならない．

　d．高圧又は特別高圧の電気機械器具は，　(4)　が容易に触れるおそれがないように施設しなければならない．ただし，接触による危険のおそれがない場合は，この限りでない．

　e．電路の必要な箇所には，過電流による過熱焼損から電線及び電気機械器

具を保護し，かつ，火災の発生を防止できるよう，過電流遮断器を施設しなければならない．ここで過電流遮断器とは，高圧及び特別高圧では，　(5)　及び遮断器が該当する．

〔解答群〕

（イ）取扱者以外の者　（ロ）最大使用電圧　（ハ）技術員　　　（ニ）開閉器

（ホ）ヒューズ　　　　（ヘ）事故時に想定される異常電圧

（ト）異常に氷雪が付着した状態　　　（チ）取扱者　　（リ）災害時

（ヌ）定格電圧　　　（ル）電気主任技術者以外の者

（ヲ）通常の使用状態　（ワ）GR付きPAS　（カ）電気工作物　（ヨ）人体

●問題1の解答●

(1) 充電部分　(2) 5　(3) 4.5　(4) 4　(5) D

電気設備技術基準の解釈 第21条（高圧の機械器具の施設）を参照．

●問題2の解答●

(1) 6　(2) 危険　(3) 5　(4) 絶縁　(5) A

電気設備技術基準の解釈 第22条（特別高圧の機械器具の施設）を参照．

●問題3の解答●

(1) － （ヨ），(2) － （ヘ），(3) － （ヲ），(4) － （イ），(5) － （ホ）

電気設備技術基準 第4条（電気設備における感電，火災等の防止），第5条（電路の絶縁），第6条（電線等の断線の防止），第9条（高圧又は特別高圧の電気機械器具の危険の防止），第14条（過電流からの電線及び電気機械器具の保護対策），電気設備技術基準の解釈 第34条（高圧又は特別高圧の電路に施設する過電流遮断器の性能等）を参照．

第3章 電気設備技術基準とその解釈

3.7 電気設備の接地

要点

　電路は大地から完全に絶縁することを原則とするが，保安上や経済上の理由あるいは構造上から絶縁できない場合，電路の一部を接地することを定めて絶縁の原則から除外している.

　具体的には，次のような場合に接地が施される. なお，接地とは，第1図のように，電気機器などを大地と電気的に接続することをいう.

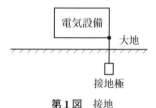

第1図　接地

(1) 高低圧混触時の低圧側の危険
　　防止
(2) 変圧器の外箱など人が触れる
　　おそれがある電気機械器具の金属製部分の接地
(3) 金属管など電線を収める金属製部分の接地
(4) 避雷器や放電装置の接地
(5) 中性点の接地

　「電気設備技術基準」および「電気設備技術基準の解釈」には接地関連の条文が数多くあるが，主な条文は次のとおりである.

(1) 電気設備技術基準　第10条　（電気設備の接地）

　電気設備の必要な箇所には，異常時の電位上昇，高電圧の侵入等による感電，火災その他人体に危害を及ぼし，又は物件への損傷を与えるおそれがないよう，接地その他の適切な措置を講じなければならな

い．ただし，電路に係る部分にあっては，第5条第1項の規定に定めるところによりこれを行わなければならない．

(2) 電気設備技術基準　第11条（電気設備の接地の方法）

電気設備に接地を施す場合は，電流が安全かつ確実に大地に通ずることができるようにしなければならない．

(3) 電気設備技術基準の解釈　第17条（接地工事の種類及び施設方法）：要旨
a. 接地抵抗値

接地工事は，第1表の左欄に掲げる4種とし，各接地工事における接地抵抗値は，同表の右欄に掲げる値以下とすること．

第1表　接地工事の種類

接地工事の種類	接地抵抗値
A種接地工事	10 Ω
B種接地工事	第2表参照
C種接地工事	10 Ω（低圧電路において，当該電路に地絡を生じた場合に0.5秒以内に自動的に電路を遮断する装置を施設するときは，500 Ω）
D種接地工事	100 Ω（低圧電路において，当該電路に地絡を生じた場合に0.5秒以内に自動的に電路を遮断する装置を施設するときは，500 Ω）

第2表　B種接地工事

接地工事を施す変圧器の種類	当該変圧器の高圧側又は特別高圧側の電路と低圧側の電路との混触により，低圧電路の対地電圧が150 Vを超えた場合に，自動的に高圧又は特別高圧の電路を遮断する装置を設ける場合の遮断時間	接地抵抗値〔Ω〕
下記以外の場合		$150/I_g$
高圧又は35 000 V以下の特別高圧の電路と低圧電路を結合するもの	1秒を超え2秒以下	$300/I_g$
	1秒以下	$600/I_g$

（備考）I_gは，当該変圧器の高圧側又は特別高圧側の電路の1線地絡電流（単位：A）

b. 接地線

接地工事の接地線は，原則として，第3表の左欄に掲げる接地工事の種類に応じ，それぞれ同表の右欄に掲げるものとし，故障の際に流れる電流を安全に通ずることができるものであること．

第3表　接地線

接地工事の種類	接地線の種類
A種接地工事	引張強さ1.04 kN以上の容易に腐食し難い金属線又は直径2.6 mm以上の軟銅線
B種接地工事	引張強さ2.46 kN以上の容易に腐食し難い金属線又は直径4 mm以上の軟銅線（接地工事を施す変圧器が高圧電路又は解釈第108条に規定する特別高圧架空電線路の電路と低圧電路とを結合するものである場合は，引張強さ1.04 kN以上の容易に腐食し難い金属線又は直径2.6 mm以上の軟銅線）
C種接地工事及びD種接地工事	引張強さ0.39 kN以上の容易に腐食し難い金属線又は直径1.6 mm以上の軟銅線

(4) 電気設備技術基準の解釈　第19条（保安上又は機能上必要な場合における電路の接地）：要旨

電路の保護装置の確実な動作の確保，異常電圧の抑制又は対地電圧の低下を図るために必要な場合において，電路の中性点などに接地を施すときには，接地極は，故障の際にその近傍の大地との間に生じる電位差により，人若しくは家畜又は他の工作物に危険を及ぼすおそれがないように施設すること．

(5) 電気設備技術基準の解釈　第28条（計器用変成器の2次側電路の接地）

a．高圧計器用変成器の2次側電路には，D種接地工事を施すこと．

b．特別高圧計器用変成器の2次側電路には，A種接地工事を施すこと．

(6) 電気設備技術基準の解釈　第29条（機械器具の金属製外箱等の接地）：抜粋

電路に施設する機械器具の金属製の台及び外箱（外箱のない変圧器又は計器用変成器にあっては，鉄心）には，使用電圧の区分に応じ，第4表に規定する

接地工事を施すこと，ただし，外箱を充電して使用する機械器具に人が触れるおそれがないようにさくなどを設けて施設する場合又は絶縁台を設けて施設する場合は，この限りでない．

第4表

機械器具の使用電圧の区分		接 地 工 事
低圧	300 V 以下	D 種接地工事
	300 V 超過	C 種接地工事
高圧又は特別高圧		A 種接地工事

(8) 電気設備技術基準の解釈 第37条（避雷器等の施設）：抜粋

高圧及び特別高圧の電路に施設する避雷器には，A 種接地工事を施すこと．

基本例題にチャレンジ

次の文章は「電気設備技術基準の解釈」に基づく B 種接地工事に関するものである．文中の空白箇所（ア）および（イ）に記入する数値および字句の組み合わせとして，正しいものを次のうちから選べ．

　低圧電路の B 種接地工事の目的は，高圧又は特別高圧電路と低圧電路の混触による低圧側の対地電圧の上昇電位を ［（ア）］ V 以下に抑制することを原則としているが混触時に ［（イ）］ 以内に自動的に高圧電路または使用電圧が 35 000 V 以下の特別高圧電路を遮断する装置を設けるときは，低圧側の対地電圧の上昇電位を 600 V まで緩和している．

	（ア）	（イ）
(1)	150	1秒を超え2秒
(2)	150	1秒
(3)	300	0.5秒
(4)	300	1秒
(5)	300	0.1秒

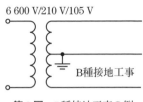

第2図　B種接地工事の例

やさしい解説　B種接地工事は，第2図のように特別高圧または高圧を低圧に変圧する変圧器の低圧側電路の1端子に施す接地工事で，特別高圧または高圧と低圧が故障などで接触（これを「混触」という.）したときに，低圧側電路の電位上昇を防ぐ目的で施される．

その抵抗値は，原則として，

（高圧又は特別高圧の1線地絡電流）×（B種接地抵抗値）＝ 150 V

まで許容される．

ただし，高圧または 35 000 V 以下の特別高圧の電路と低圧側の電路が混触した場合に，1秒を超え2秒以下で自動的に高圧または特別高圧の電路を遮断する装置を設ける場合は 300 V，1秒以下で遮断する装置を設ける場合は 600 V まで許される．

【解答】　(2)

応用問題にチャレンジ

次の文章は「電気設備技術基準の解釈」に基づく，接地工事に関する記述である．文中の◯◯◯に当てはまる語句または数値を記入しなさい．

(1) A種接地工事の接地抵抗値は (1) Ω以下とすること．
(2) D種接地工事の接地抵抗値は (2) Ω以下とすること．ただし，低圧電路において，当該電路に地絡を生じた場合に 0.5 秒以内に自動的に電路を遮断する装置を施設するときは (3) Ω以下とすること．
(3) 高圧計器用変成器の2次側電路には，(4) 種接地工事を施すこと．
(4) 高圧及び特別高圧の電路に施設する避雷器には，(5) 種接地工事を施すこと．

やさしい解説　接地工事にはA，B，CおよびD種の四つの種別がある．

A種，C種，D種接地工事は，計器用変成器の2次側電路の接地を除いては，電路以外の金属体および常時通電しない電路

（例えば避雷器の接地）の接地に適用される.

（1）A種接地工事

危険度の大きいものに適用される.

　　（例）高圧, 特別高圧の機械器具の鉄台および金属製外箱, 特別高圧計器
　　　　用変成器の2次側電路, 避雷器など.

（2）B種接地工事

混触により低圧側に高い電圧が加わることを防止するために, 高圧または特別高圧電路と低圧電路を結合する変圧器の低圧側に施す接地.

（3）C種接地工事

D種よりは危険度の高いもので, 接地抵抗値をA種なみにする必要のあるものに適用される.

　　（例）300 Vを超える低圧（具体的には400 V）の機械器具の鉄台および金
　　　　属製外箱など.

（4）D種接地工事

危険度の比較的少ないものに適用される.

　　（例）300 V以下の低圧（具体的には100 V, 200 V）の機械器具の鉄台お
　　　　よび金属製外箱, 高圧計器用変成器の2次側電路など.

【解答】　(1) 10　(2) 100　(3) 500　(4) D　(5) A

　　　　　　　　　　　電気設備技術基準 第10条（電気設備の接地）, 第11条
　　　　　　　　　　（電気設備の接地の方法）および電気設備技術基準の解釈
　　　　　　　　　　第17条（接地工事の種類及び施設方法）について学習す
　　　　　　　　　　る.
　　　　　　　　　　　また, 接地工事の適用種別などについて, 電気設備技術
　　　　　　　　　基準の解釈 第28条（計器用変成器の2次側電路の接地）,
第29条（機械器具の金属製外箱等の接地）, 第37条（避雷器等の施設）について学習する.

演 習 問 題

【問題1】

次の文章は，「電気設備技術基準」における保安原則に関する記述である．文中の□□□に当てはまる最も適切なものを解答群の中から選びなさい．

a．電気設備に接地を施す場合は，□(1)□が安全かつ確実に□(2)□に通ずることができるようにしなければならない．

b．電路には，地絡が生じた場合に，電線若しくは電気機械器具の損傷，感電又は火災のおそれがないよう，地絡遮断器の施設その他の適切な措置を講じなければならない．ただし，電気機械器具を□(3)□に施設する等地絡による危険のおそれがない場合は，この限りでない．

c．□(4)□は，その損壊により□(5)□又は配電事業者の電気の供給に著しい支障を及ぼさないように施設しなければならない．

〔解答群〕

（イ）接地線　　　　　　（ロ）密閉した場所　　（ハ）電流
（ニ）発電事業者　　　　（ホ）乾燥した場所　　（ヘ）自家用電気工作物
（ト）需要設備　　　　　（チ）高圧又は特別高圧の電気設備
（リ）小売電気事業者　　（ヌ）大地　　　　　　（ル）隠ぺいした場所
（ヲ）導体　　　　　　　（ワ）電圧
（カ）一般送配電事業者又は配電事業者　　　　　（ヨ）電気

【問題2】

次の表1および表2は，「電気設備技術基準の解釈」に基づく，接地工事の種類と，それぞれの接地工事の種類に応じてその値以下とすることとされている接地抵抗値を記載したものである．文中の□□□に当てはまる語句または数値を解答群の中から選びなさい．

表1 A種，C種およびD種接地工事

接地工事の種類	接 地 抵 抗 値
A種接地工事	10 Ω
C種接地工事	10 Ω（低圧電路において，当該電路に地絡を生じた場合に 0.5 秒以内に自動的に電路を遮断する装置を施設するときは， (1) Ω）
D種接地工事	(2) Ω（低圧電路において，当該電路に地絡を生じた場合に 0.5 秒以内に自動的に電路を遮断する装置を施設するときは， (1) Ω）

表2 B種接地工事

接地工事を施す変圧器の種類	当該変圧器の高圧側又は特別高圧側の電路と低圧側の電路との (3) により，低圧電路の対地電圧が 150 V を超えた場合に，自動的に高圧又は特別高圧の電路を遮断する装置を設ける場合の遮断時間	接地抵抗値（Ω）
下記以外の場合		$150/I_g$
高圧又は 35 000 V 以下の特別高圧の電路と低圧電路を結合するもの	1 秒を超え (4) 秒以下	$300/I_g$
	1 秒以下	$600/I_g$

（備考）I_g は，当該変圧器の高圧側又は特別高圧側の電路の (5) 電流（単位：A）

〔解答群〕

（イ）1.5　　（ロ）2　　（ハ）3　　（ニ）100　　（ホ）150

（ヘ）200　　（ト）500　　（チ）700　　（リ）1 000　　（ヌ）定　格

（ル）1線地絡　（ヲ）接　近　（ワ）混　触　（カ）結　合　（ヨ）短　絡

●問題1の解答●

(1) － （ハ），(2) － （ヌ），(3) － （ホ），(4) － （チ），(5) － （カ）

電気設備技術基準 第11条（電気設備の接地の方法），第15条（地絡に対する保護対策），第18条（電気設備による供給支障の防止）を参照．

●問題2の解答●

(1) － （ト），(2) － （ニ），(3) － （ワ），(4) － （ロ），(5) － （ル）

電気設備技術基準の解釈 第17条（接地工事の種類及び施設方法）を参照．

3.8 変圧器の施設

 要点

1. B種接地工事などに関する規定

高圧または特別高圧電路と低圧電路が混触を起こすと，低圧電路に高電圧が侵入して危険となるおそれがあるため，この場合の保護対策などを以下の条文などで定めている．

(1) 電気設備技術基準　第12条（特別高圧電路等と結合する変圧器等の火災等の防止）

　　a．高圧又は特別高圧の電路と低圧の電路とを結合する変圧器は，高圧又は特別高圧の電圧の侵入による低圧側の電気設備の損傷，感電又は火災のおそれがないよう，当該変圧器における適切な箇所に接地を施さなければならない．ただし，施設の方法又は構造によりやむを得ない場合であって，変圧器から離れた箇所における接地その他の適切な措置を講ずることにより低圧側の電気設備の損傷，感電又は火災のおそれがない場合は，この限りでない．

　　b．変圧器によって特別高圧の電路に結合される高圧の電路には，特別高圧の電圧の侵入による高圧側の電気設備の損傷，感電又は火災のおそれがないよう，接地を施した放電装置の施設その他の適切な措置を講じなければならない．

(2) 電気設備技術基準の解釈　第24条（高圧又は特別高圧と低圧との混触による危険防止施設）：抜粋

高圧電路又は特別高圧電路と低圧電路とを結合する変圧器には，次

130

のいずれかの箇所にB種接地工事を施すこと.

① 低圧側の中性点.

② 低圧電路の使用電圧が300 V以下の場合において,接地工事を低圧側の中性点に施し難いときは,低圧側の一端子.

③ 低圧電路が非接地である場合においては,高圧巻線又は特別高圧巻線と低圧巻線との間に設けた金属製の混触防止板.

(3) 電気設備技術基準の解釈 第25条（特別高圧と高圧との混触等による危険防止施設）

a. 変圧器によって特別高圧電路に結合される高圧電路には,使用電圧の3倍以下の電圧が加わったときに放電する装置を,その変圧器の端子に近い一極に設けること.ただし,使用電圧の3倍以下の電圧が加わったときに放電する避雷器を高圧電路の母線に施設する場合は,この限りでない.

b. a項の装置には,A種接地工事を施すこと.

2. 特別高圧用変圧器の施設制限

低圧と特別高圧を直接結合させる変圧器は,事故の際に低圧電路に高電圧が侵入して危険であるため,次の条文で施設できる場合を限定している.

(1) 電気設備技術基準 第13条（特別高圧を直接低圧に変成する変圧器の施設制限）

特別高圧を直接低圧に変成する変圧器は,次の各号のいずれかに掲げる場合を除き,施設してはならない.

① 発電所等公衆が立ち入らない場所に施設する場合.

② 混触防止措置が講じられている等危険のおそれがない場合.

③ 特別高圧側の巻線と低圧側の巻線とが混触した場合に自動的に電路が遮断される装置の施設その他の保安上の適切な措置が講じられている場合.

(2) 電気設備技術基準の解釈 第27条（特別高圧を直接低圧に変成する変圧器の施設）：要旨

特別高圧を直接低圧に変成する変圧器は,次の各号に掲げるものを除き,施

第3章 電気設備技術基準とその解釈

設しないこと.

①　発電所，蓄電所又は変電所，開閉所若しくはこれらに準ずる場所の所内用の変圧器.

②　使用電圧が 100 000 V 以下の変圧器であって，その特別高圧巻線と低圧側巻線との間に，所定の条件の B 種接地工事を施した金属製の混触防止板を有するもの.

③　使用電圧が 35 000 V 以下の変圧器であって，その特別高圧巻線と低圧巻線とが混触したときに，自動的に変圧器を電路から遮断するための装置を設けたもの.

④　電気炉等，大電流を消費する負荷に電気を供給するための変圧器.

⑤　交流式電気鉄道用信号回路に電気を供給するための変圧器.

⑥　使用電圧が 15 000 V 以下の特別高圧架空電線路で所定の規定に準じて施設された線路に接続する変圧器.

基本例題にチャレンジ

次の文章は，「電気設備技術基準」における特別高圧を直接低圧に変成する変圧器の施設制限に関するものである.

　特別高圧を直接低圧に変成する変圧器は，次の各号のいずれかに掲げる場合を除き，施設してはならない.

a．発電所等 (ア) が立ち入らない場所に施設する場合.

b． (イ) 措置が講じられている等危険のおそれがない場合.

c．特別高圧側の巻線と低圧側の巻線とが， (ウ) した場合に自動的に電路が遮断される装置の施設その他の保安上の適切な措置が講じられている場合.

上記の記述中の空白箇所に記入する字句として，正しい組み合わせを次のうちから選べ.

	（ア）	（イ）	（ウ）
(1)	公衆	火災防止	混触
(2)	施設者以外の者	安全対策	混触

(3)　公衆　　　　　　　火災防止　　　　損傷

(4)　施設者以外の者　　安全対策　　　　損傷

(5)　公衆　　　　　　　混触防止　　　　混触

　　　電気設備技術基準 第13条（特別高圧を直接低圧に変成する変圧器の施設制限）に関する問題である．

　特別高圧を直接低圧に変成する変圧器の施設制限を定めたもので，具体的な条件については，電気設備技術基準の解釈 第27条（特別高圧を直接低圧に変成する変圧器の施設）に規定されている．

【解答】　(5)

応用問題にチャレンジ

次の文章は，「電気設備技術基準の解釈」における特別高圧変圧器の施設等に関する記述である．文中の　　　に当てはまる語句または数値を記入しなさい．

a．高圧電路又は特別高圧電路と低圧電路とを結合する変圧器の低圧側の中性点には，　(1)　接地工事を施すこと．ただし，低圧電路の使用電圧が　(2)　V以下の場合において，当該接地工事を変圧器の中性点に施し難いときは，低圧側の一端子に施すことができる．

b．変圧器によって特別高圧電路に結合される高圧電路には，使用電圧の　(3)　倍以下の電圧が加わったときに放電する装置を，その変圧器の端子に近い一極に設けること．ただし，使用電圧の　(3)　倍以下の電圧が加わったときに放電する　(4)　を高圧電路の母線に施設する場合は，この限りでない．

c．b項の装置には，　(5)　接地工事を施すこと．

　　　電気設備技術基準の解釈 第24条（高圧又は特別高圧と低圧との混触による危険防止施設）および第25条（特別高圧と高圧との混触等による危険防止施設）に関する問題である．

　高圧または特別高圧電路と低圧電路とを結合する変圧器では，変圧器の内部故障による混触で低圧電路に高電圧が侵入するおそれがあり，このような場合の保護方法としてB種接地工事を施すことを定めている．

　B種接地工事を施す箇所は，原則として低圧側の中性点としているが，100 V単相変圧器のように構造上中性点がないものや△結線であるため中性点を接地し難いものでは，使用電圧が300 V以下のものに限り低圧側の一端子でもよいこととしている．

　したがって，低圧であっても400 Vの場合には，第1図のようにY結線して，その中性点にB種接地工事を施さなければならない．

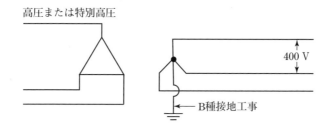

第1図　400 Vの場合のB種接地工事

　変圧器によって特別高圧電路に結合される高圧電路では，変圧器の内部故障時の特別高圧電路との混触などで異常電圧が高圧側に侵入するおそれがあるため，放電装置を設けることを規定している．

【解答】　(1) B種　(2) 300　(3) 3　(4) 避雷器　(5) A種

1.　B種接地工事など

　電気設備技術基準 第12条（特別高圧電路等と結合する変圧器等の火災等の防止），電気設備技術基準の解釈 第24条（高圧又は特別高圧と低圧との混触による危険防止施設），第25条（特別高圧と高圧との混触等による危険防止施設）について学習する．

2. 特別高圧用変圧器の施設制限

電気設備技術基準 第13条（特別高圧を直接低圧に変成する変圧器の施設制限），電気設備技術基準の解釈 第27条（特別高圧を直接低圧に変成する変圧器の施設）について学習する．

演 習 問 題

【問題1】

次の文章は，「電気設備技術基準」に基づく，変圧器等の火災等の予防に関する記述である．文中の ____ に当てはまる語句を解答群の中から選びなさい．

a．高圧又は特別高圧の電路と低圧の電路とを結合する変圧器は，高圧又は特別高圧の (1) の侵入による低圧側の電気設備の損傷，感電又は火災のおそれがないよう，当該変圧器における (2) に (3) を施さなければならない．ただし，施設の (4) 又は構造によりやむを得ない場合であって，変圧器から離れた箇所における (3) その他の適切な措置を講ずることにより低圧側の電気設備の損傷，感電又は火災のおそれがない場合は，この限りでない．

b．変圧器によって特別高圧の電路に結合される高圧の電路には，特別高圧の (1) の侵入による高圧側の電気設備の損傷，感電又は火災のおそれがないよう， (3) を施した (5) の施設その他の適切な措置を講じなければならない．

〔解答群〕

（イ）電　圧　　（ロ）放電装置　　（ハ）特殊性　　（ニ）継電装置

（ホ）重要性　　（ヘ）サージ電圧　（ト）直　近　　（チ）遮断装置

（リ）接　地　　（ヌ）適切な箇所　（ル）誘導電圧　（ヲ）一次側

（ワ）方　法　　（カ）難燃性隔壁　（ヨ）保護装置

【問題2】

次の文章は，「電気設備技術基準の解釈」に基づく，特別高圧を直接低圧に変成する変圧器の施設制限に関する記述である．文中の ____ に当てはまる最

も適切なものを解答群の中から選びなさい.

特別高圧を直接低圧に変成する変圧器は,次の各号に掲げるものを除き,施設しないこと.

　a．発電所,蓄電所又は変電所,開閉所若しくはこれらに準ずる場所の　(1)　用の変圧器

　b．使用電圧が 100 000 V 以下の変圧器であって,その特別高圧巻線と低圧巻線との間に B 種接地工事(接地抵抗値計算の規定により計算した値が　(2)　を超える場合は,接地抵抗値が　(2)　Ω 以下のものに限る.)を施した金属製の混触防止板を有するもの

　c．使用電圧が 35 000 V 以下の変圧器であって,その特別高圧巻線と低圧巻線とが　(3)　したときに,自動的に変圧器を　(4)　から遮断するための装置を設けたもの

　d．電気炉等,大電流を消費する負荷に電気を供給するための変圧器

　e．交流式電気鉄道用　(5)　回路に電気を供給するための変圧器

　f．使用電圧が 15 000 V 以下の中性点接地式の特別高圧架空電線路であって,地絡遮断装置を有するなど一定の条件を備えるものに接続する変圧器

〔解答群〕

　(イ)混　触　　　(ロ)所　内　　　(ハ)地　絡　　　(ニ)電　食
　(ホ)電　路　　　(ヘ)信　号　　　(ト)事故電流　　(チ)帰　線
　(リ)非　常　　　(ヌ)100　　　　(ル)き　電　　　(ヲ)10
　(ワ)30　　　　　(カ)予　備　　　(ヨ)負　荷

●問題1の解答●

　(1)－(イ),(2)－(ヌ),(3)－(リ),(4)－(ワ),(5)－(ロ)

電気設備技術基準 第12条(特別高圧電路等と結合する変圧器等の火災等の防止)を参照.

●問題2の解答●

　(1)－(ロ),(2)－(ヲ),(3)－(イ),(4)－(ホ),(5)－(ヘ)

電気設備技術基準の解釈 第27条(特別高圧を直接低圧に変成する変圧器の施設).

3.9 保護対策および電気的・磁気的障害の防止

 要点

1. 保護対策

　過電流から電線および電気機械器具を保護するとともに，過電流によって火災が発生することを防止するため過電流遮断器を施設することを規定している．

　過電流遮断器は，過電流を生じたときに自動的に電路を遮断する装置をいい，低圧ではヒューズ，配線用遮断器（MCCB），高圧および特別高圧ではヒューズ，遮断器がこれにあたる．

　また，地絡事故による危険防止のため電路に地絡遮断器（ELB）などの保安装置を施設することを規定している．

　これらに関する条文で主なものは次のとおりである．

(1) 電気設備技術基準　第14条（過電流からの電線及び電気機械器具の保護対策）

　電路の必要な箇所には，過電流による過熱焼損から電線及び電気機械器具を保護し，かつ，火災の発生を防止できるよう，過電流遮断器を施設しなければならない．

(2) 電気設備技術基準　第15条（地絡に対する保護対策）

　電路には，地絡が生じた場合に，電線若しくは電気機械器具の損傷，感電又は火災のおそれがないよう，地絡遮断器の施設その他の適切な措置を講じなければならない．ただし，電気機械器具を乾燥した場所に施設する等地絡による危険のおそれがない場合は，この限りでない．

(3) 電気設備技術基準　第15条の2（サイバーセキュリティの確保）

　事業用電気工作物（小規模事業用電気工作物を除く.）の運転を管理する電子計算機は，当該電気工作物が人体に危害を及ぼし，又は物件に損傷を与えるおそれ及び一般送配電事業又は配電事業に係る電気の供給に著しい支障を及ぼすおそれがないよう，サイバーセキュリティ（サイバーセキュリティ基本法（平成26年法律 第104号）第2条に規定するサイバーセキュリティをいう.）を確保しなければならない.

(4) 電気設備技術基準の解釈　第33条（低圧電路に施設する過電流遮断器の性能等）：要旨

　a．過電流遮断器として低圧電路に施設するヒューズは，水平に取り付けた場合において，次の各号に適合するものであること.

　　① 定格電流の1.1倍の電流に耐えること.

　　② 第1表（一部省略）の左欄に掲げる定格電流の区分に応じ，定格電流の1.6倍及び2倍の電流を通じた場合において，それぞれ同表の右欄に掲げる時間内に溶断すること.

第1表

定格電流の区分	時　　間	
	定格電流の1.6倍の電流を通じた場合	定格電流の2倍の電流を通じた場合
30 A 以下	60分	2分
30 A を超え 60 A 以下	60分	4分
60 A を超え 100 A 以下	120分	6分

　b．過電流遮断器として低圧電路に施設する配線用遮断器は，次の各号適合するものであること.

　　① 定格電流の1倍の電流で自動的に動作しないこと.

　　② 第2表（一部省略）の左欄に掲げる定格電流の区分に応じ，定格電流の1.25倍及び2倍の電流を通じた場合において，それぞれ同表の右欄に掲げる時間内に自動的に動作すること.

第2表

定格電流の区分	時　間	
	定格電流の1.25倍の電流を通じた場合	定格電流の2倍の電流を通じた場合
30 A 以下	60分	2分
30 A を超え 50 A 以下	60分	4分
50 A を超え 100 A 以下	120分	6分
100 A を超え 225 A 以下	120分	8分

(5) 電気設備技術基準の解釈　第34条（高圧又は特別高圧の電路に施設する過電流遮断器の性能等）：要旨

a．電路に短絡を生じたときに作動する過電流遮断器にあっては，これを施設する箇所を通過する短絡電流を遮断する能力を有すること．

b．過電流遮断器は，その動作に伴いその開閉状態を表示する装置を有すること．ただし，その開閉状態を容易に確認できるものは，この限りでない．

c．過電流遮断器として高圧電路に施設する包装ヒューズ（ヒューズ以外の過電流遮断器と組み合わせて一の過電流遮断器として使用するものを除く．）は，定格電流の 1.3 倍の電流に耐え，かつ，2 倍の電流で 120 分以内に溶断するものであること，又は所定の規格に適合する高圧限流ヒューズであること．

d．過電流遮断器として高圧電路に施設する非包装ヒューズは，定格電流の 1.25 倍の電流に耐え，かつ，2 倍の電流で 2 分以内に溶断するものであること．

(6) 電気設備技術基準の解釈　第36条（地絡遮断装置の施設）：要旨

a．金属製外箱を有する使用電圧が 60 V を超える低圧の機械器具に接続する電路には，電路に地絡を生じたときに自動的に電路を遮断する装置を施設すること．ただし，次の各号等に該当する場合はこの限りでない．

① 機械器具に簡易接触防護措置（金属製のものであって，防護措置を施す機械器具と電気的に接続するおそれがあるもので防護する方法を除

く.）を施す場合.
② 発電所, 蓄電所又は変電所, 開閉所若しくはこれらに準ずる場所に施設する場合.
③ 乾燥した場所に施設する場合.
④ 対地電圧が 150 V 以下の機械器具を水気のある場所以外の場所に施設する場合.
⑤ 機械器具に施された C 種接地工事又は D 種接地工事の接地抵抗値が 3 Ω 以下の場合.

b. 高圧又は特別高圧の電路と変圧器によって結合される, 使用電圧が 300 V を超える低圧の電路には, 原則として, 電路に地絡を生じたときに自動的に電路を遮断する装置を施設すること.

c. 高圧又は特別高圧の電路の次の各号に掲げる箇所又はこれに近接する箇所には, 原則として, 電路に地絡を生じたときに自動的に電路を遮断する装置を施設すること.
① 発電所, 蓄電所又は変電所若しくはこれに準ずる場所の引出口.
② 他の者から供給を受ける受電点.
③ 配電用変圧器（単巻変圧器を除く.）の施設箇所.

d. 低圧又は高圧の電路であって, 非常用照明装置, 非常用昇降機, 誘導灯又は鉄道用信号装置その他その停止が公共の安全の確保に支障を生じるおそれのある機械器具に電気を供給するものには, 電路に地絡を生じたときにこれを技術員駐在所に警報する装置を設ける場合は, 上記 a 〜 c 項に規定する装置を施設することを要しない.

2. 電気的・磁気的障害の防止

電気事業法 第 39 条 第 2 項 第二号「事業用電気工作物は, 他の電気的設備その他の物件の機能に電気的又は磁気的な障害を与えないようにすること」を踏まえて, 以下のように規定している.

(1) 電気設備技術基準 第 16 条（電気設備の電気的, 磁気的障害の防止）

電気設備は, 他の電気設備その他の物件の機能に電気的又は磁気的な障害を与えないように施設しなければならない.

(2) 電気設備技術基準 第17条(高周波利用設備への障害の防止)

高周波利用設備(電路を高周波電流の伝送路として利用するものに限る.以下この条において同じ.)は,他の高周波利用設備の機能に継続的かつ重大な障害を及ぼすおそれがないように施設しなければならない.

(3) 電気設備技術基準 第42条(通信障害の防止)

a.電線路又は電車線路は,無線設備の機能に継続的かつ重大な障害を及ぼす電波を発生するおそれがないように施設しなければならない.

b.電線路又は電車線路は,弱電流電線路に対し,誘導作用により通信上の障害を及ぼさないように施設しなければならない.ただし,弱電流電線路の管理者の承諾を得た場合は,この限りでない.

(4) 電気設備技術基準 第43条(地球磁気観測所等に対する障害の防止)

直流の電線路,電車線路及び帰線は,地球磁気観測所又は地球電気観測所に対して観測上の障害を及ぼさないように施設しなければならない.

(5) 電気設備技術基準 第67条(電気機械器具又は接触電線による無線設備への障害の防止)

電気使用場所に施設する電気機械器具又は接触電線は,電波,高周波電流等が発生することにより,無線設備の機能に継続的かつ重大な障害を及ぼすおそれがないように施設しなければならない.

3. 静電誘導または電磁誘導による感電の防止

人体に対する誘導障害の防止については,**電気設備技術基準 第27条(架空電線路からの静電誘導作用又は電磁誘導作用による感電の防止)**で次のように規定している.

a.特別高圧の架空電線路は,通常の使用状態において,静電誘導作用により人による感知のおそれがないよう,地表上1mにおける電界強度が3kV/m以下になるように施設しなければならない.ただし,田畑,山林その他の人の往来が少ない場所において,人体に危害を及ぼすおそれがないように施設する場合は,この限りでない.

b．特別高圧の架空電線路は，電磁誘導作用により弱電流電線路（電力保安通信設備を除く．）を通じて人体に危害を及ぼすおそれがないように施設しなければならない．

c．電力保安通信設備は，架空電線路からの静電誘導作用又は電磁誘導作用により人体に危害を及ぼすおそれがないように施設しなければならない．

4．電磁誘導作用による人の健康影響の防止

電気機械器具等からの電磁誘導が人体の健康に影響を及ぼさないように，**電気設備技術基準 第 27 条の 2（電気機械器具等からの電磁誘導作用による人の健康影響の防止）** で次のように規定している．

a．変圧器，開閉器その他これらに類するもの又は電線路を発電所，蓄電所，変電所，開閉所及び需要場所以外の場所に施設するに当たっては，通常の使用状態において，当該電気機械器具等からの電磁誘導作用により人の健康に影響を及ぼすおそれがないよう，当該電気機械器具等のそれぞれの付近において，人によって占められる空間に相当する空間の磁束密度の平均値が，商用周波数において 200 μT 以下になるように施設しなければならない．ただし，田畑，山林その他の人の往来が少ない場所において，人体に危害を及ぼすおそれがないように施設する場合は，この限りでない．

b．変電所又は開閉所は，通常の使用状態において，当該施設からの電磁誘導作用により人の健康に影響を及ぼすおそれがないよう，当該施設の付近において，人によって占められる空間に相当する空間の磁束密度の平均値が，商用周波数において 200 μT 以下になるように施設しなければならない．ただし，田畑，山林その他の人の往来が少ない場所において，人体に危害を及ぼすおそれがないように施設する場合は，この限りでない．

基本例題にチャレンジ

次の文章は，「電気設備技術基準」の電路の保護対策に関する記述である．文中の空白箇所（ア），（イ）および（ウ）に記入する字句として，正しいものを組み合わせたのは次のうちどれか．

a．電路の必要な箇所には，過電流による　(ア)　から電線及び電気機械器具を保護し，かつ，　(イ)　の発生を防止できるよう，過電流遮断器を施設しなければならない．

b．電路には，地絡が生じた場合に，電線若しくは電気機械器具の損傷，感電又は　(イ)　のおそれがないよう，地絡遮断器の施設その他の適切な措置を講じなければならない．ただし，電気機械器具を　(ウ)　した場所に施設する等地絡による危険のおそれがない場合は，この限りでない．

	（ア）	（イ）	（ウ）
(1)	過熱焼損	火災	乾燥
(2)	温度上昇	変形	展開
(3)	過熱焼損	変形	乾燥
(4)	電磁力	火災	展開
(5)	温度上昇	火災	乾燥

やさしい解説　　電気設備技術基準 第14条（過電流からの電線及び電気機械器具の保護対策）および第15条（地絡に対する保護対策）の条文である．

　電路に過負荷や短絡事故などにより過電流が流れると，電線や電気機械器具の焼損や火災が発生するおそれがあるので，必要な箇所に過電流遮断器を施設することが定められている．

　また，電路が地絡して漏電すると，感電や火災の発生するおそれがあるので，地絡遮断器の施設等の措置を講じることが定められている．

【解答】　(1)

基本例題にチャレンジ

次の文章は，「電気設備技術基準」におけるサイバーセキュリティの確保に関する記述である．文中の空白箇所（ア），（イ）および（ウ）に記入する字句として，正しいものを組み合わせたのは次のうちどれか．

事業用電気工作物（　(ア)　事業用電気工作物を除く．）の運転を管理する　(イ)　は，当該電気工作物が人体に危害を及ぼし，又は物件に損傷を与えるおそれ及び　(ウ)　又は配電事業に係る電気の供給に著しい支障を及ぼすおそれがないよう，サイバーセキュリティ（サイバーセキュリティ基本法（平成26年法律 第104号）第2条に規定するサイバーセキュリティをいう．）を確保しなければならない．

	（ア）	（イ）	（ウ）
(1)	小規模	電子計算機	一般送配電事業
(2)	小売電気	制御装置	電気使用場所
(3)	小売電気	電子計算機	一般送配電事業
(4)	小規模	制御装置	電気使用場所
(5)	小売電気	電子計算機	電気使用場所

やさしい解説　電気設備技術基準 第15条の2(サイバーセキュリティの確保)の条文である．関連条文に電気設備技術基準の解釈 第37条の2（サイバーセキュリティの確保）がある．サイバーセキュリティは，一般的には，次の状態を確保することとされている．

① 情報の機密性：ある情報へアクセスを認められた人だけが，その情報にアクセスできる状態．

② 情報の完全性：情報が破壊，改ざん又は消去されていない状態

③ 情報の可用性：情報へアクセスを認められた人が，必要時に情報にアクセスできる状態．

【解答】　(1)

応用問題にチャレンジ

次の文章は，「電気設備技術基準」の架空送電線路からの電気的・磁気的障害の防止に関する記述である．文中の ▢ に当てはまる語句を記入しなさい．

a．特別高圧の架空電線路は，通常の使用状態において，静電誘導作用により人による (1) のおそれがないよう，地表上１ｍにおける電界強度が (2) kV/m 以下になるように施設しなければならない．
　　ただし，田畑，山林その他の人の往来が少ない場所において，人体に危害を及ぼすおそれがないように施設する場合は，この限りでない．

b．特別高圧の架空電線路は，電磁誘導作用により (3) （電力保安通信設備を除く．）を通じて人体に危害を及ぼすおそれがないように施設しなければならない．

c．電力保安通信設備は，架空電線路からの静電誘導作用又は電磁誘導作用により人体に危害を及ぼすおそれがないように施設しなければならない．

d．電線路又は電車線路は，無線設備の機能に継続的かつ重大な障害を及ぼす (4) を発生するおそれがないように施設しなければならない．

e．電線路又は電車線路は， (3) に対し，誘導作用により (5) 上の障害を及ぼさないように施設しなければならない．ただし， (3) の管理者の承諾を得た場合は，この限りでない．

やさしい解説

　　　a～c項は電気設備技術基準 第27条（架空電線路からの静電誘導作用又は電磁誘導作用による感電の防止）の条文である．
　　　人体が静電誘導による電撃を感知しないように，特別高圧架空電線路下の電界の強さを３kV/m（単位から分かるように１ｍの距離に3 000Ｖの電圧が加わる電界の強さ）以下となるように施設すること，および，誘導電圧で弱電流電線路や電力保安通信設備の作業者や操作者に感電のショックを与えるおそれがないように施設することを定めている．
　　　d，e項は電気設備技術基準 第42条（通信障害の防止）の条文である．
　　　電線路等が電波を発生して無線設備に障害を与えることや，誘導電圧によっ

て弱電流電線路に通信上の障害を与えることを防止することを定めている.

【解答】 (1) 感知 (2) 3 (3) 弱電流電線路 (4) 電波 (5) 通信

1. 保護対策

電気設備技術基準 第14条(過電流からの電線及び電気機械器具の保護対策),第15条(地絡に対する保護対策),第15条の2(サイバーセキュリティの確保)および電気設備技術基準の解釈 第33条(低圧電路に施設する過電流遮断器の性能等),第34条(高圧又は特別高圧の電路に施設する過電流遮断器の性能等),第36条(地絡遮断装置の施設)について学習する.

2. 電気的,磁気的障害の防止

電気設備技術基準 第16条(電気設備の電気的,磁気的障害の防止),第17条(高周波利用設備への障害の防止),第42条(通信障害の防止),第43条(地球磁気観測所等に対する障害の防止),第67条(電気機械器具又は接触電線による無線設備への障害の防止)について学習する.

3. 静電誘導または電磁誘導による感電の防止

電気設備技術基準 第27条(架空電線路からの静電誘導作用又は電磁誘導作用による感電の防止),第27条の2(電気機械器具等からの電磁誘導作用による人の健康影響の防止)について学習する.

演 習 問 題

【問題1】

次の文章は,「電気設備技術基準の解釈」に基づく,過電流遮断器の施設に関する記述である.文中の □ に当てはまる語句または数値を解答群の中から選びなさい.

a．過電流遮断器として低圧電路に使用する配線用遮断器は，定格電流の　(1)　の電流で自動的に動作しないこと．

b．低圧電路に施設する過電流遮断器は，これを施設する箇所を通過する短絡電流を遮断する能力を有するものであること．ただし，当該箇所を通過する最大短絡電流が　(2)　Aを超える場合において，過電流遮断器として　(2)　A以上の短絡電流を遮断する能力を有する配線用遮断器を施設し，当該箇所より　(3)　の電路に当該配線用遮断器の短絡電流を遮断する能力を超え，当該最大短絡電流以下の短絡電流を当該配線用遮断器より早く，又は同時に遮断する能力を有する過電流遮断器を施設するときは，この限りでない．

c．過電流遮断器として施設するヒューズのうち，高圧電路に用いる非包装ヒューズは，定格電流の1.25倍の電流に耐え，かつ，2倍の電流で　(4)　以内に溶断するものであること．

d．高圧又は特別高圧電路中の電路に短絡を生じたときに作動する過電流遮断器は，これを施設する箇所を通過する短絡電流を遮断する能力を有するものであること．

　過電流遮断器は，その作動に伴いその　(5)　を表示する装置を有するものであること．ただし，その　(5)　を容易に確認できるものは，この限りでない．

〔解答群〕

（イ）2分	（ロ）50	（ハ）20秒	（ニ）10 000
（ホ）電源側	（ヘ）開閉回数	（ト）10分	（チ）1倍
（リ）温度変化	（ヌ）開閉状態	（ル）1.1倍	（ヲ）直　近
（ワ）負荷側	（カ）100	（ヨ）1.2倍	

【問題2】

　次の文章は，「電気設備技術基準の解釈」における，地絡遮断装置の施設に関する記述である．文中の　　　に当てはまる最も適切なものを解答群の中から選びなさい．

a．高圧又は特別高圧の電路と変圧器によって結合される，使用電圧が　(1)　Vを超える低圧の電路には，電路に地絡を生じたときに自動的

に電路を遮断する装置を施設すること．ただし，当該低圧電路が次のいずれかのものである場合はこの限りでない．

① 発電所，蓄電所又は変電所若しくはこれに準ずる場所にある電路

② 電気炉，電気ボイラー又は電解槽であって，大地から絶縁することが技術上困難なものに電気を供給する (2) の電路

b．高圧又は特別高圧の電路には，表の左欄に掲げる箇所又はこれに近接する箇所に，同表中欄に掲げる電路に地絡を生じたときに自動的に電路を遮断する装置を施設すること．ただし，同表右欄に掲げる場合はこの限りでない．

表

地絡遮断装置を施設する箇所	電路	地絡遮断装置を施設しなくても良い場合
発電所，蓄電所又は変電所若しくはこれに準ずる場所の引出口	発電所，蓄電所又は変電所若しくはこれに準ずる場所から引出される電路	発電所，蓄電所又は変電所相互間の電線路が，いずれか一方の発電所，蓄電所又は変電所の母線の延長とみなされるものである場合において， (3) を母線に施設すること等により，当該電線路に地絡を生じた場合に (4) 側の電路を遮断する装置を施設するとき
他の者から供給を受ける受電点	受電点の負荷側の電路	他の者から供給を受ける電気を全てその受電点に属する受電場所において (5) し，又は使用する場合
配電用変圧器（単巻変圧器を除く．）の施設箇所	配電用変圧器の負荷側の電路	配電用変圧器の負荷側に地絡を生じた場合に，当該配電用変圧器の施設箇所の (4) 側の発電所，蓄電所又は変電所で当該電路を遮断する装置を施設するとき

（備考）引出口とは，常時又は事故時において，発電所，蓄電所又は変電所若しくはこれに準ずる場所から電線路へ電流が流出する場所をいう．

〔解答群〕

（イ）一次	（ロ）変成	（ハ）送電	（ニ）リアクトル装置
（ホ）計器用変成器	（ヘ）300	（ト）二次	（チ）専用
（リ）150	（ヌ）60	（ル）電源	（ヲ）検電装置
（ワ）配電	（カ）屋内	（ヨ）構内	

【問題3】

次の文章は，「電気設備技術基準」に基づく電線路または電車線路からの無

線設備等への障害防止に関する記述である．文中の◻に当てはまる語句を解答群の中から選びなさい．

a．電線路又は電車線路は，無線設備の機能に (1) かつ重大な障害を及ぼす (2) を発生するおそれがないように施設しなければならない．

b．電線路又は電車線路は，弱電流電線路に対し， (3) により (4) の障害を及ぼさないように施設しなければならない．ただし，弱電流電線路の管理者の承諾を得た場合は，この限りではない

c．直流の電線路，電車線路及び帰線は，地球磁気観測所又は地球電気観測所に対して (5) の障害を及ぼさないように施設しなければならない．

〔解答群〕

（イ）コロナ　　（ロ）瞬時的　　（ハ）誘導作用　　（ニ）電　波
（ホ）通信上　　（ヘ）磁　界　　（ト）測定上　　（チ）高調波
（リ）継続的　　（ヌ）地絡電流　（ル）危　険　　（ヲ）観測上
（ワ）研究上　　（カ）電線接触　（ヨ）倒　壊

【問題4】

次の文章は，架空電線路が弱電流電線路に及ぼす静電誘導障害および電磁誘導障害の防止に関する記述である．文中の◻に当てはまる最も適切なものを解答群の中から選びなさい．

a．電気設備技術基準の解釈では，使用電圧が (1) V を超える特別高圧架空電線路は，電話線路のこう長 40 km ごとに常時静電誘導作用による誘導電流が (2) μA を超えないようにすること（架空電話線が通信用ケーブルであるとき，架空電話線路の管理者の承諾を得たときは，この限りでない．）と規定されている．この誘導電流の計算は，所定の計算式によるが，架空電線路と電話線路との距離が十分離れている部分は計算を省略している．例えば，160 000 V を超える架空電線路の場合は，電話線路との距離が (3) m 以上離れている部分は誘導電流の算定を省略している．

b．特別高圧架空電線路は，弱電流電線路に対して電磁誘導作用により通信上の障害を及ぼすおそれがないように施設することと規定されている．架空電線路側における対策として，架空地線にアルミ覆鋼より線な

どを使用して (4) を図ることや架空地線の条数を増やすことにより (5) を向上させることなどが行われている.

　　弱電流電線路側の対策としては，ルートの変更による架空電線路との離隔距離の拡大，(5) の高い通信ケーブルへの張り替え，避雷器の設置による誘導電圧の低減などが実施されている.

〔解答群〕

(イ) 60 000	(ロ) 1	(ハ) 300	(ニ) 100
(ホ) 遮へい効果	(ヘ) 130 000	(ト) 高抵抗化	(チ) 高張力化
(リ) 3	(ヌ) 2	(ル) 10 000	(ヲ) 500
(ワ) 絶縁性	(カ) 低抵抗化	(ヨ) 誘導性	

●問題１の解答●

(1) － (チ)，(2) － (ニ)，(3) － (ホ)，(4) － (イ)，(5) － (ヌ)

電気設備技術基準の解釈 第33条（低圧電路に施設する過電流遮断器の性能等），第34条（高圧又は特別高圧の電路に施設する過電流遮断器の性能等）を参照.

●問題２の解答●

(1) － (ヘ)，(2) － (チ)，(3) － (ホ)，(4) － (ル)，(5) － (ロ)

電気設備技術基準の解釈 第36条（地絡遮断装置の施設）を参照.

●問題３の解答●

(1) － (リ)，(2) － (ニ)，(3) － (ハ)，(4) － (ホ)，(5) － (ヲ)

電気設備技術基準 第42条（通信障害の防止），第43条（地球磁気観測所等に対する障害の防止）を参照.

●問題４の解答●

(1) － (イ)，(2) － (リ)，(3) － (ヲ)，(4) － (カ)，(5) － (ホ)

(1) ～ (3) については，電気設備技術基準の解釈 第52条（架空弱電流電線路への誘導作用による通信障害の防止）を参照.

(4)，(5) については，4.8節参照.

3.10 公害の防止および電気設備の施設制限など

 要点

1. 公害等の防止

公害等の防止に関する条文で主なものは次のとおりである.

(1) 電気設備技術基準 第19条(公害等の防止):抜粋

a. 中性点直接接地式電路に接続する変圧器を設置する箇所には,絶縁油の構外への流出及び地下への浸透を防止するための措置が施されていなければならない.

b. ポリ塩化ビフェニルを含有する絶縁油を使用する電気機械器具及び電線は,電路に施設してはならない.

2. 架空電線路の支持物の昇塔防止

架空電線路の支持物に一般公衆が昇塔して感電死傷する事故を防ぐための規定である.

(1) 電気設備技術基準 第24条(架空電線路の支持物の昇塔防止)

架空電線路の支持物には,感電のおそれがないよう,取扱者以外の者が容易に昇塔できないように適切な措置を講じなければならない.

(2) 電気設備技術基準の解釈 第53条(架空電線路の支持物の昇塔防止):抜粋

架空電線路の支持物に取扱者が昇降に使用する足場金具等を施設する場合は,地表上1.8 m以上に施設すること.

3. 危険な施設の禁止

(1) 電気設備技術基準　第36条（油入開閉器等の施設制限）

　絶縁油を使用する開閉器，断路器及び遮断器は，架空電線路の支持物に施設してはならない．

(2) 電気設備技術基準　第37条（屋内電線路等の施設の禁止）

　屋内を貫通して施設する電線路，屋側に施設する電線路，屋上に施設する電線路又は地上に施設する電線路は，当該電線路より電気の供給を受ける者以外の者の構内に施設してはならない．ただし，特別の事情があり，かつ，当該電線路を施設する造営物（地上に施設する電線路にあっては，その土地.）の所有者又は占有者の承諾を得た場合は，この限りでない．

(3) 電気設備技術基準　第38条（連接引込線の禁止）

　高圧又は特別高圧の連接引込線は，施設してはならない．ただし，特別の事情があり，かつ，当該電線路を施設する造営物の所有者又は占有者の承諾を得た場合は，この限りでない．

(4) 電気設備技術基準　第39条（電線路のがけへの施設の禁止）

　電線路は，がけに施設してはならない．ただし，その電線が建造物の上に施設する場合，道路，鉄道，軌道，索道，架空弱電流電線等，架空電線又は電車線と交さして施設する場合及び水平距離でこれらのもの（道路を除く.）と接近して施設する場合以外の場合であって，特別の事情がある場合は，この限りでない．

(5) 電気設備技術基準　第40条（特別高圧架空電線路の市街地等における施設の禁止）

　特別高圧の架空電線路は，その電線がケーブルである場合を除き，市街地その他人家の密集する地域に施設してはならない．ただし，断線又は倒壊による当該地域への危険のおそれがないように施設するとともに，その他の絶縁性，電線の強度等に係る保安上十分な措置を講ずる場合は，この限りでない．

(6) 電気設備技術基準　第41条（市街地に施設する電力保安通信線の特別高圧電線に添架する電力保安通信線との接続の禁止）

　市街地に施設する電力保安通信線は，特別高圧の電線路の支持物に添架された電力保安通信線と接続してはならない．ただし，誘導電圧による感電のおそれがないよう，保安装置の施設その他の適切な措置を講ずる場合は，この限りではない．

4. 高圧及び特別高圧電路の避雷器等の施設

　避雷器の施設に関する「電気設備技術基準」および「電気設備技術基準の解釈」の関連条文は次のとおりである．

(1) 電気設備技術基準　第49条（高圧及び特別高圧の電路の避雷器等の施設）

　雷電圧による電路に施設する電気設備の損壊を防止できるよう，当該電路中次の各号に掲げる箇所又はこれに近接する箇所には，避雷器の施設その他の適切な措置を講じなければならない．ただし，雷電圧による当該電気設備の損壊のおそれがない場合は，この限りでない．

①　発電所，蓄電所又は変電所若しくはこれに準ずる場所の架空電線引込口及び引出口

②　架空電線路に接続する配電用変圧器であって，過電流遮断器の設置等の保安上の保護対策が施されているものの高圧側及び特別高圧側

③　高圧又は特別高圧の架空電線路から供給を受ける需要場所の引込口

(2) 電気設備技術基準の解釈　第37条（避雷器等の施設）：抜粋

　高圧及び特別高圧の電路中，次の各号に掲げる箇所又はこれに近接する箇所には，避雷器を施設すること．

①　発電所，蓄電所又は変電所若しくはこれに準ずる場所の架空電線引込口（需要場所の引込口を除く．）及び引出口．

②　架空電線路に接続する，第26条※に規定する配電用変圧器の高圧側及び特別高圧側．

③　高圧架空電線路から電気の供給を受ける受電電力が500 kW以上の需要場所の引込口．

④　特別高圧架空電線路から電気の供給を受ける需要場所の引込口．

※電気設備技術基準の解釈 第26条（特別高圧配電用変圧器の施設）では，特別高圧電線路に配電用変圧器を施設する場合について規定している．

次の文章は，「電気設備技術基準」に基づく，公害等の防止に関する記述である．文中の空白箇所（ア）および（イ）に記入する字句として，正しいものを組み合わせたのは次のうちどれか．

a．中性点 (ア) 電路に接続する変圧器を設置する箇所には，絶縁油の構外への流出及び地下への浸透を防止するための措置が施されていなければならない．

b． (イ) を含有する絶縁油を使用する電気機械器具及び電線は，電路に施設してはならない．

	（ア）	（イ）
(1)	直接接地式	ポリ塩化ビフェニル
(2)	直接接地式	シリコン
(3)	リアクトル接地式	ポリ塩化ビフェニル
(4)	リアクトル接地式	シリコン
(5)	非接地式	ポリ塩化ビフェニル

やさしい解説

電気設備技術基準 第19条（公害等の防止）第10項および第14項の条文に関する問題である．

170 kV を超える線路で採用される中性点直接接地式電路は，非接地式や抵抗接地式，リアクトル接地式などの他の接地方式のものと比べて地絡事故時の電流が著しく大きいため，アークエネルギーで変圧器のケースが破損し，絶縁油が流出するおそれがあり，油流出防止装置の施設を義務付けている．

また，ポリ塩化ビフェニル（PCB）を含有する絶縁油を使った変圧器やコンデンサは1976年から使用が禁止されている．

【解答】（1）

応用問題にチャレンジ

次の文章は，電線路における危険な施設の禁止に関する記述である．文中の　　　に当てはまる語句を記入しなさい．ただし，「電気設備に関する技術基準を定める省令」に準拠するものとする．

a．絶縁油を使用する開閉器，断路器及び遮断器は，　(1)　の支持物に施設してはならない．

b．屋内を貫通して施設する電線路，屋側に施設する電線路，屋上に施設する電線路又は　(2)　に施設する電線路は，当該電線路より電気の供給を受ける者以外の者の　(3)　に施設してはならない．

c．電線路は，　(4)　に施設してはならない．ただし，その電線が　(5)　の上に施設する場合，道路，鉄道，軌道，索道，架空弱電流電線等，架空電線又は電車線と交さして施設する場合及び水平距離でこれらのもの（道路を除く．）と接近して施設する場合以外の場合であって，特別の事情がある場合は，この限りでない．

やさしい解説

　　　a，b，c項はおのおの電気設備技術基準 第36条（油入開閉器等の施設制限），第37条（屋内電線路等の施設の禁止），第39条（電線路のがけへの施設の禁止）の条文である．

a項（第36条）は1976年に，柱上の油入開閉器に落雷して内部短絡を起こして噴油し，人が死傷した事故を契機に定められた内容である．

b項（第37条）は，電線路として本来好ましくない施設方法を，原則として，禁止することを定めている．

c項（第39条）は，がけに施設する電線路は好ましくないため，原則として禁止することを定めている．

【解答】　（1）架空電線路　（2）地上　（3）構内　（4）がけ
　　　　　（5）建造物

1. 公害等の防止

電気設備技術基準 第19条（公害等の防止）について学習する.

2. 架空電線路の支持物の昇塔防止

電気設備技術基準 第24条（架空電線路の支持物の昇塔防止）および電気設備技術基準の解釈 第53条（架空電線路の支持物の昇塔防止）について学習する.

3. 危険な施設の禁止

電気設備技術基準 第36条（油入開閉器等の施設制限），第37条（屋内電線路等の施設の禁止），第38条（連接引込線の禁止），第39条（電線路のがけへの施設の禁止），第40条（特別高圧架空電線路の市街地等における施設の禁止），第41条（市街地に施設する電力保安通信線の特別高圧電線に添架する電力保安通信線との接続の禁止）について学習する.

4. 避雷器の施設

電気設備技術基準 第49条（高圧及び特別高圧の電路の避雷器等の施設）および電気設備技術基準の解釈 第37条（避雷器等の施設）について学習する.

演 習 問 題

【問題1】

次の文章は，「電気設備技術基準」及び「電気設備技術基準の解釈」における，架空電線路の支持物の昇塔防止に関する記述である. 文中の ____ に当てはまる最も適切なものを解答群の中から選びなさい.

a. 架空電線路の支持物には， (1) のおそれがないよう， (2) 以外の者が容易に昇塔できないように適切な措置を講じなければならない.

b. 架空電線路の支持物に (2) が昇降に使用する足場金具等を施設する場合は，地表上 (3) m以上に施設すること. ただし，次のいずれかに該

当する場合はこの限りでない.

① 足場金具等が (4) できる構造である場合

② 支持物に昇塔防止のための装置を施設する場合

③ 支持物の周囲に (2) 以外の者が立ち入らないように，さく，へい等を施設する場合

④ 支持物を (5) 等であって人が容易に立ち入るおそれがない場所に施設する場合

〔解答群〕

（イ）傷害　　　（ロ）2.0　　　　（ハ）河川敷　　　（ニ）取扱者

（ホ）着脱　　　（ヘ）技術員　　　（ト）位置を変更　　（チ）農地

（リ）感電　　　（ヌ）管理者　　　（ル）1.8　　　　（ヲ）2.5

（ワ）墜落　　　（カ）山地　　　　（ヨ）内部に格納

【問題2】

次の文章は，「電気設備技術基準」における，危険な施設の禁止に関する記述である．文中の　　　　に当てはまる語句を解答群の中から選びなさい．

a．絶縁油を使用する開閉器，断路器及び遮断器は， (1) の支持物に施設してはならない.

b．屋内を貫通して施設する電線路，屋側に施設する電線路，屋上に施設する電線路又は (2) に施設する電線路は，当該電線路より電気の供給を受ける者以外の者の (3) に施設してはならない．ただし，特別の事情があり，かつ，当該電線路を施設する造営物（ (2) に施設する電線路にあっては，その土地.）の所有者又は占有者の承諾を得た場合は，この限りでない.

c．市街地に施設する電力保安通信線は，特別高圧の電線路の支持物に添架された電力保安通信線と接続してはならない．ただし， (4) による感電のおそれがないよう， (5) の施設その他の適切な措置を講ずる場合は，この限りでない.

〔解答群〕

　（イ）誘導電圧　　（ロ）建屋上　　　　（ハ）構　内
　（ニ）地　上　　　（ホ）絶縁破壊　　　（ヘ）工作物
　（ト）遮断装置　　（チ）高圧配電線路　（リ）弱電流電線路
　（ヌ）保安装置　　（ル）地絡電流　　　（ヲ）地　中
　（ワ）分離装置　　（カ）架空電線路　　（ヨ）建造物

【問題3】

　次の文章は，「電気設備技術基準」および「電気設備技術基準の解釈」に基づく，特別高圧架空電線路の施設の制限に関する記述である．文中の｜＿＿｜に当てはまる最も適切なものを解答群の中から選びなさい．

　a．特別高圧の架空電線路は，その電線がケーブルである場合を除き，｜(1)｜その他人家の密集する地域に施設してはならない．ただし，｜(2)｜又は倒壊による当該地域への危険のおそれがないように施設するとともに，その他の｜(3)｜，電線の強度等に係る保安上十分な措置を講ずる場合は，この限りでない．

　b．上記aの規定に関連する「電気設備技術基準の解釈」では，上記aのただし書の部分の施設及び措置の条件を示している．その一例として，使用電圧が 170 000 V 未満の特別高圧架空電線路の支持物に関する記述は，以下のとおりである．

　　①　支持物は，鉄柱（｜(4)｜を除く．），鉄筋コンクリート柱又は鉄塔であること．

　　②　支持物には，危険である旨の表示を見やすい箇所に設けること．ただし，使用電圧が 35 000 V 以下の特別高圧架空電線路の電線に｜(5)｜を使用する場合は，この限りでない．

〔解答群〕

　（イ）鋼板組立柱　　（ロ）鋼心アルミより線　（ハ）断　線
　（ニ）感　電　　　　（ホ）市街地　　　　　　（ヘ）市街化調整区域
　（ト）A種鉄柱　　　（チ）通信障害防止　　　（リ）団　地
　（ヌ）短　絡　　　　（ル）硬銅より線　　　　（ヲ）支持物の昇塔防止
　（ワ）特別高圧絶縁電線（カ）絶縁性　　　　　（ヨ）鋼管柱

●問題1の解答●

(1) ー (リ), (2) ー (ニ), (3) ー (ル), (4) ー (ヨ), (5) ー (カ)

電気設備技術基準 第24条（架空電線路の支持物の昇塔防止），電気設備技術基準の解釈 第53条（架空電線路の支持物の昇塔防止）を参照．

●問題2の解答●

(1) ー (カ), (2) ー (ニ), (3) ー (ハ), (4) ー (イ), (5) ー (ヌ)

電気設備技術基準 第36条（油入開閉器等の施設制限），第37条（屋内電線路等の施設の禁止），第41条（市街地に施設する電力保安通信線の特別高圧電線に添架する電力保安通信線との接近の禁止）を参照．

●問題3の解答●

(1) ー (ホ), (2) ー (ハ), (3) ー (カ), (4) ー (イ), (5) ー (ワ)

電気設備技術基準 第40条（特別高圧架空電線路の市街地等における施設の禁止），電気設備技術基準の解釈 第88条（特別高圧架空電線路の市街地等における施設制限）を参照．

第3章 電気設備技術基準とその解釈

3.11 地中電線路

 要点

地中電線路に関する条文で主なものは次のとおりである.

(1) 電気設備技術基準 第21条（架空電線及び地中電線の感電の防止）

　　a. 低圧又は高圧の架空電線には，感電のおそれがないよう，使用電圧に応じた絶縁性能を有する絶縁電線又はケーブルを使用しなければならない. ただし，通常予見される使用形態を考慮し，感電のおそれがない場合は，この限りでない.

　　b. 地中電線（地中電線路の電線をいう.）には，感電のおそれがないよう，使用電圧に応じた絶縁性能を有するケーブルを使用しなければならない.

(2) 電気設備技術基準 第30条（地中電線等による他の電線及び工作物への危険の防止）

　　地中電線，屋側電線及びトンネル内電線その他の工作物に固定して施設する電線は，他の電線，弱電流電線等又は管（他の電線等という.）と接近し，又は交さする場合には，故障時のアーク放電により他の電線等を損傷するおそれがないように施設しなければならない. ただし，感電又は火災のおそれがない場合であって，他の電線等の管理者の承諾を得た場合は，この限りでない.

(3) 電気設備技術基準 第47条（地中電線路の保護）

　　a. 地中電線路は，車両その他の重量物による圧力に耐え，かつ，当該地中電線路を埋設している旨の表示等により掘削工事から

160

の影響を受けないように施設しなければならない.

b. 地中電線路のうちその内部で作業が可能なものには, 防火措置を講じなければならない.

(4) 電気設備技術基準の解釈 第120条 (地中電線路の施設) : 要旨

a. 地中電線路は, 電線にケーブルを使用し, かつ, 管路式, 暗きょ式又は直接埋設式により施設すること.

なお, 管路式には電線共同溝 (C.C.BOX) 方式を, 暗きょ式にはキャブ (電力, 通信等のケーブルを収納するために道路下に設けるふた掛け式のU字構造物) によるものを, それぞれ含むものとする.

b. 地中電線路を管路式により施設する場合は, 次の各号によること.

① 電線を収める管は, これに加わる車両その他の重量物の圧力に耐えるものであること.

② 高圧又は特別高圧の地中電線路には, 次により表示を施すこと. ただし, 需要場所に施設する高圧地中電線路であって, その長さが15 m以下のものにあってはこの限りでない.

イ 物件の名称, 管理者名及び電圧 (需要場所に施設する場合にあっては, 物件の名称及び管理者名を除く) を表示すること.

ロ おおむね2 mの間隔で表示すること.

c. 地中電線路を暗きょ式により施設する場合には, 暗きょには, 車両その他の重量物の圧力に耐えるものを使用し, かつ, 地中電線に耐燃措置を施すか, 暗きょ内に自動消火設備を施設すること.

d. 地中電線路を直接埋設式により施設する場合は, 地中電線の埋設深さは車両その他の重量物の圧力を受けるおそれがある場所においては1.2 m以上, その他の場所においては0.6 m以上であること. ただし, 使用するケーブルの種類, 施設条件等を考慮し, これに加わる圧力に耐えるよう施設する場合はこの限りでない. また, b②号の規定に準じ, 表示を施すこと.

(5) 電気設備技術基準の解釈 第121条 (地中箱の施設)

地中電線路に使用する地中箱は, 次の各号によること.

① 地中箱は, 車両その他の重量物の圧力に耐える構造であること.

② 爆発性又は燃焼性のガスが侵入し，爆発又は燃焼するおそれがある場所に設ける地中箱で，その大きさが $1\,\mathrm{m}^3$ 以上のものには，通風装置その他ガスを放散させるための適当な装置を設けること．

③ 地中箱のふたは，取扱者以外の者が容易に開けることができないように施設すること．

(6) 電気設備技術基準の解釈　第125条（地中電線と他の地中電線等との接近又は交差）

低圧地中電線と高圧地中電線とが接近又は交差する場合，又は低圧若しくは高圧の地中電線と特別高圧地中電線とが接近又は交差する場合は，次の各号のいずれかによること．ただし，地中箱内についてはこの限りでない．

① 低圧地中電線と高圧地中電線との離隔距離が，0.15 m 以上であること．

② 低圧又は高圧の地中電線と特別高圧地中電線との離隔距離が，0.3 m 以上であること．

③ 暗きょ内に施設し，地中電線相互の離隔距離が，0.1 m 以上であること（第120条第3項第二号イに規定する耐燃措置を施した使用電圧が170 000 V 未満の地中電線の場合に限る．）

④ 地中電線相互の間に堅ろうな耐火性の隔壁を設けること．

⑤ いずれかの地中電線が，次のいずれかに該当するものである場合は，地中電線相互の離隔距離が 0 m 以上であること．

　イ　不燃性の被覆を有すること．

　ロ　堅ろうな不燃性の管に収められていること．

⑥ それぞれの地中電線が，次のいずれかに該当するものである場合は，地中電線相互の離隔距離が 0 m 以上であること．

　イ　自消性のある難燃性の被覆を有すること．

　ロ　堅ろうな自消性のある難燃性の管に収められていること．

基本例題にチャレンジ

次の「電気設備技術基準の解釈」に基づく，地中電線路の施設に関する記述のうち誤っているのはどれか．

(1) 電線にはケーブルを使用すること．

(2) 地中電線路は，管路式，暗きょ式又は直接埋設式により施設すること．

(3) 地中電線路を管路式により施設する場合は，管にはこれに加わる車両その他の重量物の圧力に耐えるものを使用すること．

(4) 重量物の圧力を受けるおそれのある場所に，直接埋設式で施設する場合は，埋設深さを1m以上とすること．

(5) 高圧の地中電線路を管路式により施設する場合は，需要場所に施設する地中電線路であって，その長さが15m以下のものを除き，おおむね2mの間隔で，物件の名称，管理者名および電圧を表示すること．

電気設備技術基準の解釈 第120条（地中電線路の施設）に関する問題である．

地中電線路は，電線にケーブルを使用し，管路式，暗きょ式または直接埋設式で施設する．

管路式は，車両等の重量物の圧力に耐える管の中にケーブルを施設する方法である．（第1図参照）

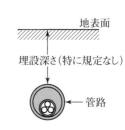

第1図　管路式

暗きょ式は，内部に地中電線を施設できる空間を有する構造物による方式をいい，水道管やガス管とともに共同溝に布設することが多いが，道路下に造られたU字溝の中にケーブルを収めるキャブ（CAB：Cable Box の略称．電力，

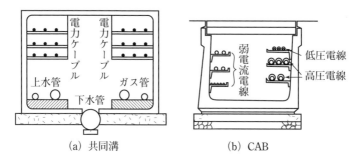

(a) 共同溝　　　(b) CAB

第2図　暗きょ式

通信用のケーブルを収納するふた付のU字構造物）方式もある．（第2図参照）

　直接埋設式は，地中電線を堅ろうなトラフ等の防護を施して埋設する方式である．（第3図参照）

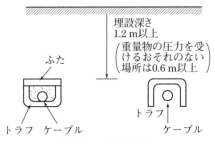

第3図　直接埋設式

　地中電線の埋設深さは車両その他の重量物の圧力を受けるおそれがある場所においては1.2m以上，その他の場所においては0.6m以上とする．

【解答】（4）

応用問題にチャレンジ

次の文章は，「電気設備技術基準」および「電気設備技術基準の解釈」に基づく，地中電線路の施設に関する記述の一部である．文中の　　に当てはまる語句を記入しなさい．

a．地中電線（地中電線路の電線をいう．以下同じ．）には，　(1)　のおそれがないよう，使用電圧に応じた　(2)　を有するケーブルを使用しなければならない．

b．地中電線路は，車両その他の重量物による圧力に耐え，かつ，当該地中電線路を埋設している旨の表示等により　(3)　からの影響を受けないように施設しなければならない．

c．地中電線路を暗きょ式により施設する場合には，暗きょには，車両その他の重量物の圧力に耐えるものを使用し，かつ，地中電線に　(4)　を施すか，暗きょ内に　(5)　を施設すること．

a項は電気設備技術基準 第21条（架空電線及び地中電線の感電の防止）の条文で，地中電線にケーブルを使用しなければならないことを規定している．

b項は電気設備技術基準 第47条（地中電線路の保護）の条文で，地中電線路を施設する場合の保護対策について規定している．

c項は電気設備技術基準の解釈 第120条（地中電線路の施設）の条文で，暗きょには車両等の重量物の圧力に耐えるものを使用し，ケーブルに耐燃措置を施すか，暗きょ内に自動消火設備を備えることを義務付けている．

【解答】　(1) 感電　(2) 絶縁性能　(3) 掘削工事　(4) 耐燃措置
　　　　　(5) 自動消火設備

電気設備技術基準 第21条（架空電線及び地中電線の感電の防止），第30条（地中電線等による他の電線及び工作物への危険の防止），第47条（地中電線路の保護）および電気設備技術基準の解釈 第120条（地中電線路の施設），第121条（地中箱の施設），第125条（地中電線と他の地中電線等との接近又は交差）について学習する．

演 習 問 題

【問題1】

次の文章は，「電気設備技術基準の解釈」における，地中電線路に関する記述である．文中の　　　に当てはまる語句または数値を解答群の中から選びなさい．

a．地中電線路は，電線に (1) を使用し，かつ，管路式，暗きょ式又は (2) により施設すること．

b．地中電線路を暗きょ式により施設する場合は，暗きょにはこれに加わる車両その他の重量物の圧力に耐えるものを使用し，かつ，地中電線に耐燃措置を施し，又は暗きょ内に (3) を施設すること．

c．管，暗きょその他の地中電線を収める防護装置の金属製部分，金属製の電線接続箱及び地中電線の被覆に使用する金属体には， (4) を施すこと．

d．地中電線が地中弱電流電線等と接近し，又は交差して施設される場合は，相互の離隔距離が低圧又は高圧の地中電線にあっては 0.3 m 以上，特別高圧地中電線にあっては (5) m 以上であること．

〔解答群〕

（イ）C 種接地工事	（ロ）直接埋設式	（ハ）ケーブル
（ニ）0.6	（ホ）地中埋設式	（ヘ）自動消火設備
（ト）0.9	（チ）絶縁電線	（リ）耐火電線
（ヌ）自動火災報知設備	（ル）D 種接地工事	（ヲ）0.75
（ワ）自動警報設備	（カ）間接埋設式	（ヨ）A 種接地工事

【問題 2】

次の文章は，「電気設備技術基準」および「電気設備技術基準の解釈」に基づく地中電線等の施設に関する記述である．文中の □□□□ に当てはまる語句を解答群の中から選びなさい．

地中電線，屋側電線及びトンネル内電線その他の工作物に固定して施設する電線は，他の電線，弱電流電線等又は管（以下「他の電線等」という．）と接近し，又は交差する場合には，故障時の (1) により他の電線等を損傷するおそれがないように施設しなければならない．ただし，感電又は火災のおそれがない場合であって，他の電線等の管理者の承諾を得た場合は，この限りでない．

低圧地中電線と高圧地中電線とが接近又は交差する場合，又は低圧若しくは高圧の地中電線と (2) とが接近又は交差する場合は，次の各号のいずれかによること．ただし， (3) についてはこの限りでない．

a．低圧地中電線と高圧地中電線との離隔距離が，0.15 m 以上であること．

b．低圧又は高圧の地中電線と特別高圧地中電線との離隔距離が，0.3 m 以上であること．

c．暗きょ内に施設し，地中電線相互の離隔距離が，0.1 m 以上であること（規定の耐燃措置を施した使用電圧が 170 000 V 未満の地中電線の場合に限る．）．

d. 地中電線相互の間に堅ろうな (4) の隔壁を設けること.

e. いずれかの地中電線が，次のいずれかに該当するものである場合は，地中電線相互の離隔距離が，0 m 以上であること.

① 不燃性の被覆を有すること.

② 堅ろうな不燃性の管に収められていること.

f. それぞれの地中電線が，次のいずれかに該当するものである場合は，地中電線相互の離隔距離が，0 m 以上であること.

① (5) 難燃性の被覆を有すること.

② 堅ろうな (5) 難燃性の管に収められていること.

〔解答群〕

（イ）トンネル内　　（ロ）トンネル内電線　　（ハ）地中箱内

（ニ）難燃性　　（ホ）耐火性　　（ヘ）アーク放電

（ト）特別高圧地中電線　　（チ）耐熱性のある　　（リ）屋　側

（ヌ）地絡電流　　（ル）絶縁性の高い　　（ヲ）地中弱電流電線

（ワ）自消性のある　　（カ）不燃性　　（ヨ）短絡電流

●問題1の解答●

(1) − (ハ)，(2) − (ロ)，(3) − (ヘ)，(4) − (ル)，(5) − (ニ)

電気設備技術基準の解釈 第120条（地中電線路の施設），第123条（地中電線の被覆金属体等の接地），第125条（地中電線と他の地中電線等との接近又は交差）を参照.

●問題2の解答●

(1) − (ヘ)，(2) − (ト)，(3) − (ハ)，(4) − (ホ)，(5) − (ワ)

電気設備技術基準 第30条（地中電線等による他の電線及び工作物への危険の防止），電気設備技術基準の解釈 第125条（地中電線と他の地中電線等との接近又は交差）を参照.

第3章　電気設備技術基準とその解釈

第3章 電気設備技術基準とその解釈

3.12 発電所，変電所等の施設

 要点

1. 発電所等への取扱者以外の者の立入の防止

発電所，蓄電所または変電所等は高電圧の機器が設置され危険であり，構内に取扱者以外の者が立ち入らないよう次の条文などで規制を行っている．

(1) 電気設備技術基準　第23条（発電所等への取扱者以外の者の立入の防止）

　　a．高圧又は特別高圧の電気機械器具，母線等を施設する発電所，蓄電所又は変電所，開閉所若しくはこれらに準ずる場所には，取扱者以外の者に電気機械器具，母線等が危険である旨を表示するとともに，当該者が容易に構内に立ち入るおそれがないように適切な措置を講じなければならない．

　　b．地中電線路に施設する地中箱は，取扱者以外の者が容易に立ち入るおそれがないように施設しなければならない．

(2) 電気設備技術基準の解釈　第38条（発電所等への取扱者以外の者の立入の防止）：抜粋

高圧又は特別高圧の機械器具及び母線等を屋外に施設する発電所，蓄電所又は変電所，開閉所若しくはこれらに準ずる場所は，次の各号により構内に取扱者以外の者が立ち入らないような措置を講じること．ただし，土地の状況により人が立ち入るおそれがない箇所については，この限りでない．

　　①　さく，へい等を設けること．

168

② 特別高圧の機械器具等を施設する場合は，上記①のさく，へい等の高さと，さく，へい等から充電部分までの距離との和は，第1表に規定する値以上とすること．

③ 出入口に立入りを禁止する旨を表示すること．

④ 出入口に施錠装置を施設して施錠する等，取扱者以外の者の出入りを制限する措置を講じること．

第1表

使用電圧の区分	さく，へい等の高さと，さく，へい等から充電部分までの距離との和
35 000 V 以下	5 m
35 000 V を超え160 000 V以下	6 m

2. 高圧ガス等による危険の防止

発変電所の電気機器等には次のようないろいろなガスを使用している．

① 電気機器や母線のコンパクト化のために六ふっ化硫黄（SF_6）ガスが使用されている．SF_6ガスは一般に加圧して使用されるので，容器は圧力容器になる．

② 開閉器，遮断器の開閉操作や消弧用に圧縮空気が使用されている．

③ OFケーブルは窒素ガス等で加圧する．

④ 大容量タービン発電機や調相機では風損を減少させて効率を高めるため水素冷却方式を採用しているが，水素は空気と混合すると爆発する危険性がある．

このような諸用途での災害の発生を防止するため以下の条文等で規制を行っている．

（1）電気設備技術基準　第33条（ガス絶縁機器等の危険の防止）

発電所，蓄電所又は変電所，開閉所若しくはこれらに準ずる場所に施設するガス絶縁機器（充電部分が圧縮絶縁ガスにより絶縁された電気機械器具をいう．）及び開閉器又は遮断器に使用する圧縮空気装置は，次の各号により施設しなければならない．

① 圧力を受ける部分の材料及び構造は，最高使用圧力に対して十分に耐え，かつ，安全なものであること．

② 圧縮空気装置の空気タンクは，耐食性を有すること．

③ 圧力が上昇する場合において，当該圧力が最高使用圧力に到達する以前に当該圧力を低下させる機能を有すること．

④ 圧縮空気装置は，主空気タンクの圧力が低下した場合に圧力を自動的に回復させる機能を有すること．

⑤ 異常な圧力を早期に検知できる機能を有すること．

⑥ ガス絶縁機器に使用する絶縁ガスは，可燃性，腐食性及び有毒性のないものであること．

(2) 電気設備技術基準　第34条（加圧装置の施設）

圧縮ガスを使用してケーブルに圧力を加える装置は，次の各号により施設しなければならない．

① 圧力を受ける部分は，最高使用圧力に対して十分に耐え，かつ，安全なものであること．

② 自動的に圧縮ガスを供給する加圧装置であって，故障により圧力が著しく上昇するおそれがあるものは，上昇した圧力に耐える材料及び構造であるとともに，圧力が上昇する場合において，当該圧力が最高使用圧力に到達する以前に当該圧力を低下させる機能を有すること．

③ 圧縮ガスは，可燃性，腐食性及び有毒性のないものであること．

(3) 電気設備技術基準　第35条（水素冷却式発電機等の施設）

水素冷却式の発電機若しくは調相設備又はこれに附属する水素冷却装置は，次の各号により施設しなければならない．

① 構造は，水素の漏洩又は空気の混入のおそれがないものであること．

② 発電機，調相設備，水素を通ずる管，弁等は，水素が大気圧で爆発する場合に生じる圧力に耐える強度を有するものであること．

③ 発電機の軸封部から水素が漏洩したときに，漏洩を停止させ，又は漏洩した水素を安全に外部に放出できるものであること．

④ 発電機内又は調相設備内への水素の導入及び発電機内又は調相設備内

からの水素の外部への放出が安全にできるものであること．

⑤　異常を早期に検知し，警報する機能を有すること．

(4) 電気設備技術基準の解釈　第41条（水素冷却式発電機等の施設）：抜粋

水素冷却式の発電機若しくは調相機又はこれらに附属する水素冷却装置は，次の各号によること．

①　水素を通じる管，弁等は，水素が漏えいしない構造のものであること．

②　発電機又は調相機は，気密構造のものであり，かつ，水素が大気圧において爆発した場合に生じる圧力に耐える強度を有するものであること．

③　発電機の軸封部には，窒素ガスを封入することができる装置又は発電機の軸封部から漏えいした水素ガスを安全に外部に放出することができる装置を設けること．

④　発電機内又は調相機内の水素の純度が85％以下に低下した場合に，これを警報する装置を設けること．

⑤　発電機内又は調相機内の水素の圧力を計測する装置及びその圧力が著しく変動した場合に，これを警報する装置を設けること．

⑥　発電機内又は調相機内の水素の温度を計測する装置を設けること．

3. 供給支障の防止

発変電設備等の損傷で電力供給に支障が出ることを防止するため，設備異常が生じた場合の保護方式，発電機等の機械的強度の基本的な考え方，常時監視をしない発変電所の要件などを規定している．

(1) 電気設備技術基準　第44条（発変電設備等の損傷による供給支障の防止）

a．発電機，燃料電池又は常用電源として用いる蓄電池には，当該電気機械器具を著しく損壊するおそれがあり，又は一般送配電事業若しくは配電事業に係る電気の供給に著しい支障を及ぼすおそれがある異常が当該電気機械器具に生じた場合に自動的にこれを電路から遮断する装置を施設しなければならない．

b．特別高圧の変圧器又は調相設備には，当該電気機械器具を著しく損壊するおそれがあり，又は一般送配電事業若しくは配電事業に係る電気の供

給に著しい支障を及ぼすおそれがある異常が当該電気機械器具に生じた場合に自動的にこれを電路から遮断する装置の施設その他の適切な措置を講じなければならない.

(2) 電気設備技術基準　第45条（発電機等の機械的強度）：抜粋

a．発電機，変圧器，調相設備並びに母線及びこれを支持するがいしは，短絡電流により生ずる機械的衝撃に耐えるものでなければならない.

b．水車又は風車に接続する発電機の回転する部分は，負荷を遮断した場合に起こる速度に対し，蒸気タービン，ガスタービン又は内燃機関に接続する発電機の回転する部分は，非常調速装置及びその他の非常停止装置が動作して達する速度に対し，耐えるものでなければならない.

(3) 電気設備技術基準　第46条（常時監視をしない発電所等の施設）

a．異常が生じた場合に人体に危害を及ぼし，若しくは物件に損傷を与えるおそれがないよう，異常の状態に応じた制御が必要となる発電所，又は一般送配電事業若しくは配電事業に係る電気の供給に著しい支障を及ぼすおそれがないよう，異常を早期に発見する必要のある発電所であって，発電所の運転に必要な知識及び技能を有する者が当該発電所又はこれと同一の構内において常時監視をしないものは，施設してはならない．ただし，発電所の運転に必要な知識及び技能を有する者による当該発電所又はこれと同一の構内における常時監視と同等な監視を確実に行う発電所であって，異常が生じた場合に安全かつ確実に停止することができる措置を講じている場合は，この限りでない.

b．上記a項に掲げる発電所以外の発電所，蓄電所又は変電所（これに準ずる場所であって，100 000 V を超える特別高圧の電気を変成するためのものを含む.）であって，発電所，蓄電所又は変電所の運転に必要な知識及び技能を有する者が当該発電所若しくはこれと同一の構内，蓄電所又は変電所において常時監視をしない発電所，蓄電所又は変電所は，非常用予備電源を除き，異常が生じた場合に安全かつ確実に停止することができるような措置を講じなければならない.

(4) 電気設備技術基準の解釈　第48条（常時監視をしない変電所の施設）：抜粋

技術員が当該変電所（変電所を分割して監視する場合にあっては，その分割した部分．）において常時監視をしない変電所は，次の各号によること．

a．変電所に施設する変圧器の使用電圧に応じ，第2表に規定する監視制御方法のいずれかにより施設すること．

第2表

変電所に施設する変圧器の使用電圧の区分	監視制御方式			
	簡易監視制御方式	断続監視制御方式	遠隔断続監視制御方式	遠隔常時監視制御方式
100 000 V 以下	◯	◯	◯	◯
100 000 V を超え 170 000 V 以下		◯	◯	◯
170 000 V 超過				◯

（備考）◯は，使用できることを示す．

b．第2表に規定する監視制御方式は，次に適合するものであること．

① 「簡易監視制御方式」は，技術員が必要に応じて変電所へ出向いて，変電所の監視及び機器の操作を行うものであること．

② 「断続監視制御方式」は，技術員が当該変電所又はこれから300 m以内にある技術員駐在所に常時駐在し，断続的に変電所へ出向いて変電所の監視及び機器の操作を行うものであること．

③ 「遠隔断続監視制御方式」は，技術員が変電制御所（当該変電所を遠隔監視制御する場所をいう．）又はこれから300 m以内にある技術員駐在所に常時駐在し，断続的に変電制御所へ出向いて変電所の監視及び機器の操作を行うものであること．

④ 「遠隔常時監視制御方式」は，技術員が変電制御所に常時駐在し，変電所の監視及び機器の操作を行うものであること．

【注】「技術員」とは，設備の運転又は管理に必要な知識及び技能を有する者をいう．（電気設備技術基準の解釈 第1条）

基本例題にチャレンジ

次の文章は,「電気設備技術基準」に基づく,発電機等の機械的強度に関するものである.

a. 発電機,変圧器,調相設備並びに母線及びこれを支持する （ア） は,短絡電流により生ずる （イ） に耐えるものでなければならない.

b. 水車又は風車に接続する発電機の回転する部分は,負荷を （ウ） した場合に起こる速度に対し,蒸気タービン,ガスタービン又は内燃機関に接続する発電機の回転する部分は,非常調速装置及びその他の非常停止装置が動作して達する速度に対し,耐えるものでなければならない.

上記の空白箇所（ア）,（イ）および（ウ）に記入する字句として,正しいものを組み合わせたのは,次のうちどれか.

	（ア）	（イ）	（ウ）
(1)	がいし	機械的衝撃	遮断
(2)	がいし	熱的衝撃	接続
(3)	基礎	機械的衝撃	接続
(4)	基礎	熱的衝撃	遮断
(5)	基礎	熱的衝撃	接続

電気設備技術基準 第45条（発電機等の機械的強度）に関する問題である.

　　発電機,変圧器,調相設備,母線およびこれを支持するがいしの機械的な強度は,短絡電流による電磁力に基づく機械的な衝撃に耐えるものでなければならないことを定めている.

　また,発電機の回転部分の機械的な強度は,負荷遮断時等に達する最大回転速度に耐えるものでなければならないことを定めている.

【解答】（1）

応用問題にチャレンジ

次の文章は，「電気設備技術基準の解釈」に基づく，発電所等への取扱者以外の者の立入の防止に関する記述である．文中の　　　に当てはまる語句または数値を記入しなさい．

a．高圧又は特別高圧の機械器具及び母線等を屋外に施設する発電所，蓄電所又は変電所，開閉所若しくはこれらに準ずる場所は，次の各号により構内に取扱者以外の者が立ち入らないような措置を講じること．ただし，土地の状況により人が立ち入るおそれがない箇所については，この限りでない．

① 　さく，　(1)　等を設けること．

② 　出入口に立ち入りを禁止する旨を　(2)　すること．

③ 　出入口に　(3)　を施設する等，取扱者以外の者の出入りを制限する措置を講じること．

b．上記a①のさく等の高さとさく等から特別高圧の充電部分までの距離との和は，使用電圧が 35 kV 以下の場合は　(4)　m 以上とし，35 kV を超え 160 kV 以下の場合は　(5)　m 以上とすること．

電気設備技術基準の解釈 第38条（発電所等への取扱者以外の者の立入の防止）に関する問題である．

　高圧または特別高圧の機械器具および母線等を屋外に施設する発変電所および蓄電所は，構内に取扱者以外の者が立ち入らないように，さく，へい等を設け出入口に立入禁止の表示をし，さらに施錠装置を設け施錠することを原則とする．

　さく，へい等と特別高圧の機械器具の充電部が接近する場合の離隔距離は，3.6「電気機械器具の危険の防止」で学習した，電気設備技術基準の解釈 第22条（特別高圧の機械器具の施設）の規定値と同じ値である．

【解答】　(1) へい　(2) 表示　(3) 施錠装置　(4) 5　(5) 6

1. 発電所等への取扱者以外の者の立入の防止

電気設備技術基準 第23条（発電所等への取扱者以外の者の立入の防止）および電気設備技術基準の解釈 第38条（発電所等への取扱者以外の者の立入の防止）について学習する.

2. 高圧ガス等による危険の防止

電気設備技術基準 第33条（ガス絶縁機器等の危険の防止），第34条（加圧装置の施設），第35条（水素冷却式発電機等の施設）および電気設備技術基準の解釈 第40条（ガス絶縁機器等の圧力容器の施設），第41条（水素冷却式発電機等の施設），第42条（発電機の保護装置），第43条（特別高圧の変圧器及び調相設備の保護装置）について学習する.

3. 供給支障の防止

電気設備技術基準 第44条（発変電設備等の損傷による供給支障の防止），第45条（発電機等の機械的強度），第46条（常時監視をしない発電所等の施設）および電気設備技術基準の解釈 第47条の2（常時監視をしない発電所の施設），第47条の3（常時監視をしない蓄電所の施設），第48条（常時監視をしない変電所の施設）について学習する.

演 習 問 題

【問題1】

次の文章は「電気設備技術基準」および「電気設備技術基準の解釈」に基づく，常時監視をしない変電所に関する記述である．文中の□□□に当てはまる語句または数値を記入しなさい.

a. 変電所の運転に必要な知識及び技能を有する技術員が，当該変電所において常時監視をしない変電所は，非常用予備□(1)□を除き，異常が生じた場合に安全にかつ確実に□(2)□することができるような措置を講じなければならない.

b．変電所に施設する変圧器の使用電圧に応じ，次表に規定する監視制御方式のいずれかにより施設すること．

変電所に施設する変圧器の使用電圧の区分	監視制御方式			
	簡易監視制御方式	断続監視制御方式	遠隔断続監視制御方式	遠隔常時監視制御方式
100 kV 以下	○	○	○	○
100 kV を超え (3) kV 以下		○	○	○
(3) kV 超過				○

（備考）○は，使用できることを示す．

c．上表に規定する監視制御方式は，次に適合するものであること．

① 「簡易監視制御方式」は，技術員が必要に応じて変電所へ出向いて，変電所の監視及び機器の操作を行うものであること．

② 「断続監視制御方式」は，技術員が当該変電所又はこれから (4) m 以内にある (5) に常時駐在し，断続的に変電所へ出向いて変電所の監視及び機器の操作を行うものであること．

③ 「遠隔断続監視制御方式」は，技術員が変電制御所（当該変電所を遠隔監視制御する場所をいう．）又はこれから (4) m 以内にある (5) に常時駐在し，断続的に変電制御所へ出向いて変電所の監視及び機器の操作を行うものであること．

④ 「遠隔常時監視制御方式」は，技術員が変電制御所に常時駐在し，変電所の監視及び機器の操作を行うものであること．

【問題2】

次の文章は，「電気設備技術基準の解釈」に基づく，開閉器および遮断器に使用する圧縮空気装置に関する記述である．文中の□□□に当てはまる語句または数値を解答群の中から選びなさい．

a．空気圧縮機は，(1) の 1.5 倍の水圧（水圧を連続して 10 分間加えて試験を行うことが困難である場合は，(1) の 1.25 倍の気圧）を連続して 10 分間加えて試験を行ったとき，これに耐え，かつ，(2) がないものであること．

177

b．空気タンクは，使用圧力において空気の補給がない状態で開閉器又は遮断器の投入及び遮断を連続して　(3)　回以上できる容量を有するものであること．

c．空気圧縮機，空気タンク及び圧縮空気を通ずる管は，　(4)　により残留応力が生じないように，また，ねじの締付けにより無理な荷重がかからないようにすること．

d．主空気タンクの圧力が　(5)　した場合に自動的に圧力を回復する装置を設けること．

e．主空気タンク又はこれに近接する箇所には，使用圧力の 1.5 倍以上 3 倍以下の最高目盛のある圧力計を設けること．

〔解答群〕

（イ）5　　　　　　　　（ロ）漏えい　　　　　（ハ）使用圧力

（ニ）安全弁の作動　　　（ホ）変　形　　　　　（ヘ）喪　失

（ト）最高使用圧力　　　（チ）1　　　　　　　（リ）曲げ加工

（ヌ）組　立　　　　　　（ル）上　昇　　　　　（ヲ）溶　接

（ワ）低　下　　　　　　（カ）設計圧力　　　　（ヨ）3

【問題3】

次の文章は，水素冷却式発電機を施設する場合に関する記述である．文中の　　　に当てはまる語句または数値を解答群の中から選びなさい．以下は，「電気設備技術基準の解釈」の記述である．

a．発電機は，　(1)　構造のものであり，かつ，水素が大気圧において爆発した場合に生じる圧力に耐える強度を有するものであること．

b．発電機の軸封部には，　(2)　ガスを封入することができる装置又は発電機の軸封部から，漏えいした水素ガスを安全に外部に放出することができる装置を設けること．

c．発電機内の水素の純度が　(3)　％以下に低下した場合に，これを警報する装置を設けること．

d．発電機内の水素の　(4)　を計測する装置及びその　(4)　が著しく変動した場合に，これを警報する装置を設けること．

e．発電機内の水素の　(5)　を計測する装置を設けること．

〔解答群〕

(イ) 80	(ロ) 温 度	(ハ) 酸 素	(ニ) 圧 力
(ホ) 冷却水	(ヘ) 耐 圧	(ト) 85	(チ) 防 爆
(リ) 気 密	(ヌ) 純 度	(ル) 炭 酸	(ヲ) 75
(ワ) 湿 度	(カ) 窒 素	(ヨ) 液 面	

【問題4】

　次の文章は，「電気設備技術基準の解釈」に基づく，発電機および特別高圧の変圧器の保護装置に関する記述である．文中の［　　］に当てはまる最も適切なものを解答群の中から選びなさい．

a．発電機には，以下に示す場合に，発電機を自動的に電路から遮断する装置を施設すること．

① 発電機に ［(1)］ を生じた場合

② 容量が ［(2)］ kV·A 以上の発電機を駆動する水車の圧油装置の油圧又は電動式ガイドベーン制御装置，電動式ニードル制御装置若しくは電動式デフレクタ制御装置の電源電圧が著しく低下した場合

③ 定格出力が 10 000 kW を超える蒸気タービンにあっては，そのスラスト軸受が著しく ［(3)］ し，又はその温度が著しく上昇した場合

b．特別高圧の変圧器には，次の表の左欄に掲げるバンク容量の区分及び同表中欄に掲げる動作条件に応じ，同表右欄に掲げる装置を施設すること．ただし，変圧器の内部に故障を生じた場合に，当該変圧器の電源となっている発電機を自動的に停止するように施設する場合においては，当該発電機の電路から遮断する装置を設けることを要しない．

変圧器のバンク容量	動作条件	装置の種類
5 000 kV·A 以上 ［(4)］ kV·A 未満	変圧器内部故障	自動遮断装置又は ［(5)］
［(4)］ kV·A 以上	同上	自動遮断装置

〔解答群〕

（イ）振　動	（ロ）過速度	（ハ）500	（ニ）過電流
（ホ）過電圧	（ヘ）1 000	（ト）20 000	（チ）変　形
（リ）転送遮断装置	（ヌ）10 000	（ル）300	（ヲ）15 000
（ワ）警報装置	（カ）摩　耗	（ヨ）過負荷保護装置	

●問題1の解答●

(1) 電源　(2) 停止　(3) 170　(4) 300　(5) 技術員駐在所

電気設備技術基準 第46条（常時監視をしない発電所等の施設），電気設備技術基準の解釈 第48条（常時監視をしない変電所の施設）を参照．

●問題2の解答●

(1) － （ト），(2) － （ロ），(3) － （チ），(4) － （ヲ），(5) － （ワ）

電気設備技術基準の解釈 第40条（ガス絶縁機器等の圧力容器の施設）を参照．

●問題3の解答●

(1) － （リ），(2) － （カ），(3) － （ト），(4) － （ニ），(5) － （ロ）

電気設備技術基準の解釈 第41条（水素冷却式発電機等の施設）を参照．

●問題4の解答●

(1) － （ニ），(2) － （ハ），(3) － （カ），(4) － （ヌ），(5) － （ワ）

電気設備技術基準の解釈 第42条（発電機の保護装置），第43条（特別高圧の変圧器及び調相設備の保護装置）を参照．

第3章 電気設備技術基準とその解釈

3.13 電気使用場所の施設

要点

1. 配線

　電気使用場所において施設する電線（電気機械器具内の電線および電線路の電線を除く.）を「配線」という. 配線に関する主な条文は次のとおりである.

(1) 電気設備技術基準　第56条（配線の感電又は火災の防止）

　a．配線は, 施設場所の状況及び電圧に応じ, 感電又は火災のおそれがないように施設しなければならない.

　b．移動電線を電気機械器具と接続する場合は, 接続不良による感電又は火災のおそれがないように施設しなければならない.

　c．特別高圧の移動電線は, 上記a項及びb項の規定にかかわらず, 施設してはならない. ただし, 充電部分に人が触れた場合に人体に危害を及ぼすおそれがなく, 移動電線と接続することが必要不可欠な電気機械器具に接続するものは, この限りでない.

(2) 電気設備技術基準　第57条（配線の使用電線）

　a．配線の使用電線（裸電線及び特別高圧で使用する接触電線を除く.）には, 感電又は火災のおそれがないよう, 施設場所の状況及び電圧に応じ, 使用上十分な強度及び絶縁性能を有するものでなければならない.

　b．配線には, 裸電線を使用してはならない. ただし, 施設場所の状況及び電圧に応じ, 使用上十分な強度を有し, かつ, 絶縁性がないことを考慮して, 配線が感電又は火災のおそれがないよ

うに施設する場合は，この限りでない．

c．特別高圧の配線には，接触電線を使用してはならない．

(3) 電気設備技術基準　第62条（配線による他の配線等又は工作物への危険の防止）

a．配線は，他の配線，弱電流電線等と接近し，又は交さする場合は，混触による感電又は火災のおそれがないように施設しなければならない．

b．配線は，水道管，ガス管又はこれらに類するものと接近し，又は交さする場合は，放電によりこれらの工作物を損傷するおそれがなく，かつ，漏電又は放電によりこれらの工作物を介して感電又は火災のおそれがないように施設しなければならない．

(4) 電気設備技術基準の解釈　第143条（電路の対地電圧の制限）：抜粋

住宅の屋内電路（電気機械器具内の電路を除く．）の対地電圧は，150 V以下であること．

ただし，定格消費電力が2 kW以上の電気機械器具及びこれに電気を供給する屋内配線を次により施設する場合はこの限りでない．

① 屋内配線は，当該電気機械器具のみに電気を供給するものであること．

② 電気機械器具の使用電圧及びこれに電気を供給する屋内配線の対地電圧は，300 V以下であること．

③ 屋内配線には，簡易接触防護措置を施すこと．

④ 電気機械器具には，簡易接触防護措置を施すこと．

⑤ 電気機械器具は，屋内配線と直接接続して施設すること．

⑥ 電気機械器具に電気を供給する電路には，専用の開閉器及び過電流遮断器を施設すること．ただし，過電流遮断器が開閉機能を有するものである場合は，過電流遮断器のみとすることができる．

⑦ 電気機械器具に電気を供給する電路には，電路に地絡が生じたときに自動的に電路を遮断する装置を施設すること．

【注】「簡易接触防護措置」とは次のいずれかに適合するように施設することをいう．（電気設備技術基準の解釈　第1条）

① 設備を，屋内にあっては床上1.8 m以上，屋外にあっては地表上2 m以

上の高さに，かつ，人が通る場所から容易に触れることのない範囲に施設すること.

②　設備に人が接近又は接触しないよう，さく，へい等を設け，又は設備を金属管に収める等の防護措置を施すこと.

(5) 電気設備技術基準の解釈　第148条（低圧幹線の施設）：抜粋

低圧幹線は，次の各号によること.

a．損傷を受けるおそれがない場所に施設すること.

b．電線の許容電流は，低圧幹線の各部分ごとに，その部分を通じて供給される電気使用機械器具の定格電流の合計値以上であること. ただし, 当該低圧幹線に接続する負荷のうち，電動機又はこれに類する起動電流が大きい電気機械器具（以下この条において「電動機等」という.）の定格電流の合計が，他の電気使用機械器具の定格電流の合計より大きい場合は，他の電気使用機械器具の定格電流の合計に次の値を加えた値以上であること.

①　電動機等の定格電流の合計が 50 A 以下の場合は，その定格電流の合計の 1.25 倍

②　電動機等の定格電流の合計が 50 A を超える場合は，その定格電流の合計の 1.1 倍

c．低圧幹線の電源側電路には，当該低圧幹線を保護する過電流遮断器を施設すること. ただし，次のいずれかに該当する場合は，この限りでない.

①　低圧幹線の許容電流が，当該低圧幹線の電源側に接続する他の低圧幹線を保護する過電流遮断器の定格電流の 55％以上である場合

②　過電流遮断器に直接接続する低圧幹線又は①に掲げる低圧幹線に接続する長さ 8 m 以下の低圧幹線であって，当該低圧幹線の許容電流が，当該低圧幹線の電源側に接続する他の低圧幹線を保護する過電流遮断器の定格電流の 35％以上である場合

③　過電流遮断器に直接接続する低圧幹線又は①若しくは②に掲げる低圧幹線に接続する長さ 3 m 以下の低圧幹線であって，当該低圧幹線の負荷側に他の低圧幹線を接続しない場合

④　低圧幹線に電気を供給する電源が太陽電池のみであって，当該低圧幹

線の許容電流が，当該低圧幹線を通過する最大短絡電流以上である場合

(6) 電気設備技術基準の解釈　第168条（高圧配線の施設）：要旨

高圧屋内配線は，次の各号によること．

a．高圧屋内配線は，次に掲げる工事のいずれかにより施設すること．

① がいし引き工事（乾燥した場所であって展開した場所に限る．）

② ケーブル工事

b．がいし引き工事による高圧屋内配線は，次によること．

① 接触防護措置を施すこと．

② 電線は，直径 2.6 mm の軟銅線と同等以上の強さ及び太さの，高圧絶縁電線，特別高圧絶縁電線又は引下げ用高圧絶縁電線であること．

③ 電線の支持点間の距離は，6 m 以下であること．ただし，電線を造営材の面に沿って取り付ける場合は，2 m 以下とすること．

④ 電線相互の間隔は 8 cm 以上，電線と造営材との離隔距離は 5 cm 以上であること．

⑤ がいしは，絶縁性，難燃性及び耐水性のあるものであること．

⑥ 高圧屋内配線は，低圧屋内配線と容易に区別できるように施設すること．

⑦ 電線が造営材を貫通する場合は，その貫通する部分の電線を電線ごとにそれぞれ別個の難燃性及び耐水性のある堅ろうな物で絶縁すること．

c．ケーブル工事による高圧屋内配線は，電線を建造物の電気配線用のパイプシャフト内に垂直につり下げて施設する場合を除き，次の各号によること．

① 重量物の圧力又は著しい機械的衝撃を受けるおそれがある箇所に施設する電線には，適当な防護装置を設けること．

② 電線を造営材の下面又は側面に沿って取り付ける場合は，電線の支持点間の距離をケーブルにあっては 2 m（接触防護措置を施した場所において垂直に取り付ける場合は，6 m）以下とし，かつ，その被覆を損傷しないように取り付けること．

③　管その他のケーブルを収める防護装置の金属製部分，金属製の電線接続箱及びケーブルの被覆に使用する金属体には，A種接地工事を施すこと．ただし，接触防護措置（金属製のものであって，防護措置を施す設備と電気的に接続するおそれがあるもので防護する方法を除く.）を施す場合は，D種接地工事によることができる．

d．高圧屋内配線が，他の高圧屋内配線，低圧屋内電線，管灯回路の配線，弱電流電線等又は水管，ガス管若しくはこれらに類するもの（以下この項において「他の屋内電線等」という.）と接近又は交差する場合は，次の各号のいずれかによること．

①　高圧屋内配線と他の屋内電線等との離隔距離は，15 cm（がいし引き工事により施設する低圧屋内電線が裸電線である場合は，30 cm）以上であること．

②　高圧屋内配線をケーブル工事により施設する場合においては，次のいずれかによること．

・ケーブルと他の屋内電線等との間に耐火性のある堅ろうな隔壁を設けること．

・ケーブルを耐火性のある堅ろうな管に収めること．

・他の高圧屋内配線の電線がケーブルであること．

(7)　電気設備技術基準の解釈　第169条（特別高圧配線の施設）：抜粋

a．特別高圧屋内配線は，第191条（電気集じん装置等の施設）の規定により施設する場合を除き，次の各号によること．

①　使用電圧は，100 000 V以下であること．

②　電線は，ケーブルであること．

③　ケーブルは，鉄製又は鉄筋コンクリート製の管，ダクトその他の堅ろうな防護装置に収めて施設すること．

④　管その他のケーブルを収める防護装置の金属製部分，金属製の電線接続箱及びケーブルの被覆に使用する金属体には，A種接地工事を施すこと．ただし，接触防護措置（金属製のものであって，防護措置を施す設備と電気的に接続するおそれがあるもので防護する方法を除く.）を施す場合は，D種接地工事によることができる．（関連省令第10条，

第 11 条)

⑤ 危険のおそれがないように施設すること.

b. 特別高圧屋内配線が,低圧屋内電線,管灯回路の配線,高圧屋内電線,弱電流電線等又は水管,ガス管若しくはこれらに類するものと接近又は交差する場合は,次の各号によること.

① 特別高圧屋内配線と低圧屋内電線,管灯回路の配線又は高圧屋内電線との離隔距離は,60 cm 以上であること.ただし,相互の間に堅ろうな耐火性の隔壁を設ける場合は,この限りでない.

② 特別高圧屋内配線と弱電流電線等又は水管,ガス管若しくはこれらに類するものとは,接触しないように施設すること.

2. 異常時の保護対策

電気使用場所の電路,機械器具に短絡事故,地絡事故,過負荷などの異常が発生したときの保護対策について,次のように規定している.

(1) 電気設備技術基準　第 63 条(過電流からの低圧幹線等の保護措置)

a. 低圧の幹線,低圧の幹線から分岐して電気機械器具に至る低圧の電路及び引込口から低圧の幹線を経ないで電気機械器具に至る低圧の電路(以下この条において「幹線等」という.)には,適切な箇所に開閉器を施設するとともに,過電流が生じた場合に当該幹線等を保護できるよう,過電流遮断器を施設しなければならない.ただし,当該幹線等における短絡事故により過電流が生じるおそれがない場合は,この限りでない.

b. 交通信号灯,出退表示灯その他のその損傷により公共の安全の確保に支障を及ぼすおそれがあるものに電気を供給する電路には,過電流による過熱焼損からそれらの電線及び電気機械器具を保護できるよう,過電流遮断器を施設しなければならない.

(2) 電気設備技術基準　第 64 条(地絡に対する保護措置)

ロードヒーティング等の電熱装置,プール用水中照明灯その他の一般公衆の立ち入るおそれがある場所又は絶縁体に損傷を与えるおそれがある場所に施設するものに電気を供給する電路には,地絡が生じた場合に,感電又は火災のおそれがないよう,地絡遮断器の施設その他の適切な措置を講じなければならな

い.

(3) 電気設備技術基準　第65条（電動機の過負荷保護）

　屋内に施設する電動機（出力が 0.2 kW 以下のものを除く.）には，過電流による当該電動機の焼損により火災が発生するおそれがないよう，過電流遮断器の施設その他の適切な措置を講じなければならない. ただし，電動機の構造上又は負荷の性質上電動機を焼損するおそれがある過電流が生じるおそれがない場合は，この限りでない.

(4) 電気設備技術基準　第66条（異常時における高圧の移動電線及び接触電線における電路の遮断）

　　a．高圧の移動電線又は接触電線（電車線を除く.）に電気を供給する電路には，過電流が生じた場合に，当該高圧の移動電線又は接触電線を保護できるよう，過電流遮断器を施設しなければならない.

　　b．前項の電路には，地絡が生じた場合に，感電又は火災のおそれがないよう，地絡遮断器の施設その他の適切な措置を講じなければならない.

基本例題にチャレンジ

「電気設備技術基準」では，配線による感電等の防止に関し，次のように規定している.

　a．配線は，施設場所の状況及び ［（ア）］ に応じ，感電又は ［（イ）］ のおそれがないように施設しなければならない.

　b．移動電線を電気機械器具と接続する場合は，接続不良による感電又は ［（イ）］ のおそれがないように施設しなければならない.

　c．［（ウ）］ の移動電線は，第1項及び前項の規定にかかわらず，施設してはならない.

上記の記述中の空白箇所（ア），（イ）および（ウ）に記入する字句として，正しいものを組み合わせたのは，次のうちどれか.

(1)	環境	損傷	高圧又は特別高圧
(2)	環境	事故	特別高圧
(3)	電圧	火災	特別高圧
(4)	電圧	事故	高圧又は特別高圧
(5)	環境	火災	特別高圧

 電気設備技術基準 第56条（配線の感電又は火災の防止）の条文に関する問題である.

「移動電線」は,「電気使用場所に施設する電線のうち,造営物に固定しないものをいい,電球線及び電気機械器具内の電線を除く.」（解釈第142条）で,扇風機,電気こたつなど可搬型の電気機械器具に附属するコード,キャブタイヤケーブル等を指す. 移動電線については,移動用の機械器具との接続点に張力等の外部からの力が加わり,接続不良が生じるおそれがあるため,これを防止することを規定している.（第1図参照）

また,特別高圧の移動電線は危険を生じるおそれが多いため,原則として,施設することを禁止している.

移動電線

第1図　移動電線の例

【解答】　(3)

応用問題にチャレンジ

次の文章は,「電気設備技術基準」および「電気設備技術基準の解釈」に基づく配線に関する記述である. 文中の $\boxed{}$ に当てはまる語句または数値を記入しなさい.

a. 配線とは，　(1)　において施設する電線をいう．ただし，電気機械器具内の電線及び　(2)　の電線を除く．

b. 高圧屋内配線は，がいし引き工事又は　(3)　のいずれかにより施設しなければならない．ただし，がいし引き工事は，乾燥した場所であって展開した場所に限る．

c. 高圧屋内配線をがいし引き工事で行う場合，電線相互の間隔は，　(4)　cm 以上でなければならない．

d. 電気集じん装置等に施設する場合を除き，特別高圧屋内配線の使用電圧は，　(5)　V 以下でなければならない．

(1)，(2) は電気設備技術基準 第1条（用語の定義）に関する設問である．

(3)，(4) は電気設備技術基準の解釈 第168条（高圧配線の施設），(5) は電気設備技術基準の解釈 第169条（特別高圧配線の施設），第191条（電気集じん装置等の施設）に関する設問である．

【解答】 (1) 電気使用場所　(2) 電線路　(3) ケーブル工事
(4) 8　(5) 100 000

1. 配線

電気設備技術基準 第56条（配線の感電又は火災の防止），第57条（配線の使用電線），第62条（配線による他の配線等又は工作物への危険の防止），電気設備技術基準の解釈 第143条（電路の対地電圧の制限），第148条（低圧幹線の施設），第168条（高圧配線の施設），第169条（特別高圧配線の施設）について学習する．

2. 異常時の保護対策

電気設備技術基準 第63条（過電流からの低圧幹線等の保護措置），第64条（地絡に対する保護措置），第65条（電動機の過負荷保護），第66条（異常時に

おける高圧の移動電線及び接触電線における電路の遮断）について学習する．

演 習 問 題

【問題 1】

　次の文章は，「電気設備技術基準の解釈」に基づく，低圧幹線の施設に関する記述の一部である．文中の　　　　に当てはまる語句または数値を解答群の中から選びなさい．

　低圧幹線の電源側電路には，当該低圧幹線を保護する過電流遮断器を施設すること．ただし，次のいずれかに該当する場合は，この限りでない．

　a．低圧幹線の　(1)　が当該低圧幹線の電源側に接続する他の低圧幹線を保護する過電流遮断器の定格電流の　(2)　％以上である場合．

　b．過電流遮断器に直接接続する低圧幹線又は上記aに掲げる低圧幹線に接続する長さ　(3)　m以下の低圧幹線であって，当該低圧幹線の　(1)　が，当該低圧幹線の電源側に接続する他の低圧幹線を保護する過電流遮断器の定格電流の 35 ％以上である場合．

　c．過電流遮断器に直接接続する低圧幹線又は上記a若しくはbに掲げる低圧幹線に接続する長さ 3 m 以下の低圧幹線であって，当該低圧幹線の　(4)　に他の低圧幹線を接続しない場合．

　d．低圧幹線に電気を供給するための電源が　(5)　のみであって，当該低圧幹線の　(1)　が，当該低圧幹線を通過する最大短絡電流以上である場合．

〔解答群〕

　（イ）末　端　　　　　（ロ）負荷側　　　　　（ハ）5

　（ニ）電源側　　　　　（ホ）8　　　　　　　（ヘ）10

　（ト）許容電流　　　　（チ）55　　　　　　　（リ）75

　（ヌ）最大使用電流　　（ル）120　　　　　　（ヲ）負荷電流

　（ワ）燃料電池　　　　（カ）風力発電　　　　（ヨ）太陽電池

【問題2】

　次の文章は「電気設備技術基準の解釈」に基づくケーブル工事による高圧屋内配線の施設に関する記述である．文中の　　　　に当てはまる最も適切なものを解答群の中から選びなさい．

a．ケーブル工事による高圧屋内配線は，ケーブルを建造物の電気配線用のパイプシャフト内に垂直につり下げて施設する場合を除き，次によること．

① 重量物の圧力又は著しい機械的衝撃を受けるおそれがある箇所に施設するケーブルには，適当な防護装置を設けること．

② ケーブルを造営材の下面又は側面に沿って取り付ける場合は，ケーブルの支持点間の距離を　(1)　m（接触防護措置を施した場所において垂直に取り付ける場合は，　(2)　m）以下とし，かつ，その被覆を損傷しないように取り付けること．

③ 管その他のケーブルを収める防護装置の金属製部分，金属製の電線接続箱及びケーブルの被覆に使用する金属体には，A種接地工事を施すこと．ただし，接触防護措置（金属製のものであって，防護措置を施す設備と電気的に接続するおそれがあるもので防護する方法を除く．）を施す場合は，　(3)　接地工事によることができる．

b．高圧屋内配線が，他の高圧屋内配線，低圧屋内電線，管灯回路の配線，弱電流電線等又は水管，ガス管若しくはこれらに類するもの（以下「他の屋内電線等」という．）と接近又は交差する場合は，次のいずれかによること．

① ケーブルと他の屋内電線等との離隔距離は，15 cm（がいし引き工事により施設する　(4)　が裸電線である場合には30 cm）以上であること．

② ケーブルと他の屋内電線等との間に　(5)　のある堅ろうな隔壁を設けること．

③ ケーブルを　(5)　のある堅ろうな管に収めること．

④ 他の高圧屋内配線の電線がケーブルであること．

〔解答群〕

(イ) 6	(ロ) 3	(ハ) 管灯回路の配線	(ニ) 耐火性
(ホ) 10	(ヘ) 耐水性	(ト) 2	(チ) D 種
(リ) C 種	(ヌ) 低圧屋内電線	(ル) B 種	(ヲ) 12
(ワ) 難燃性	(カ) 1	(ヨ) 弱電流電線	

【問題3】

次の文章は,「電気設備技術基準の解釈」に基づく,特別高圧配線の施設に関する記述の一部である.文中の□□□に当てはまる最も適切なものを解答群の中から選びなさい.

a.特別高圧屋内配線は,次の各号によること.ただし,別に定める電気集じん装置等の施設の規定により施設する場合を除く.

① 使用電圧は, (1) V以下であること.

② 電線は,ケーブルであること.

③ ケーブルは,鉄製又は (2) 製の管,ダクトその他の堅ろうな防護装置に収めて施設すること.

④ 管その他のケーブルを収める防護装置の金属製部分,金属製の電線接続箱及びケーブルの被覆に使用する金属体には,A種接地工事を施すこと.ただし,接触防護措置(金属製のものであって,防護措置を施す設備と電気的に接続するおそれがあるもので防護する方法を除く.)を施す場合は, (3) 接地工事によることができる.

⑤ 危険のおそれがないように施設すること.

b.特別高圧屋内配線が,低圧屋内電線,管灯回路の配線,高圧屋内電線,弱電流電線等又は水管,ガス管若しくはこれらに類するものと接近又は交差する場合は,次の各号によること.

① 特別高圧屋内配線と低圧屋内電線,管灯回路の配線又は高圧屋内電線との離隔距離は, (4) cm以上であること.ただし,相互の間に堅ろうな耐火性の隔壁を設ける場合は,この限りでない.

② 特別高圧屋内配線と弱電流電線等又は水管,ガス管若しくはこれらに類するものとは, (5) 施設すること.

〔解答群〕

(イ) 20	(ロ) 危険である旨を表示して	(ハ) 40
(ニ) 50 000	(ホ) 絶縁性の隔壁で隔てて	(ヘ) 鉄筋コンクリート
(ト) B 種	(チ) 接触しないように	(リ) アルミニウム
(ヌ) 60	(ル) D 種	(ヲ) 100 000
(ワ) 硬質樹脂	(カ) C 種	(ヨ) 70 000

●問題1の解答●

(1) － (ト), (2) － (チ), (3) － (ホ), (4) － (ロ), (5) － (ヨ)

電気設備技術基準の解釈 第148条（低圧幹線の施設）を参照.

●問題2の解答●

(1) － (ト), (2) － (イ), (3) － (チ), (4) － (ヌ), (5) － (ニ)

電気設備技術基準の解釈 第168条（高圧配線の施設）を参照.

●問題3の解答●

(1) － (ヲ), (2) － (ヘ), (3) － (ル), (4) － (ヌ), (5) － (チ)

電気設備技術基準の解釈 第169条（特別高圧配線の施設）を参照.

第3章 電気設備技術基準とその解釈

3.14 分散型電源の系統連系設備

 要点

分散型電源とは，需要地の近くに分散して配置される小規模な発電設備群をいい，具体的には太陽光発電や風力発電などの自然エネルギーを利用したものや，燃料電池，ガスタービン発電およびそれらのコージェネレーション（熱電併給）システムなどがある．

これら分散型電源は，一般にエネルギー密度が小さくて小規模であることが多く，気象条件などに影響されて出力の変動が大きいなどの特徴がある．

このような分散型電源が，電力系統に無秩序に連系されると，保安面および電力品質面から，分散型発電設備の設置者以外の者や電力設備などに悪影響を及ぼすことがある．

このため，保安に関する技術的な要件を「電気設備技術基準の解釈」の第8章（分散型電源の系統連系設備）で，電力品質に関する技術的な要件を「電力品質確保に係る系統連系技術要件ガイドライン」で規定している．

「電気設備技術基準の解釈」の第8章（分散型電源の系統連系設備）の条文で主なものは次のとおりである．

(1) 電気設備技術基準の解釈　第220条（分散型電源の系統連系設備に係る用語の定義）：抜粋

①「分散型電源」　電気事業法第38条第4項第一号又は第三号又は第五号に掲げる事業を営む者以外の者が設置する発電設備等であって，一般送配電事業者若しくは配電事業者が運用する電力

系統又は，第十四号に定める地域独立系統に連系するもの

②「解列」　電力系統から切り離すこと．

③「逆潮流」　分散型電源設置者の構内から，一般送配電事業者が運用する電力系統側へ向かう有効電力の流れ

④「単独運転」　分散型電源を連系している電力系統が事故等によって系統電源と切り離された状態において，当該分散型電源が発電を継続し，線路負荷に有効電力を供給している状態

⑤「逆充電」　分散型電源を連系している電力系統が事故等によって系統電源と切り離された状態において，分散型電源のみが，連系している電力系統を加圧し，かつ，当該電力系統へ有効電力を供給していない状態

⑥「自立運転」　分散型電源が，連系している電力系統から解列された状態において，当該分散型電源設置者の構内負荷にのみ電力を供給している状態

⑦「線路無電圧確認装置」　電線路の電圧の有無を確認するための装置

⑧「転送遮断装置」　遮断器の遮断信号を通信回線で伝送し，別の構内に設置された遮断器を動作させる装置

⑨「受動的方式の単独運転検出装置」　単独運転移行時に生じる電圧位相又は周波数等の変化により，単独運転状態を検出する装置

⑩「能動的方式の単独運転検出装置」　分散型電源の有効電力出力又は無効電力出力等に平時から変動を与えておき，単独運転移行時に当該変動に起因して生じる周波数等の変化により，単独運転状態を検出する装置

⑪「スポットネットワーク受電方式」　2以上の特別高圧配電線（スポットネットワーク配電線）で受電し，各回線に設置した受電変圧器を介して2次側電路をネットワーク母線で並列接続した受電方式

⑫「二次励磁制御巻線形誘導発電機」　二次巻線の交流励磁電流を周波数制御することにより可変速運転を行う巻線形誘導発電機

(2) 電気設備技術基準の解釈　第221条（直流流出防止変圧器の施設）

a．逆変換装置を用いて分散型電源を電力系統に連系する場合は，逆変換装置から直流が電力系統へ流出することを防止するために，受電点と逆変換装置との間に変圧器（単巻変圧器を除く．）を施設すること．ただし，

次の各号に適合する場合は，この限りでない．

① 逆変換装置の交流出力側で直流を検出し，かつ，直流検出時に交流出力を停止する機能を有すること．

② 次のいずれかに適合すること．
・逆変換装置の直流側電路が非接地であること．
・逆変換装置に高周波変圧器を用いていること．

b．上記 a の規定により設置する変圧器は，直流流出防止専用であることを要しない．

(3) 電気設備技術基準の解釈　第 222 条（限流リアクトル等の施設）

分散型電源の連系により，一般送配電事業者又は配電事業者が運用する電力系統の短絡容量が，当該分散型電源設置者以外の者が設置する遮断器の遮断容量又は電線の瞬時許容電流等を上回るおそれがあるときは，分散型電源設置者において，限流リアクトルその他の短絡電流を制限する装置を施設すること．ただし，低圧の電力系統に逆変換装置を用いて分散型電源を連系する場合は，この限りでない．

(4) 電気設備技術基準の解釈　第 223 条（自動負荷制限の実施）

高圧又は特別高圧の電力系統に分散型電源を連系する場合（スポットネットワーク受電方式で連系する場合を含む．）において，分散型電源の脱落時等に連系している電線路等が過負荷になるおそれがあるときは，分散型電源設置者において，自動的に自身の構内負荷を制限する対策を行うこと．

(5) 電気設備技術基準の解釈　第 226 条（低圧連系時の施設要件）

a．単相 3 線式の低圧の電力系統に分散型電源を連系する場合において，負荷の不平衡により中性線に最大電流が生じるおそれがあるときは，分散型電源を施設した構内の電路であって，負荷及び分散型電源の並列点よりも系統側に，3 極に過電流引き外し素子を有する遮断器を施設すること．

b．低圧の電力系統に逆変換装置を用いずに分散型電源を連系する場合は，逆潮流を生じさせないこと．

ただし，逆変換装置を用いて分散型電源を連系する場合と同等の単独運転検出及び解列ができる場合は，この限りでない．

(6) 電気設備技術基準の解釈　第227条（低圧連系時の系統連系用保護装置）：抜粋

低圧の電力系統に分散型電源を連系する場合は，次の各号により，異常時に分散型電源を自動的に解列するための装置を施設すること．

a．次に掲げる異常を保護リレー等により検出し，分散型電源を自動的に解列すること．
① 分散型電源の異常又は故障
② 連系している電力系統の短絡事故，地絡事故又は高低圧混触事故
③ 分散型電源の単独運転又は逆充電

b．一般送配電事業者又は配電事業者が運用する電力系統において再閉路が行われる場合は，当該再閉路時に，分散型電源が当該電力系統から解列されていること．

c．分散型電源は，次のいずれかで解列すること．
・受電用遮断器
・分散型電源の出力端に設置する遮断器又はこれと同等の機能を有する装置
・分散型電源の連絡用遮断器

d．解列用遮断装置は，系統の停電中及び復電後，確実に復電したとみなされるまでの間は，投入を阻止し，分散型電源が系統へ連系できないものであること．

e．逆変換装置を用いて連系する場合は，次のいずれかによること．ただし，受動的方式の単独運転検出装置動作時は，不要動作防止のため逆変換装置のゲートブロックのみとすることができる．
・2箇所の機械的開閉箇所を開放すること．
・1箇所の機械的開閉箇所を開放し，かつ，逆変換装置のゲートブロックを行うこと．

f．逆変換装置を用いずに連系する場合は，2箇所の機械的開閉箇所を開放すること．

(7) 電気設備技術基準の解釈　第228条（高圧連系時の施設要件）

　高圧の電力系統に分散型電源を連系する場合は，分散型電源を連系する配電用変電所の配電用変圧器において，逆向きの潮流を生じさせないこと．ただし，当該配電用変電所に保護装置を施設する等の方法により分散型電源と電力系統との協調をとることができる場合は，この限りではない．

(8) 電気設備技術基準の解釈　第229条（高圧連系時の系統連系用保護装置）：抜粋

　高圧の電力系統に分散型電源を連系する場合は，次の各号により，異常時に分散型電源を自動的に解列するための装置を施設すること．

　a．次に掲げる異常を保護リレー等により検出し，分散型電源を自動的に解列すること．

　　①　分散型電源の異常又は故障

　　②　連系している電力系統の短絡事故又は地絡事故

　　③　分散型電源の単独運転

　b．一般送配電事業者又は配電事業者が運用する電力系統において再閉路が行われる場合は，当該再閉路時に，分散型電源が当該電力系統から解列されていること．

　c．分散型電源の解列は，次のいずれかによること．

　　・受電用遮断器

　　・分散型電源の出力端に設置する遮断器又はこれと同等の機能を有する装置

　　・分散型電源の連絡用遮断器

　　・母線連絡用遮断器

(9) 電気設備技術基準の解釈　第230条（特別高圧連系時の施設要件）

　特別高圧の電力系統に分散型電源を連系する場合（スポットネットワーク受電方式で連系する場合を除く．）は，次の各号によること．

　a．一般送配電事業者又は配電事業者が運用する電線路等の事故時等に，他の電線路等が過負荷になるおそれがあるときは，系統の変電所の電線路引出口等に過負荷検出装置を施設し，電線路等が過負荷になったときは，同装置からの情報に基づき，分散型電源の設置者において，分散型電源

の出力を適切に抑制すること．

b．系統安定化又は潮流制御等の理由により運転制御が必要な場合は，必要な運転制御装置を分散型電源に施設すること．

c．単独運転時において電線路の地絡事故により異常電圧が発生するおそれ等があるときは，分散型電源の設置者において，変圧器の中性点に接地工事を施すこと．

d．上記cに規定する中性点接地工事を施すことにより，一般送配電事業者又は配電事業者が運用する電力系統において電磁誘導障害防止対策や地中ケーブルの防護対策の強化等が必要となった場合は，適切な対策を施すこと．

（10）電気設備技術基準の解釈　第231条（特別高圧連系時の系統連系用保護装置）：抜粋

1．特別高圧の電力系統に分散型電源を連系する場合（スポットネットワーク受電方式で連系する場合を除く．）は，次の各号により，異常時に分散型電源を自動的に解列するための装置を施設すること．

a．次に掲げる異常を保護リレー等により検出し，分散型電源を自動的に解列すること．

① 分散型電源の異常又は故障

② 連系している電力系統の短絡事故又は地絡事故．ただし，電力系統側の再閉路の方式等により，分散型電源を解列する必要がない場合を除く．

b．一般送配電事業者又は配電事業者が運用する電力系統において再閉路が行われる場合は，当該再閉路時に，分散型電源が当該電力系統から解列されていること．

c．分散型電源の解列は，次のいずれかによること．

・受電用遮断器

・分散型電源の出力端に設置する遮断器又はこれと同等の機能を有する装置

・分散型電源の連絡用遮断器

・母線連絡用遮断器

2．スポットネットワーク受電方式で受電する者が分散型電源を連系する場合は，次の各号により，異常時に分散型電源を自動的に解列するための装置を

施設すること.

a.次に掲げる異常を保護リレー等により検出し,分散型電源を自動的に解
　列すること.

①　分散型電源の異常又は故障

②　スポットネットワーク配電線の全回線の電源が喪失した場合における
　　分散型電源の単独運転

b.分散型電源の解列は,次によること.

①　次のいずれかで解列すること.

・分散型電源の出力端に設置する遮断器又はこれと同等の機能を有する
　装置

・母線連絡用遮断器

・プロテクタ遮断器

②　逆電力リレー(ネットワークリレーの逆電力リレー機能で代用する場
　合を含む.)で,全回線において逆電力を検出した場合は,時限をも
　って分散型電源を解列すること.

③　分散型電源を連系する電力系統において事故が発生した場合は,系統
　側変電所の遮断器開放後に,逆潮流を逆電力リレー(ネットワークリ
　レーの逆電力リレー機能で代用する場合を含む.)で検出することに
　より事故回線のプロテクタ遮断器を開放し,健全回線との連系は原則
　として保持して,分散型電源は解列しないこと.

基本例題にチャレンジ

次の文章は,「電気設備技術基準の解釈」における,分散型電源の系統連
系設備に係る用語の定義の一部である.

a.「解列」とは, (ア) から切り離すことをいう.

b.「逆潮流」とは,分散型電源設置者の構内から,一般送配電事業者が
　運用する (ア) 側へ向かう (イ) の流れをいう.

c.「単独運転」とは,分散型電源を連系している (ア) が事故等によっ
　て系統電源と切り離された状態において,当該分散型電源が発電を継
　続し,線路負荷に (イ) を供給している状態をいう.

d.「 (ウ) 的方式の単独運転検出装置」とは，分散型電源の有効電力出力又は無効電力出力等に平時から変動を与えておき，単独運転移行時に当該変動に起因して生じる周波数等の変化により，単独運転状態を検出する装置をいう．

e.「 (エ) 的方式の単独運転検出装置」とは，単独運転移行時に生じる電圧位相又は周波数等の変化により，単独運転状態を検出する装置をいう．

上記の記述中の空白箇所（ア），（イ），（ウ）および（エ）に当てはまる組合せとして，正しいものを次の（1）～（5）のうちから一つ選べ．

	（ア）	（イ）	（ウ）	（エ）
(1)	母　線	皮相電力	能　動	受　動
(2)	電力系統	無効電力	能　動	受　動
(3)	電力系統	有効電力	能　動	受　動
(4)	電力系統	有効電力	受　動	能　動
(5)	母　線	無効電力	受　動	能　動

やさしい解説

　　電気設備技術基準の解釈 第220条（分散型電源の系統連系設備に係る用語の定義）に関する問題である．

　　分散型電源が連系する系統で事故が発生して系統の引出口遮断器が開放された場合や，作業時または火災などの緊急時に線路途中に設置される開閉装置などを開放した場合などに，分散型電源が系統から解列されずに運転を継続すると，本来無電圧であるべき範囲が充電されることになる．このように商用電源から切り離された系統内において，分散型電源のみによって系統に電気が通じている状態を単独運転という．

　　単独運転になった場合には，人身および設備の安全に対して大きな影響を与えるおそれがあるとともに，事故点の被害拡大や復旧遅れなどにより供給信頼度の低下を招く可能性があることから，保護リレーなどを用いて単独運転を直接または間接に検出して分散型電源を系統から解列できるような単独運転防止対策を採ることが義務付けられている．

【解答】（3）

応用問題にチャレンジ

次の文章は，「電気設備技術基準の解釈」に基づく，低圧連系時および特別高圧連系時の施設要件に関する記述の一部である．文中の　　　に当てはまる語句を記入しなさい．

a．単相3線式の低圧の電力系統に分散型電源を連系する場合において，負荷の不平衡により中性線に　(1)　が生じるおそれがあるときは，分散型電源を施設した構内の電路であって，負荷及び分散型電源の並列点よりも系統側に，3極に過電流引き外し素子を有する遮断器を施設すること．

b．低圧の電力系統に　(2)　を用いずに分散型電源を連系する場合は，逆潮流を生じさせないこと．

c．特別高圧の電力系統に分散型電源を連系する場合（　(3)　で連系する場合を除く．）は，次の各号によること．

① 一般送配電事業者又は配電事業者が運用する電線路等の事故時等に，他の電線路等が過負荷になるおそれがあるときは，系統の変電所の電線路引出口等に過負荷検出装置を施設し，電線路等が過負荷になったときは，同装置からの情報に基づき，分散型電源の設置者において，分散型電源の出力を適切に抑制すること．

② 系統安定化又は潮流制御等の理由により運転制御が必要な場合は，必要な運転制御装置を分散型電源に施設すること．

③ 　(4)　において電線路の地絡事故により異常電圧が発生するおそれ等があるときは，分散型電源の設置者において，変圧器の中性点に接地工事を施すこと．

④ 上記③に規定する中性点接地工事を施すことにより，一般送配電事業者又は配電事業者が運用する電力系統において　(5)　や地中ケーブルの防護対策の強化等が必要となった場合は，適切な対策を施すこと．

電気設備技術基準の解釈 第226条（低圧連系時の施設要件）および第230条（特別高圧連系時の施設要件）に関する問題である．

　単相3線式の低圧配電系統に分散型電源を連系する場合に，発電電力の逆潮流によって中性線に負荷線以上の過電流が生じ，中性線に過電流検出素子がないと過電流の検出ができない場合がある．このため，負荷および分散型電源の並列点よりも系統側に3極に過電流引き外し素子を有する遮断器を設置する必要がある．

【解答】　(1) 最大電流　　(2) 逆変換装置
　　　　　(3) スポットネットワーク受電方式　　(4) 単独運転時
　　　　　(5) 電磁誘導障害防止対策

　　　　　　　　　　　電気設備技術基準の解釈 第220条（分散型電源の系統連系設備に係る用語の定義），第221条（直流流出防止変圧器の施設），第222条（限流リアクトル等の施設），第223条（自動負荷制限の実施），第226条（低圧連系時の施設要件），第227条（低圧連系時の系統連系用保護装置），第228条（高圧連系時の施設要件），第229条（高圧連系時の系統連系用保護装置），第230条（特別高圧連系時の施設要件），第231条（特別高圧連系時の系統連系用保護装置）について学習する．

演習問題

【問題1】

　次の文章は，「電気設備技術基準の解釈」における分散型電源の系統連系設備に関する記述である．文中の□□□に当てはまる最も適切なものを解答群の中から選びなさい．

a. 逆変換装置を用いて分散型電源を電力系統に連系する場合は，逆変換装置から直流が電力系統へ流出することを防止するために，受電点と逆変換装置との間に変圧器（単巻変圧器を除く．）を施設すること．ただし，次に適合する場合は，この限りでない．

(a) 逆変換装置の交流出力側で直流を検出し，かつ，直流検出時に交流出力

を (1) する機能を有すること.

(b) 次のいずれかに適合すること.

① 逆変換装置の直流側電路が (2) であること.

② 逆変換装置に高周波変圧器を用いていること.

ｂ．ａの規定により設置する変圧器は，直流流出防止専用であることを要しない.

ｃ．分散型電源の連系により，一般送配電事業者又は配電事業者が運用する電力系統の (3) が，当該分散型電源設置者以外の者が設置する遮断器の遮断容量又は電線の瞬時許容電流等を上回るおそれがあるときは，分散型電源設置者において，限流リアクトルその他の短絡電流を制限する装置を施設すること．ただし， (4) の電力系統に逆変換装置を用いて分散型電源を連系する場合は，この限りでない.

ｄ．高圧又は特別高圧の電力系統に分散型電源を連系する場合（スポットネットワーク受電方式で連系する場合を含む.）において，分散型電源の脱落時等に連系している (5) 等が過負荷になるおそれがあるときは，分散型電源設置者において，自動的に自身の構内負荷を制限する対策を行うこと.

〔解答群〕

（イ）送電容量　　（ロ）制限　　（ハ）変圧器容量　　（ニ）非接地

（ホ）電線路　　（ヘ）補償装置　　（ト）特別高圧　　（チ）変圧器

（リ）高圧　　（ヌ）直接接地　　（ル）抵抗接地　　（ヲ）分岐

（ワ）停止　　（カ）低圧　　（ヨ）短絡容量

【問題2】

次の文章は，「電気設備技術基準の解釈」に基づく分散型電源の系統連系設備に関する記述である．文中の　　　に当てはまる最も適切なものを解答群の中から選びなさい.

特別高圧の電力系統からスポットネットワーク受電方式で受電する者が分散型電源を連系する場合は，以下を満たすように，異常時に分散型電源を自動的に解列するための装置を施設すること.

ａ．次に掲げる異常を保護リレー等により検出し，分散型電源を自動的に解

列すること.

① 分散型電源の異常または故障

② スポットネットワーク配電線の全回線の電源が喪失した場合における分散型電源の　(1)　運転

b．分散型電源の解列は，次によること.

① 次のいずれかで解列すること.

・分散型電源の出力端に設置する遮断器またはこれと同等の機能を有する装置

・母線連絡用遮断器

・　(2)　遮断器

② 　(3)　リレー（ネットワークリレーの　(3)　リレー機能で代用する場合を含む.）で，全回線において　(3)　を検出した場合は，　(4)　分散型電源を解列すること.

③ 分散型電源を連系する電力系統において事故が発生した場合は，系統側変電所の遮断器開放後に，逆潮流を　(3)　リレー（ネットワークリレーの　(3)　リレー機能で代用する場合を含む.）で検出することにより事故回線の　(2)　遮断器を開放し，健全回線との連系は原則として保持して，分散型電源は　(5)　こと.

〔解答群〕

（イ）回線選択　　　　（ロ）時限をもって　　（ハ）無負荷

（ニ）技術員の操作により（ホ）運転停止する　　（ヘ）プロテクタ

（ト）過電流　　　　　（チ）自　動　　　　　（リ）解列しない

（ヌ）逆電力　　　　　（ル）直ちに　　　　　（ヲ）連系用

（ワ）解列する　　　　（カ）単　独　　　　　（ヨ）キャリア

【問題3】

次の文章は，「電気設備技術基準の解釈」に基づく分散型電源の系統連系設備に関する記述である．文中の□□に当てはまる最も適切なものを解答群の中から選びなさい

a．　(1)　とは，分散型電源を連系している電力系統が事故等によって系統電源と切り離された状態において，当該分散型電源が発電を継続し，線

　　　路負荷に有効電力を供給している状態をいう.

b. 高圧の電力系統に分散型電源を連系する場合は, 分散型電源を連系する配電用変電所の配電用変圧器において, ⎾(2)⏌ を生じさせないこと. ただし, 当該配電用変電所に保護装置を施設する等の方法により分散型電源と電力系統との ⎾(3)⏌ をとることができる場合は, この限りではない.

c. 特別高圧の電力系統に分散型電源を連系する場合（スポットネットワーク受電方式で連系する場合を除く.）, 一般送配電事業者又は配電事業者が運用する電線路等の事故時等に, 他の電線路等が ⎾(4)⏌ になるおそれがあるときは, 系統の変電所の電線路引出口等に ⎾(4)⏌ 検出装置を施設し, 電線路等が ⎾(4)⏌ になったときは, 同装置からの情報に基づき, 分散型電源の設置者において, 分散型電源の ⎾(5)⏌ を適切に抑制すること.

〔解答群〕
　（イ）単独運転　　（ロ）無負荷　　（ハ）協調　　　　　（ニ）出力
　（ホ）電圧　　　　（ヘ）連絡　　　（ト）逆向きの潮流　（チ）軽負荷
　（リ）並列運転　　（ヌ）周波数　　（ル）自立運転　　　（ヲ）同期
　（ワ）温度上昇　　（カ）横流　　　（ヨ）過負荷

●問題１の解答●
　(1) － (ワ), (2) － (ニ), (3) － (ヨ), (4) － (カ), (5) － (ホ)
　電気設備の技術基準の解釈 第221条（直流流出防止変圧器の施設）, 第222条（限流リアクトル等の施設）, 第223条（自動負荷制限の実施）を参照.

●問題２の解答●
　(1) － (カ), (2) － (ヘ), (3) － (ヌ), (4) － (ロ), (5) － (リ)
　電気設備技術基準の解釈 第231条（特別高圧連系時の系統連系用保護装置）を参照.

●問題３の解答●
　(1) － (イ), (2) － (ト), (3) － (ハ), (4) － (ヨ), (5) － (ニ)
　電気設備技術基準の解釈 第220条（分散型電源の系統連系設備に係る用語の定義）, 第228条（高圧連系時の施設要件）, 第230条（特別高圧連系時の施設要件）を参照.

第4章 施設管理

4.1 電力系統の安定度

要点

　電力系統に並入されている同期発電機が，系統内の負荷変動やじょう乱（地絡・短絡・断線・回路遮断・再閉路・系統分離等）等のために，同期が保たれなくなって脱調現象が生じ運転できなくなる場合がある．

　電力系統には，電力を安定に送電できる限界があり，電力を安定に送電できる度合いを**安定度**という．

1. 定態安定度

　電力系統において，十数秒の時間で緩やかに負荷変動する場合の安定度を**定態安定度**という．また，その安定度を保つことができる範囲内の最大電力を**定態安定極限電力**という．

2. 過渡安定度

　電力系統において，負荷の急変（地絡や短絡，電源脱落，系統分離等）があっても，再び安定状態を回復して運転を続けることができる度合いを**過渡安定度**という．

　また，過渡安定度を保ちうる範囲内の最大電力を**過渡安定極限電力**という．

　一般に過渡安定極限電力は定態安定極限電力より小さくなる．

3. 安定度向上対策

　第1図のように，送電線路の送電端線間電圧を V_s，受電端線間電圧

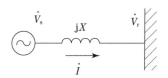

第1図 送電線の等価回路

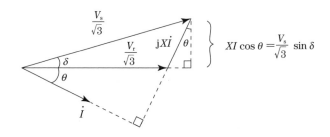

第2図 ベクトル図

を V_r, 線路リアクタンスを X, 相差角を δ, 線路電流を I, 負荷の力率を $\cos\theta$（遅れ）とすると，第2図のベクトル図となり，

$$X I \cos\theta = \frac{V_s}{\sqrt{3}} \sin\delta$$

$$\therefore \quad I \cos\theta = \frac{V_s}{\sqrt{3}X} \sin\delta$$

の関係から，送電電力 P は①式となる．ここで θ は力率角である．

$$P = \sqrt{3}V_r I \cos\theta = \sqrt{3}V_r \cdot \frac{V_s}{\sqrt{3}X} \sin\delta$$

$$\therefore \quad P = \frac{V_s V_r}{X} \sin\delta \qquad\qquad \cdots\cdots①$$

①式が定態安定度を表す式で，定態安定極限電力は②式となる．

$$\therefore \quad P_{max} = \frac{V_s V_r}{X} \qquad\qquad \cdots\cdots②$$

(1) 系統電圧の高電圧化

①式において送電電力 P は送電端電圧 V_s と受電端電圧 V_r の積に比例するので，安定度はほぼ電圧の2乗に比例して向上する．

(2) 系統リアクタンスの低減

①式において，系統のリアクタンス X を低減することにより安定度は向上する．

系統のリアクタンスを小さくする具体的対策は次のとおりである．

(a) 送電線の並列回路数を増加させる．

(b) 送電線に多導体を採用する．

(c) 発電機や変圧器などの機器のリアクタンスを小さくする．

(d) 直列コンデンサを採用する．

(3) 中間調相機の採用

長距離送電線路の中間に同期調相機または**静止形無効電力補償装置（SVC）**を設置することによって，中間の電圧を維持させることができ安定度を向上させることができる．

(4) 速応励磁方式の採用

発電機の自動電圧調整装置（AVR）に**速応励磁方式**を採用し，故障時または負荷急変時に励磁を急速に制御して電圧変動を抑制する．

(5) 高速度遮断と高速度再閉路方式の採用

送電線路の故障を早期に除去し，故障点のアークの消えるのを待って，遮断した回線または相を再閉路することによって過渡安定度が向上する．

(6) 制動抵抗の採用

故障が発生した場合に，速やかに発電機回路に抵抗を挿入し，余剰エネルギーを吸収する．

第4章 施設管理

基本例題にチャレンジ

送電系統の安定度向上対策として，誤っているのは次のうちどれか．

(1) 系統のリアクタンスを低減するため，多導体を採用する．

(2) 事故時には，高速度遮断を行い，さらに高速度再閉路を行う．

(3) 送電線路に直列コンデンサを挿入する．

(4) 送電線路に中間開閉所を設置する．

(5) 火力及び原子力発電設備に大容量ユニットを採用する．

やさしい解説

火力および原子力発電用の大容量タービン発電機は短絡比が非常に小さく同期インピーダンスは大きいので安定度は低下する傾向にある．また，大容量ユニットが脱落した場合に，系統に与える影響が大きく，この面からも安定度向上に効果があるとはいい難い．

送電系統の安定度は，運転時の送受電端電圧間の相差角 δ で判断される．定態安定度および過渡安定度とも，運転時の相差角が小さいほど，極限電力に対して余裕がある状態になるので安定度は高い．選択肢の(1)，(3)はいずれも送電線路の直列インピーダンスを減少させる効果があり，同一電力を送電する場合，相差角は小さくなる．また，(2)は事故継続時間を短縮できるので，事故時の回復力を示す過渡安定度の向上に役立つ．

(4)の中間開閉所の設置は，送電線路に継続的な事故が生じたときその部分のみを切り離すことができるので，運用面から安定度を向上させることができる．

【解答】 (5)

応用問題にチャレンジ

次の文章は，電力系統の安定度について記述したものである．

□ の中に当てはまる語句を記入しなさい．

電力系統において，__(1)__が極めて緩やかな場合に安定に送電しうる度合を__(2)__という．これに対して電力系統がある条件下で安定に送電しているとき急激にじょう乱があっても，再び安定状態を回復して送電できる度合を__(3)__といい，その安定を保ちうる範囲内の__(4)__を__(5)__極限電力という．その値は，じょう乱の種類，場所，継続時間や系統構成等によって異なる．

負荷変動が緩やかな変化に対して安定した送電能力を定態安定度といい，その安定度を保ちうる範囲の最大電力を定態安定極限電力という．

地絡・短絡事故等の急激な負荷変動に対して安定した送電能力を過渡安定度といい，その安定度を保ちうる範囲の最大電力を過渡安定極限電力という．

【解答】 (1) 負荷変動　(2) 定態安定度　(3) 過渡安定度
　　　　(4) 最大電力　(5) 過渡安定

安定度の向上対策は次のとおりである．

(1) 系統電圧の高電圧化

(2) 系統リアクタンスの低減

① 送電線の並列回路数を増加させる．

② 送電線に多導体を採用する．

③ 発電機や変圧器などの機器のリアクタンスを小さくする．

④ 直列コンデンサを採用する．

(3) 中間調相機の採用

長距離送電線路の中間に同期調相機または静止形無効電力補償装置（SVC）を設置する．

(4) 発電機の自動電圧調整装置に速応励磁方式を採用

故障時または負荷急変時の電圧変動を抑制する.

(5) 高速度遮断と高速度再閉路方式の採用

送電線路の故障を早期に除去し，遮断した回線または相を高速に再閉路する.

(6) 制動抵抗の採用

速やかに発電機回路に抵抗を挿入し，余剰エネルギーを吸収する.

演 習 問 題

【問題1】

次の文章は，電力系統の安定度に関する記述である．文中の ☐ に当てはまる最も適切なものを解答群の中から選びなさい.

電力系統の安定度とは，負荷変動，系統操作，短絡や地絡事故などの系統内の擾乱に対して安定に送電を継続できる度合いをいい， (1) 度と (2) 度とがある． (1) 度とは，徐々に負荷を増加した場合など微小な擾乱に対して安定に運転を行える度合いをいい，その限界の電力を (1) 極限電力と呼ぶ．なお， (1) 度， (2) 度は，擾乱の大きさからの分類であり，発電機の (3) 等の制御装置を考慮した分類もある.

線路抵抗の損失を無視した場合の受電端有効電力の最大は，相差角が $\frac{\pi}{2}$ のときで，これが (1) 極限電力となる.

この (1) 度の説明には，$P-\delta$ 曲線（電力・相差角曲線）が用いられる．ここで，相差角が微小変化したときの送電電力の変化の割合を (4) という．相差角の小さな領域ではその増加とともに送電電力は増加するが，相差角が $\frac{\pi}{2}$ を超えると逆に減少するようになる.

これは， (5) に対応して相差角が大きくなり，送電電力が増えようとしても，反対に送電電力が減少することを意味し，安定な送電は継続できない.

〔解答群〕

(イ) 負荷減少	(ロ) 短絡比	(ハ) 定態安定
(ニ) 負荷増加	(ホ) 保護継電装置	(ヘ) 同期化力
(ト) 開閉装置	(チ) 過渡安定	(リ) 平衡安定
(ヌ) 電圧安定	(ル) 周波数安定	(ヲ) 同期はずれ
(ワ) 自動電圧調整装置	(カ) 入出力安定	(ヨ) 負荷平衡

【問題2】

次の文章は，電力系統の安定度向上対策に関する記述である．　□　の中に当てはまる語句を記入しなさい．

電力系統の安定度向上のため，次に掲げることが行われている．

a. 送電線路の回線数の増加，多導体の採用，　(1)　の設置により，送電線のインピーダンスを減少させる．

b. 送電線故障時，発電機の近端で　(2)　を投入し，発電機の入出力のバランスを維持することによって，脱調を防ぐ．

c. 送受電端間の相差角が増大する場合，送電線の中間点に　(3)　を設置し，中間点電圧の維持を図り，広い相差角での安定運転を行う．

d. 送電系統において，　(4)　及び　(5)　方式を採用することにより，短時間で事故を除去し，系統に与える回路状態の変動を少なくする．

【問題3】

次の文章は，送電線路の故障発生時の再閉路に関する記述である．文中の□に当てはまる語句を解答群の中から選びなさい．

架空送電線路の故障は，雷によるがいし装置付近での一時的な絶縁破壊がほとんどであるため，主保護リレーにより遮断器をいったん開放すると，　(1)　が自然消滅して　(2)　が回復する．このことに着目し，架空送電線路の故障時には，一定時間経過してから遮断器を自動的に再投入する再閉路方式が採用されている．

この再閉路方式は，　(3)　階級，中性点接地方式，連系線・火力電源線・負荷線などの区分，系統構成など適用系統により異なるものの，

・系統間の連系維持能力向上

・系統の　(4)　安定度の確保

・系統故障遮断時における他の線路・機器の　(5)　解消の迅速化

・系統復旧の迅速化

・停電時間の短縮

など，電力系統の信頼度向上と復旧操作の省力化を目的としている．

〔解答群〕

(イ) 過負荷　　(ロ) 短　絡　　(ハ) アーク　　(ニ) 欠　相

(ホ) ギャップ　(ヘ) 電　圧　　(ト) 絶縁耐力　(チ) 系　統

(リ) 離　隔　　(ヌ) 過　渡　　(ル) 高速度　　(ヲ) 定　態

(ワ) 保　護　　(カ) 負　荷　　(ヨ) 過電流

● 問題 1 の解答 ●

(1) － (ハ)，(2) － (チ)，(3) － (ワ)，(4) － (ヘ)，(5) － (ニ)

送電系統の送電電力 P は，送電端電圧 V_s，受電端電圧 V_r，送電線のリアクタンスを X，相差角を δ とすると次式で表され，P と δ の関係は図のようになる．

$$P = \frac{V_s V_r}{X} \sin \delta$$

相差角 δ の小さな領域ではその増加とともに送電電力 P は増加するが，$\delta = \frac{\pi}{2}$〔rad〕を超えると逆に減少するようになる．この範囲では，負荷増加に対応して送電電力を増やそうと δ が拡大しても，反対に送電電力が減少し，同期はずれ（脱調）を起こして安定な送電は継続できない．

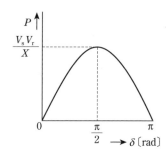

●**問題2の解答**●

(1) 直列コンデンサ　(2) 制動抵抗器　(3) 調相設備

(4) 高速度遮断　(5) 高速度再閉路（(4) と (5) は入れ替わってもよい.）

●**問題3の解答**●

(1) － (ハ), (2) － (ト), (3) － (ヘ), (4) － (ヌ), (5) － (イ)

　送電線に発生する事故は，雷などによるがいし装置のフラッシオーバのような気中フラッシオーバ事故が多いが，このような事故はいったん停電させてアークを消滅させれば絶縁耐力が回復し，再び送電しても再びフラッシオーバしない場合が多いので，高速度自動再閉路方式が多く採用されている.

　高速度自動再閉路方式を行うことにより，次のような効果が期待できる.

① 事故が数箇所に多発しても電力の送受電を停止することなく事故除去を行うことができる.

② 系統の過渡安定度の向上が図れ，送電容量が増大する.

③ 1系統が遮断したことによる他系統および機器の過負荷をそれらの過負荷許容時間内に復旧できる.

④ 系統が自動復旧するため，運転の省力化が図れる.

第4章 施設管理

4.2 周波数の調整

要点

1. 周波数の調整

　電力需要は絶えず変動しているが，需要に対して発電力が不足すれば系統の周波数は下がり，逆に需要に対して発電力が上回れば周波数は上昇するので，周波数の変動を極力少なくし，系統周波数を基準値に保つには，需要の変動に応じて絶えず発電力を調整しなければならない．このように周波数を一定値に保つように発電所出力を制御することを**周波数制御**といい，これにより周波数の変動は 0.1 ～ 0.2 Hz 内に収まっている．また，周波数については，電気事業法第 26 条第 1 項で，「一般送配電事業者は，その供給する電気の電圧及び周波数の値を経済産業省令で定める値に維持するように努めなければならない.」と定められ，これを受けて電気事業法施行規則第 38 条では，「法第 26条第 1 項の経済産業省令で定める周波数の値は，その者が供給する電気の標準周波数に等しい値とする.」と規定しており，一般送配電事業者には標準周波数の維持義務が課せられている．

2. 自動周波数制御方式

　現在の連系系統に適用している自動周波数制御方式を第 1 図に示す．

　連系線電力の制御を加味した主な負荷周波数制御方式は次の二つである．なお，北海道電力－東北電力間は直流連系，東京電力－中部電力間は周波数変換所で異周波連系されている．

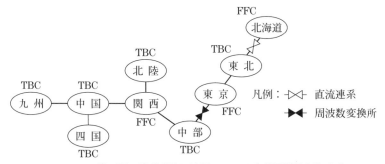

第1図 連系系統に適用している自動周波数制御方式

（1）定周波数制御（FFC ： Flat Frequency Control）

連系線の電力潮流に無関係に系統周波数だけを検出して規定値に保持するように，系統の発電力を制御する方式である．この方式は，系統の周波数のみに着眼して制御するため連系線の電力潮流は大幅に変動する．したがって，単独系統または連系系統ではそのうちの大容量系統で採用するのに適しており，北海道電力，東京電力，関西電力が採用している．

（2）周波数偏倚連系線電力制御（TBC：Tie Line Load Frequency Bias Control）

周波数変化と連系線潮流変化を同時に検出して，負荷変化がどこの系統で起こったかを判定し，各系統がそれぞれ自系統内に生じた負荷変化を自系統内で処理する制御方式である．

基本例題にチャレンジ

水力発電所において，系統周波数が上昇したとき，ガバナフリー運転を行っている水車の調速機の機能として，正しいのは次のうちどれか．

(1) 発電機出力を増加させる．
(2) 発電機回転数を増加させる．
(3) 発電機出力を減少させる．

  (4) 発電機電圧を低下させる.

  (5) 発電機電圧を上昇させる.

 　　　　周波数変動の原因となる負荷変動と周波数の制御方法は第1表のようになる.

　　　　ガバナフリー運転は,調速機本来の機能を生かして,負荷変化により変化する系統周波数に追従して発電機出力を調整し,系統周波数を一定に保つ運転で,2分程度以下の短い周期で変動する負荷に対して有効である.

　発電機出力は,第2図のような速度調定率曲線に従って変化し,周波数が上昇すれば出力が減少し,周波数が低下すれば出力は増加する.

第1表

負荷変動	制御方法
日間周期変化をもつもので,工場の始業・終業・昼休み,事務所・デパートなどの冷暖房,夕方の照明点灯などによって生じるもの	中央給電所が前日に予想負荷曲線を作成し,各発電所の運転スケジュールを立てて対処する.当日,天候等で予想が外れた分は,貯水池または調整池式水力発電所や火力発電所に指令し,発電電力を制御する.
数分〜数十分ぐらいの比較的短時間の間に頻繁に起きるもので,圧延機,電気炉その他一般負荷の不規則な変動によるもの	常時周波数計で周波数偏差を検出しながら,周波数制御発電所の調速機用電動機を操作して発電電力の制御を行う.(通常,周波数制御はこの部分の調整を指す.)
予期しえない複雑な原因から生じる偶発的短時間変動	電力系統内の水・火力発電所の調速機によって分担される.このような運転を,**ガバナ運転(調速機運転)**あるいは**ガバナフリー運転**と呼んでいる.

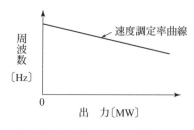

第2図 発電機の出力—周波数特性

【注】周波数変動に応じて出力調整を行う発電所を**周波数制御発電所**といい，揚水発電所，比較的大容量の貯水池式または調整池式水力発電所と大容量火力発電所がこの役割を果たしている．

【解答】 (3)

応用問題にチャレンジ

次の文章は，交流連系線の潮流制御方式に関する記述である．文中の ▢ に当てはまる語句を記入しなさい．

　わが国の電力系統における交流連系線の潮流制御方式は，連系系統内の最も大きい系統で (1) 方式を採用し，その他の系統で (2) 方式を採用している． (2) 方式においては， (3) 変化量と連系線の (4) 変化量を同時に検出して，各系統が自系統内に生じた電力不均衡量を自系統内で処理することを原則とした制御方式である．

　この方式における制御量（地域要求電力）を算出するに当たっては，自系統内の電力不均衡量と (3) 変化量との比として定義される (5) が用いられる．

やさしい解説

1. 連系線の潮流

　二つ以上の電力系統を連系して運転する場合には，連系系統の系統周波数ばかりでなく，連系送電線を流れる電力潮流の制御も問題となってくる．例えば，いま，A，B両系統が連系されている場合，A系統で発電力の減少または負荷の急増があると系統周波数は下がり，連系線にはB系統からA系統に電力潮流が生じる．したがって，連系線の電力が送電容量を超えて流れないように，または両系統が別の電力会社の場合には融通電力が常に基準値に保たれるように連系線電力を制御することも必要になる．

2. 自動周波数制御方式

　わが国で採用されている，連系線電力の制御を加味した負荷周波数制御（LFC：Load Frequency Control）方式は次の二つである．

(1) 定周波数制御 (FFC : Flat Frequency Control)

連系線電力に無関係に系統周波数を制御する方式である. 電力潮流が大幅に変化してしまい安定した連系運転が困難となるおそれがあるため, 単独では用いられず, 次の TBC と組み合わせて採用されている.

(2) 周波数偏倚連系線電力制御 (TBC : Tie Line Load Frequency Bias Control)

周波数変化と連系線潮流変化を同時に検出して, 各系統がそれぞれ自系統内に生じた負荷変化を自系統内で処理する制御方式である.

自系統内で起こった負荷変化量 ΔL は,

$$\Delta L = (系統周波数特性定数) \times (周波数変化量) + (連系線電力変化量)$$

で知ることができるので, これで発電力を制御すれば, その発電所は自系統内の負荷変化だけに応動することになる. この値は, 連系系統内における制御必要量を示しており**地域要求電力**と呼ばれている.

この方式は, 系統周波数特性定数が系統の運転状態によって異なるので, 系統定数の整定値 (バイアス値) の制定が難しく, また周波数を直接の制御対象としないため周波数偏差の積算値が大きくなり, 別途調整が必要になる.

3. 系統周波数特性定数

ある系統内の負荷変動と系統周波数変化の関係を表したもので, 系統周波数を ΔF だけ変化させるために必要な電力を ΔP とすると, $K = \Delta P / \Delta F$ を**系統周波数特性定数**といい〔MW/0.1Hz〕の単位で表される.

【解答】 (1) 定周波数制御 (2) 周波数偏倚連系線電力制御
(3) 周波数 (4) 電力 (潮流) (5) 系統周波数特性定数

ここが重要

1. 周波数の調整

需要に対して発電力が不足すれば系統の周波数は下がり, 逆に需要に対して発電力が上回れば周波数は上昇するので, 系統周波数を基準値に保つには, 需要の変動に応じて絶えず発電力を調整しなければならない. また, 周波数

については，電気事業法で一般送配電事業者には標準周波数の維持義務が課せられている．

2. 負荷変動と周波数の調整方法

(1) 日間周期変化

中央給電所が前日に予想負荷曲線を作成し，各発電所の運転スケジュールを立てて対処する．

(2) 数分〜数十分ぐらいの比較的短時間の変化

自動周波数制御方式で調整する．

(3) 数分以下の短時間の変動

発電機のガバナフリー運転で調整する．

3. 自動周波数制御方式

わが国で採用されている自動周波数制御方式は次の二つである．

(1) 定周波数制御（FFC）

連系線の電力潮流に無関係に，系統周波数だけを検出して規定値に保持するように系統の発電力を制御する方式である．単独系統または連系系統ではそのうちの大容量系統で採用するのに適している．

(2) 周波数偏倚連系線電力制御（TBC）

周波数変化と連系線潮流変化を同時に検出して，各系統がそれぞれ自系統内に生じた負荷変化を自系統内で処理する制御方式である．

演 習 問 題

【問題1】

次の文章は，自動周波数制御に関する記述である．文中の □ の中に当てはまる語句を記入しなさい．

わが国の電力系統で，現在，一般的に用いられている自動周波数制御方式に

は，次の二つの方法がある．

a.　　(1)　制御は，連系線潮流に無関係に　(2)　だけを検出して標準値を保持するように発電力を制御する方式である．単独系統又は連系系統内の主要系統で行うのに適している．

b.　　(3)　制御は，自系統内に生じた負荷変化量を検出して，これを吸収するように発電力を制御する方式である．自系統内で生じた負荷変化の量（系統周波数特性定数×周波数変化量＋連系線潮流変化量）を自系統の　(4)　として検出している．この制御方式は，連系線の容量に制約のあること，また，周波数偏差の　(5)　が大きくなることから，このための調整を別途行うことが必要である．

【問題2】

　次の文章は，電力系統の系統間連系に関する記述である．文中の　　　に当てはまる最も適切なものを解答群の中から選びなさい．

　わが国では電気事業者間の広域的運営のため，電力系統の系統間連系が整備されてきているが，連系線潮流の制御が複雑になるなどの理由から，相互の連系は　(1)　を基本としてきた．この系統間連系により期待できる利点および考慮すべき留意点の主なものは以下のとおりである．

a. 利点

① 系統規模が大きくなると系統の　(2)　が小さくなるため，系統周波数の変動は小さくなる．

② 電源脱落，基幹送電線のルート事故，気温の変化等による電力需要の増加などは，偶発的な要因によることから，トータルとして必要な　(3)　を節減できる．

③ 健全系統からの応援が可能となり，電源脱落による系統の周波数低下を考慮すると，連系前の電力系統では大きすぎる単機容量の発電機を採用できるので　(4)　が得られる．

④ 系統全体の供給力確保のための広域開発が可能となるとともに，系統全体で協調的な発送変電設備の定期補修が可能となる．

b. 留意点

① 送電線の短絡，地絡事故時の事故電流が大きくなるため，事故電流の抑

制対策，　(5)　増，通信線の誘導障害対策などが必要となる．また，局部的な事故が，系統全体に波及し，広範囲な停電を引き起こすおそれがあるため，事故の高速除去，系統分離などの系統保護対策が必要となる．

② 大きな設備投資を必要とするため，総合的な費用対効果により，その実現時期，規模を決定する必要がある．

〔解答群〕

（イ）短絡容量　　　（ロ）インピーダンス　　（ハ）供給予備力
（ニ）1点連系　　　（ホ）スケールメリット　　（ヘ）高い負荷率
（ト）変圧器の容量　（チ）高い系統安定度　　（リ）需要率
（ヌ）負荷変動率　　（ル）2点連系　　　　　（ヲ）遮断器の遮断電流
（ワ）高調波　　　　（カ）送電線の容量　　　（ヨ）直流連系

【問題3】

次の文章は，電力系統の周波数の変動およびその影響に関する記述である．文中の　　　に当てはまる語句または数値を解答群の中から選びなさい．

電力系統では，時々刻々変動する需要と供給力の差が周波数変化として表れる．この周波数変化を許容範囲内に収めるために，　(1)　の出力を数秒から数十秒の間隔で増減している．

周波数の変動は，需要家側においては　(2)　モータを用いた電気時計の精度に影響を与えるだけでなく，製紙工場や紡績工場等の製品の品質に影響を与える場合もある．

また，周波数変動は，火力発電所の蒸気タービンの　(3)　に振動が発生したり，補機の能力が低下するなど，機器の安全運転や安定運転に悪影響を与える場合もある．さらに，電気事業者間連系線の　(4)　の安定制御のためにも周波数を適切に制御することが重要である．

電力系統の周波数は，平常時には標準値からの偏差がある範囲内に収まり，確率的に変動量が標準値を維持するように運用されている．わが国における電力系統の周波数は，標準周波数に対し±（　(5)　）Hz程度に収めることを目標としている．

〔解答群〕

 (イ) 軸 受 (ロ) 力 率 (ハ) 再熱器 (ニ) サーボ

 (ホ) 変圧器 (ヘ) 動 翼 (ト) 同 期 (チ) 0.1〜0.3

 (リ) 1〜3 (ヌ) 誘 導 (ル) 電 圧 (ヲ) 0.5〜1

 (ワ) 発電機 (カ) 潮 流 (ヨ) 調相機

●問題1の解答●

(1) 定周波数 (2) 周波数 (3) 周波数偏倚連系線電力

(4) 地域要求量 (5) 積算値

●問題2の解答●

(1)ー(ニ),(2)ー(ヌ),(3)ー(ハ),(4)ー(ホ),(5)ー(ヲ)

わが国では電気事業者間の広域的運営のため,電力系統の系統間連系が整備されている.具体的な2社系統間の連系は1点連系を基本としており,50 Hz系,60 Hz系とも FFC−TBC 方式により周波数,連系線潮流の制御が行われている.

●問題3の解答●

(1)ー(ワ),(2)ー(ト),(3)ー(ヘ),(4)ー(カ),(5)ー(チ)

系統周波数が基準周波数を±0.5 Hz 程度以上変化すると,需要家設備に次のような悪影響を与える.

① 電動機の回転速度が変化し,製品の品質が悪化する.特に繊維工場や製紙工場は影響が大きい.

② 自動制御装置内の磁気増幅器や計算機の磁気ドラム,磁気ディスクが適正な動作をしなくなる.

③ 電気時計(同期モータを使用している)が不正確になる.

一方,周波数低下による電力機器への影響には,

① 火力機のタービン最終段翼の振動

② 火力補機の給水制御,ボイラ燃焼制御の不安定

③ 発電機電圧の不安定

④ 変圧器の過励磁

などがあり,中でも火力機のタービン最終段翼の振動が最大の障害である.

第4章 施設管理

4.3 電圧の調整

要点

　電圧は高すぎても低すぎても機器等に悪影響を与えるため，電圧を一定値に維持することは重要であり，電気事業法施行規則 第38条では，電気を供給する点の電圧を標準電圧100 V で **101 ± 6 V**，標準電圧200 V で **202 ± 20 V** を超えない値に維持することが定められている．

　電圧の調整方法は，無効電力を制御する方法と変圧比を変える方法に大別される．

1. 発電所での電圧調整

　発電機の励磁電流（界磁電流）を増加させると電圧が上昇し，減少させると電圧が低下する．

　励磁電流を低下させると，系統側から遅れ無効電流が発電機に流入するが，発電機側から見ると進み無効電流を供給していることと等価なため，**低励磁運転**のことを**進相運転**と呼ぶこともある．

2. 変電所での電圧調整

　送電用変電所および配電用変電所のほとんどに**負荷時タップ切換変圧器**が設置されており，電力用コンデンサ，分路リアクトル，同期調相機などの無効電力調整機器（調相設備）で一次側の電圧を適正値に保ち，二次側の電圧を負荷時タップ切換変圧器で自動的に一定になるよう運転している．

3. 配電線の電圧調整

　配電線ではこう長に沿って徐々に電圧が低下するため，変圧器設置点の電圧に合うように，柱上変圧器の変圧比を段階的に変えている．また，こう長の長い線路では，単巻変圧器を原理とする**線路用自動電圧調整器（SVR：Step Voltage Regulator）**を線路途中に設置し，300 ～ 600 V 程度の昇圧ができるようにしている．

　なお，需要設備に力率改善用に設置される電力用コンデンサは，電圧降下を小さくする効果がある．

基本例題にチャレンジ

電力系統の電圧低下防止に有効な機器として，誤っているのは次のうちどれか．

(1) 負荷時タップ切換変圧器
(2) 分路リアクトル
(3) 静止形無効電力補償装置（SVC）
(4) 同期調相機
(5) 同期発電機

やさしい解説

(1) 負荷時タップ切換変圧器

　負荷時タップ切換変圧器は，送電を継続したまま，変圧器のタップ切換えにより電圧の上げ下げが可能で，広範囲に使用されている．

(2) 無効電力の調整

　一相が第1図のように表される，送電端線間電圧 V_s，受電端線間電圧 V_r で負荷の電流 I，力率 $\cos\theta$（遅れ）の線路の電圧降下 e は①式で近似されるが，①式は④式のように変形される．

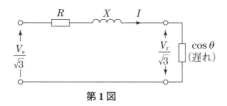

第1図

$$e = V_s - V_r \fallingdotseq \sqrt{3}\,I(R\cos\theta + X\sin\theta) \qquad \cdots\cdots①$$

ここで負荷の有効電力を P，遅れ無効電力を Q とすると，

$$P = \sqrt{3}V_r I\cos\theta$$

$$\therefore \quad \sqrt{3}\,I\cos\theta = P \,/\, V_r \qquad \cdots\cdots②$$

$$Q = \sqrt{3}V_r I\sin\theta$$

$$\therefore \quad \sqrt{3}\,I\sin\theta = Q \,/\, V_r \qquad \cdots\cdots③$$

①式に②，③式を代入すると，

$$\boldsymbol{e \fallingdotseq (RP + XQ) \,/\, V_r} \qquad \cdots\cdots④$$

　一般に送電線では，線路抵抗 R に比べて線路リアクタンス X が著しく大きいので，無効電力 Q に敏感に電圧が変化する．

(3) 分路リアクトル

　分路リアクトルを接続すると，遅れ無効電力 Q が大きくなり，電圧降下が大きくなるように働く．

　したがって，分路リアクトルは電圧上昇防止に有効な機器で，軽負荷時に遅れ無効電力を消費し，系統の静電容量の過剰による電圧上昇を制御する機能がある．

(4) 電力用コンデンサ

　分路リアクトルに対し，電力用コンデンサは遅れ無効電力 Q を小さくするので，電圧を上昇させるように作用する．

(5) 同期調相機

同期調相機は無負荷の同期電動機であり，同期発電機と同様の電圧調整機能を有する．

同期電動機は，励磁電流が小さいときには誘導起電力が小さいので系統側から遅れ電流が流入してリアクトルとして機能し，励磁電流を大きくすると遅れ無効電流を系統側に供給する（「系統側から進み無効電流が流れ込む」と等価）コンデンサとして機能するので第2図の**V特性**を示す．

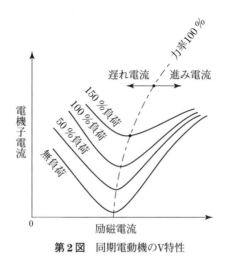

第2図 同期電動機のV特性

このように，同期調相機は励磁電流の調整で遅れ・進みの無効電力を連続制御ができ，調相設備としてすぐれた特性を有するが，電力用コンデンサとリアクトルの組合せに比較して高価なこと，電力損失が多いことなどからほとんど設置されていない．

【解答】 (2)

応用問題にチャレンジ

次の文章および表は，電気事業者の電力系統における電圧調整に関する記述である．表中の□□□に当てはまる語句を記入しなさい．

電力系統において電圧を適正に維持することは，系統内の機器の正常な運転，送電損失の軽減，系統の安定化などのために重要である．系統の電圧調整方法の一つとして，無効電力の調整が行われており，そのために次の表に掲げる設備が使用されている．

設　備　名	特　　　　徴
同期発電機および同期調相機	(1) を変化させて，遅れまたは進み無効電力を連続的に調整することにより出力電圧または系統の無効電力を制御する．
電力用コンデンサ	遅れ無効電力を供給する．連続的調整はできない．周波数または電圧の低下時に調相容量が (2) する．
(3)	遅れ無効電力を消費する．ケーブル系統の (4) 補償やフェランチ効果の制御に用いられる．
静止形無効電力補償装置（SVC）	遅れ無効電力の変動分を高速で補償できる．リアクトル電流の位相制御を行う方式のものでは，無効電力を (5) に変化させることができる．電圧フリッカの対策にも用いられる．

系統電圧を調整できる機器は，無効電力を発生あるいは吸収することにより電圧調整を行うものと，変圧器のように変圧比で電圧を昇圧・降圧する機器に分けられる．

前者に属する機器には，同期発電機，同期調相機，電力用コンデンサ，分路リアクトル，静止形無効電力補償装置があり，後者によるものには負荷時タップ切換変圧器や配電線路用自動電圧調整器がある．

（1）同期発電機

同期発電機は有効電力の発生が本来の目的であるが，励磁電流の大きさを変化させることにより，遅れ無効電力の供給（過励磁），消費（不足励磁）を行い，系統電圧を調整することができる．

この励磁電流の制御は，**自動電圧調整装置（AVR）**，もしくは**無効電力調整**

装置（AQR）により行われる．

（2）同期調相機

　同期調相機は，同期電動機を無負荷で運転し励磁電流を調整することにより，発電機とまったく同じように電圧制御を行うことができ，速応度も高く，また制御も連続的に行える特長を有する．

（3）電力用コンデンサ

　電力用コンデンサは，系統の遅れ力率を改善し，電圧降下を小さくするために用いられる．

　制御はコンデンサ群の入・切により行うため，段階的な制御となる．

　建設費が安いこと，損失が小さいこと，運転・保守が容易であるなどの特長を有しているため広く用いられているが，周波数や電圧が低下すると無効電力が減少する．

（4）分路リアクトル

　分路リアクトルは，電力用コンデンサとは逆に，系統の進相無効電力を補償し，電圧上昇を小さくする．

　近年，超高圧地中送電線の増大に伴い，ケーブルに直接接続し，ケーブルの進相電流（充電電流）を補償し，系統の電圧上昇を防止するためにも用いられている．

（5）静止形無効電力補償装置（SVC）

　コンデンサまたはコンデンサとリアクトルとを組合せ，無効電力をサイリスタで高速に調整するものである．（4.7節参照）

　サイリスタでリアクトルに流れる電流を位相制御する方式のものでは，コンデンサ容量との関係内で，遅相，進相無効電力の連続的な調整が可能となる．

　SVCは，当初その高速性によりアーク炉などで発生するフリッカ防止対策として使用されてきたが，最近では電力系統の安定度の向上や電圧維持の効果などが期待されるようになってきた．

【解答】　(1) 励磁電流（界磁電流）　　(2) 減少　　(3) 分路リアクトル
　　　　　(4) 充電電流（充電容量）　　(5) 連続的

ここが重要

(1) 適正電圧の維持
　電気事業法では，標準電圧100Vで101±6 V，標準電圧200Vで202±20 Vを超えない値に維持することが定められている．

(2) 発電所での電圧調整
発電機の励磁電流を増加させると電圧が上昇し，減少させると電圧が低下する．
　励磁電流を低下させる低励磁運転のことを進相運転と呼ぶこともある．

(3) 変電所での電圧調整
① 負荷時タップ切換変圧器で変圧比を変える．
② 調相設備（電力用コンデンサ，分路リアクトル，同期調相機，SVC）で無効電力を調整する．

(4) 配電線の電圧調整
① 柱上変圧器の変圧比を変える．
② 線路用自動電圧調整器（SVR）を線路途中に設置する．
③ 需要設備の力率改善用コンデンサは，電圧降下を小さくする効果がある．

演 習 問 題

【問題1】
　次の文章は，電力系統の電圧・無効電力制御に関する記述である．文中の□□□に当てはまる最も適切な語句を解答群の中から選びなさい．
　電力系統の電圧は，時々刻々変化する需要および供給力の変化に伴い変動す

る．また，電圧の変動は，需要家における機器の正常な使用，供給者における系統の安定な運用に支障をきたす．このため電力系統の電圧・無効電力制御が必要となる．

a. 変電所等には，電力用コンデンサや分路リアクトルを設置している．電力用コンデンサは， (1) 無効電力負荷であり，系統の電圧が低下すると無効電力の容量が (2) する等の特性があり，また (3) ができない．
一方，分路リアクトルは (4) 無効電力負荷であり，深夜等の軽負荷時における電圧上昇を抑制するために用いている．

b. また，変圧器には， (5) 電圧調整器を設置し，母線電圧を適正な電圧に調整している．

〔解答群〕

(イ) 同　期　　(ロ) 進　相　　(ハ) 不連続制御

(ニ) 補　償　　(ホ) 連続制御　(ヘ) 零　相

(ト) 断続制御　(チ) 増　減　　(リ) 高調波

(ヌ) 負荷時　　(ル) 増　加　　(ヲ) 減　少

(ワ) 正　相　　(カ) 遅　相　　(ヨ) 逆　相

【問題2】

次の文章は，電力系統の電圧・無効電力制御に関する記述である．文中の［　　］に当てはまる語句を解答群の中から選びなさい．

a. 電圧・無効電力制御の目的は，各発変電所における (1) を運転基準値内に制御するとともに， (2) を低減することによって送電損失を抑制するほか，定常時の電圧安定度上の余裕度を高め，過渡的事故や負荷急変時の電圧回復を迅速に行うことである．

b. 電圧・無効電力制御の方法は，変圧器の負荷時タップ切換制御と調相設備の制御ならびに (3) の自動電圧調整（AVR）運転または自動無効電力調整（AQR）運転の組合せによって行われる．

c. 電圧・無効電力制御の方式は，大きく分けて個別制御方式と (4) 方式とがある．前者の制御方式は，各発変電所ごとに発電機，変圧器又は調相設備を個別に制御する方式である．後者の制御方式は，系統内の各発変電所の運用に関する (5) 情報に基づき，各発変電所を総合的に調整

する方式で，中央給電指令所などの計算機より直接各発変電所の個別制
御装置を自動制御するものである．

〔解答群〕

(イ) 有効電力　　(ロ) 通　話　　(ハ) 発電機

(ニ) 協調制御　　(ホ) 無効電力　　(ヘ) 周波数

(ト) 変圧器　　(チ) オンライン　　(リ) スケジュール制御

(ヌ) 母線電圧　　(ル) 遮断器　　(ヲ) 負　荷

(ワ) オフライン　　(カ) 負荷電流　　(ヨ) 中央制御

【問題3】

　次の文章は，電力系統における電力用コンデンサおよびリアクトルに関する
記述である．文中の　　　　に当てはまる最も適切なものを解答群の中から選び
なさい．

a. 電力系統において，地中ケーブルの拡大などによる (1) の増大に伴い，
軽負荷時に受電端電圧が送電端電圧より上昇する (2) 現象が発生する
ことがある．この対策として (3) を投入し，電圧および無効電力調整
を行う．

b. 配電系統において，力率改善， (4) の抑制，電力損失の低減などを目
的に並列コンデンサが使われている．力率改善のために使用する場合，
負荷の有効電力を P [kW]，力率を $\cos\theta_1$ とし，コンデンサ設置の前後
で有効電力が一定であるとき，力率を $\cos\theta_2$ に改善するために必要な並
列コンデンサの容量は (5) kvar となる．

〔解答群〕

(イ) $P(\tan\theta_1 - \tan\theta_2)$　(ロ) 電圧上昇　　(ハ) $P(\sin\theta_1 - \sin\theta_2)$

(ニ) 抵抗　　(ホ) 過電圧　　(ヘ) 系統容量

(ト) トラッキング　　(チ) 直列リアクトル　　(リ) 電圧降下

(ヌ) フェランチ　　(ル) $P(\cos\theta_1 - \cos\theta_2)$ (ヲ) 分路リアクトル

(ワ) 電圧不安定　　(カ) 静電容量　　(ヨ) 消弧リアクトル

●問題1の解答●

(1) － (ロ)，(2) － (ヲ)，(3) － (ホ)，(4) － (カ)，(5) － (ヌ)

●問題 2 の解答●

(1) － (ヌ)，(2) － (ホ)，(3) － (ハ)，(4) － (ヨ)，(5) － (チ)

●問題 3 の解答●

(1) － (カ)，(2) － (ヌ)，(3) － (ヲ)，(4) － (リ)，(5) － (イ)

図の電力ベクトル図より，コンデンサ容量 Q_c は，

$$Q_c = P \tan \theta_1 - P \tan \theta_2$$
$$\quad = P(\tan \theta_1 - \tan \theta_2)$$

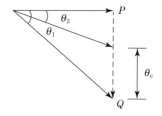

第4章 施設管理

4.4 中性点接地方式

 要点

1. 中性点接地の目的

中性点接地方式は，主に地絡事故時における異常電圧の発生と地絡電流の大きさに影響するものである．中性点には次のような目的で接地が施される．

(1) 1線地絡事故などによる異常電圧の発生を抑制し，電線路や機器類の絶縁レベルの低減を図る．

(2) 地絡事故が発生した場合，保護継電器（リレー）を確実に動作させて，災害の波及拡大を防止する．

(3) 消弧リアクトル接地方式では，1線地絡事故時の地絡電流を瞬時に自然消滅させて，送電の継続を可能にする．

2. 中性点接地方式の種類と特徴

(1) 直接接地方式

系統の中性点を直接導体で接地する方式であり，187 kV 以上の系統はすべてこの方式である．

① 1線地絡事故時の健全相の対地電圧はほとんど上昇しない．

② 地絡電流が他の方式に比べて最も大きく，地絡保護が容易である．

③ 地絡電流が大きいため，通信線への電磁誘導障害が大きく，また過渡安定度が悪くなる．

【注】過渡安定度とは負荷の急変，地絡，短絡事故などの過渡時においても安定度を保ちうる能力をいう．（4.1 節参照）

(2) 抵抗接地方式

抵抗器を介して中性点を接地し地絡電流を制限するもので，22 ～ 154 kV の送電系統に採用されている．直接接地方式と次に述べる非接地方式の中間的な性質となる．

① 直接接地方式に比べて，健全相の対地電圧が上昇する．

② 直接接地方式に比べて，通信線への誘導障害は軽減される．

③ 地絡電流が小さくなるので，事故検出機能は低下する．

【注】抵抗接地方式の 1 線地絡電流は 100 ～ 400 A 程度に設定されるものが多く，接地抵抗が数十 Ω のものを低抵抗接地方式，100 ～ 1 000 Ω のものを高抵抗接地方式と呼ぶことがある．

(3) 非接地方式

系統の中性点を接地しない方式で，6.6 kV の高圧配電系統などに採用される．

① 1 線地絡時の健全相の対地電圧は定常的には線間電圧値まで上昇する．また，条件によっては**間欠アーク**を発生し，異常電圧を生じるおそれがある．

② 地絡電流が小さいので，通信線への誘導障害は小さい．

③ 地絡電流が小さく，高感度の保護継電器が必要になる．

【注】6.6 kV の配電用変電所では，地絡時に発生する零相電圧を検出するため，**接地変圧器（EVT）**の二次側を△接続し，その一部を開放する，いわゆるオープンデルタ回路に検出用の抵抗を接続してある．この値は高圧側換算で20 kΩ 程度である．したがって，非接地とはいえ，厳密には非常に高い抵抗で接地している状態になっている．（第1図参照）

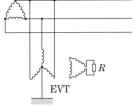

第1図　接地変圧器（EVT）

(4) 消弧リアクトル接地方式

系統の中性点に送電線路の対地静電容量に相当するリアクトルを挿入して接

地する方式であり，66 ～ 110 kV の系統の一部に採用されている．

　地絡事故時には，並列共振によって零相インピーダンスを無限大とすることで地絡電流を零にする原理である．

① 地絡電流は最も小さく，アークの自然消弧を期待できる．

② 通信線への誘導障害は最小である．

③ 地絡電流が小さく，高感度の保護継電器が必要になる．

(5) 補償リアクトル接地方式

　ケーブルが長くて静電容量が大きな系統などでは，1 線地絡電流の値を小さくするため，第 2 図のように，三相変圧器の中性点と大地を並列接続された抵抗器とリアクトルでつなぐ方式があり，66 ～ 154 kV の系統で採用されている．この接地方式を補償リアクトル接地方式と呼んでいる．

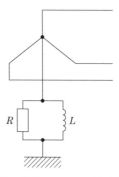

第 2 図 補償リアクトル接地方式

基本例題にチャレンジ

非接地，直接接地，抵抗接地および消弧リアクトル接地の中性点接地方式において，電線路の 1 線地絡時の地絡電流が小さいものから大きいものの順に左から右に並んでいるのは次のうちどれか．

(1) 直接接地，消弧リアクトル接地，抵抗接地，非接地

(2) 非接地，消弧リアクトル接地，抵抗接地，直接接地

(3) 非接地，抵抗接地，消弧リアクトル接地，直接接地

(4) 消弧リアクトル接地，直接接地，抵抗接地，非接地

(5) 消弧リアクトル接地，非接地，抵抗接地，直接接地

　各種の中性点接地方式の基本的な特性を比較し第1表に示す.

第1表　中性点接地方式の基本特性

接地方式 項　目	非接地	直接接地	抵抗接地	消弧リアクトル 接地
地絡電流の大きさ	小	大	中	極小
地絡時に健全相に現れる電圧	大	小	中	大

　1線地絡時の電圧，電流については，第3図の回路およびその地絡点Pに鳳・テブナンの定理を適用した第4図で基本的な性質が理解できる.

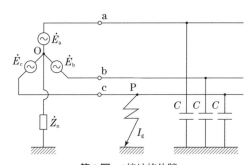

第3図　1線地絡故障

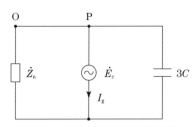

第4図　1線地絡故障時の等価回路

（1）直接接地方式

① 第5図のように，地絡電流 I_g は，（相電圧）／（線路インピーダンス）となり，三相短絡電流に相当する大電流が流れる．

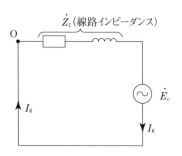

第5図 直接接地方式

② 中性点 O が零電位に維持されるので，健全相の対地電圧は相電圧のままである．

（2）非接地方式

① 第6図のように中性点が開放された回路になるので，地絡電流は対地静電容量に流れる電流になる．

② 地絡した P 点の電位が零に保たれるので，他の相の対地電圧は線間電圧となる．

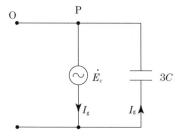

第6図 非接地方式の等価回路

（3）抵抗接地

直接接地と非接地の中間的な特性になる．抵抗値が低いと直接接地に，抵抗値が高いと非接地に特性が近づく．

（4）消弧リアクトル接地

① 第7図のように中性点のインダクタンス L と線路の対地静電容量 $3C$ を並列共振させる条件にするので，地絡電流は原理的には零になる．

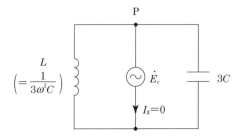

$$\left(= \frac{1}{3\omega^2 C}\right) \quad L \qquad P \qquad \dot{E}_c \qquad 3C$$

$$I_g = 0$$

第7図　消弧リアクトル接地方式の等価回路

② 地絡した P 点の電位が零に保たれるので，他の相の対地電圧は線間電圧となる．

【解答】　(5)

応用問題にチャレンジ

次の文章は，中性点抵抗接地方式に関する記述である．文中の □ に当てはまる語句を記入しなさい．

中性点抵抗接地方式は，わが国の 154 kV 以下の電力系統に広く採用されている方式で，中性点に抵抗器を通して接地し，地絡事故時の ⬚(1) を抑制するので，地絡継電器の事故検出機能は ⬚(2) 方式より低下する．これを補うために ⬚(3) と ⬚(1) を組み合わせることが多い．抵抗接地系では ⬚(1) は大きくないが，地絡瞬時には送電線の ⬚(4) の影響を受けて大きな過渡突入電流が流れるので，特に ⬚(5) 系統では地絡継電器に時間遅れをもたせるなどの配慮が必要である．

やさしい解説

中性点の接地方式は，地絡事故時の異常電圧の抑制，事故点や故障設備の損傷軽減，地絡アークに対する消弧作用ならびに地絡継電器の確実な動作などを考慮して定められており，直接

接地，抵抗接地，消弧リアクトル接地，非接地方式に大別される．また，都市部のケーブル系統では，ケーブルの静電容量に流れる電流の一部をキャンセルさせるよう，中性点に抵抗とリアクトルを並列に挿入する補償リアクトル接地方式もある．

抵抗接地方式は，変圧器の中性点を，抵抗器を介して接地する方式で，直接接地方式に比べて1線地絡電流が小さくなり，通信線に対する電磁誘導障害が軽減されるので22〜154 kV系統に広く採用されている．この反面，故障電流が小さくなるので地絡事故の検出は直接接地方式よりも難しくなる．このため，地絡事故時に現れる零相電圧と地絡電流を組み合わせて地絡事故を検出することが多い．

中性点に挿入する抵抗値は，

① 通信線に対する電磁誘導障害を支障のない程度に抑える．

② 地絡継電器が動作して，故障回線の選択遮断が確実に期待できる程度の大きさの地絡故障電流にするものとし，普通，地絡電流として数百A，抵抗値としては数百〜1 000 Ω程度としている．

抵抗接地方式では，地絡瞬時には過渡現象で系統の静電容量に大きな電流が流れる．したがって，静電容量の大きなケーブル系統では，地絡検出に時間遅れをもたせるなどの配慮が必要になる．

【解答】 (1) 地絡電流　(2) 直接接地　(3) 零相電圧
　　　　 (4) 対地静電容量　(5) ケーブル

中性点接地方式の種類と特徴を第2表に示す.

第2表 中性点接地方式の種類と特徴

項　目	直接接地方式	抵抗接地方式	消弧リアクトル接地方式	非接地方式
地絡電流値	最大	中	最小	小
地絡事故時の健全相の対地電圧	平常と変わりなし	相電圧の$\sqrt{3}$倍	同　左	相電圧の$\sqrt{3}$倍を超える場合もある
1線地絡時の自然消弧	自然消弧不能	同　左	大部分自然消弧	対地充電電流が小さい系統では,かなり自然消弧する
保護方式	地絡電流が大きいので確実,高速度に選択遮断できる	高感度地絡継電器により選択遮断できる	自然消弧できないものは,並列の抵抗器を投入して選択遮断する	高感度地絡継電器によって選択遮断する
その他	地絡電流が大きいので通信線への電磁誘導電圧が高くなりやすい	抵抗器電流が大きい場合,通信線への電磁誘導電圧が高くなる場合がある	直列共振による異常電圧が発生する場合がある	間欠アーク地絡による異常電圧が発生する場合がある
適用	187 kV 以上	22 ～ 154 kV	66 ～ 110 kV	33 kV 以下

演　習　問　題

【問題1】

次の　　　　の中に当てはまる語句を記入しなさい.

電路の　(1)　の確実な動作の確保, 　(2)　の抑制および　(3)　の低下を図るため, 電路の中性点に接地工事を施す場合がある.

　この場合，接地極は，故障の際にその近傍の　(4)　との間に生じる　(5)　により人もしくは家畜または他の工作物に危険を及ぼすおそれがないように施設しなければならない．

【問題2】

　次の文章は，高圧配電線における中性点非接地方式に関する記述である．文中の　　　に当てはまる語句を解答群の中から選びなさい．

a．非接地方式は，接地方式に比べて1線地絡故障時の地絡電流が十数アンペア以下と小さいので，高圧線と低圧線との混触が起こった場合の　(1)　の上昇を容易に抑制でき，通信線に対する　(2)　障害もほとんど問題とならない利点がある．ただし，接地方式に比べて1線地絡故障時の　(3)　が高くなるので，高圧配電線路の絶縁レベルは高くしなければならない，

b．他方，非接地方式では，1線地絡故障を確実に検出し，これを除去するため，高感度保護リレーを用いて6kΩ程度の　(4)　事故まで検出し，配電用変電所において，事故が発生した配電線を　(5)　している．

〔解答群〕

　（イ）電圧調整　　（ロ）線間電圧　　（ハ）低抵抗地絡
　（ニ）出力調整　　（ホ）直接地絡　　（ヘ）低圧側対地電圧
　（ト）高抵抗地絡　（チ）地絡点電位　（リ）電磁誘導
　（ヌ）サージ電圧　（ル）健全相対地電圧　（ヲ）電　波
　（ワ）選択遮断　　（カ）高調波　　（ヨ）二次電圧

●問題1の解答●

　(1) 保護装置　(2) 異常電圧　(3) 対地電圧　(4) 大地　(5) 電位差

●問題2の解答●

　(1)－（ヘ），(2)－（リ），(3)－（ル），(4)－（ト），(5)－（ワ）

　6.6kVの配電系統では，一般に高感度保護リレーを用いて地絡検出感度（地絡点における検出可能な地絡抵抗値）6 000Ω程度の高抵抗地絡事故まで検出できるようにしている．

243

第4章 施設管理

4.5 短絡容量の抑制対策

 **要点**

　近年，発電機の並列台数の増加や連系の強化等により電力系統が拡大する傾向にあり，これに伴って系統の短絡容量が大きくなってきている．

　短絡容量が遮断器の遮断容量より大きくなると，遮断器は短絡電流を遮断できず，広範囲の大停電を長時間にわたって引き起こすおそれがある．また，短絡電流が過大になることは，短絡電磁力の増大や誘導障害の面からも好ましくない．このため，次のような短絡容量の抑制対策がとられている．

(1) 高インピーダンス機器の採用

　系統のインピーダンスの大部分は発電機や変圧器によるものであるから，これらの機器を高インピーダンスにすることにより短絡電流を減少させることができる．

　ただし，インピーダンスを大きくしすぎると安定度が低下し，電圧変動が増加することに注意が必要である．

(2) 限流リアクトルの設置（第1図参照）

　送電線に直列に限流リアクトルを設置する方法で，直列リアクトル方式ともいう．

　これにより，送電線の見かけ上の誘導リアクタンスが大きくなり，短絡電流を抑制できる．

　ただし，(1)と同様に安定度が低下し，電圧変動が増加する欠点がある．

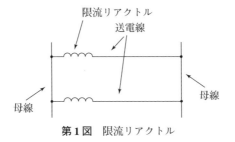

第1図　限流リアクトル

(3) 上位電圧系統の採用

第2図の例のように上位の電圧系統（500 kV 系統）を導入し，既設の系統
（275 kV 系統）を分割する方法である．

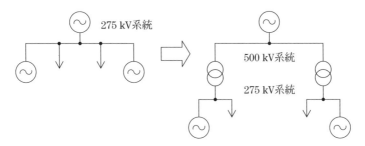

第2図　上位電圧系統の採用による既設系統の分割

(4) 母線で系統を分割する（第3図参照）

変電所の母線で系統を分離する方式で，次の二とおりがある．

(a) 変電所の母線で系統を常時分割しておく．

(b) 常時は連系しておくが，短絡事故が発生した場合に連系用の遮断器を開
放し，系統を分離させる．

(5) 交流系統を分割し中間に直流系統を挿入する（第4図参照）

直流系統で交流系統間を連系した場合には，連系線に流れる電流は交直変換
装置で制御するので連系系統間に短絡電流は流れず，短絡容量を減少させるこ
とができる．

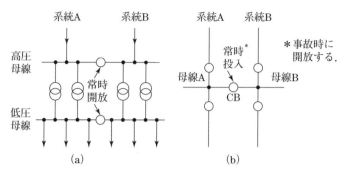

第3図　系統分割方式

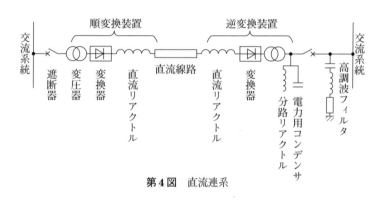

第4図　直流連系

基本例題にチャレンジ

電力系統の短絡容量軽減対策として，誤っているのは次のうちどれか．

(1) 系統または母線の分割

(2) 直列コンデンサの採用

(3) 高インピーダンス機器の採用

(4) 直流連系の採用

(5) 高次電圧系統の導入による低次電圧系統の分割

　　　　　短絡容量を軽減するための一つの方法が，事故点から電源側を見たインピーダンスを大きくして，短絡電流を小さくすることで，(1)，(3)，(5) の

方法がこれに該当する.

　直列コンデンサは,第5図のように線路にコンデンサを挿入し,線路のリアクタンスを

$$X = X_{\mathrm{L}} - X_{\mathrm{C}}$$

のように小さくするもので,短絡電流は増大する.

　直列コンデンサは,安定度の向上や電圧変動の低減のために用いられる.

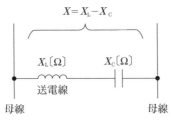

$$X = X_{\mathrm{L}} - X_{\mathrm{C}}$$

$X_{\mathrm{L}}\,[\Omega]$　　$X_{\mathrm{C}}\,[\Omega]$

送電線

母線　　　　　　　　　母線

第5図　直列コンデンサ

【解答】　(2)

応用問題にチャレンジ

　次の文章は,短絡容量の抑制対策に関する記述である.文中の□□□に当てはまる語句を記入しなさい.

　短絡容量は系統の規模の拡大に伴って増加するが,短絡容量が (1) の遮断容量を上回るような場合には,その取替が必要になる.また,短絡電流が過大になると過熱や (2) の増大による機械的強度上の問題,あるいは付近の通信線に対する (3) 障害についての配慮も必要になる.

　短絡容量を抑制するには,機器のインピーダンスの増加,直列 (4) の採用,系統分割,直流連系の採用などの方法があるが,高インピーダンスにすると (5) の低下や電圧変動が増加することについて注意が必要である.

定格遮断電流は遮断器が遮断可能な限度の電流値である．遮断器の遮断容量は，

$$遮断容量＝\sqrt{3}×（定格電圧）×（定格遮断電流）$$

で表される．したがって，遮断容量は，その遮断器を適用できる系統の三相短絡容量の限度を示すものである．

短絡容量（短絡電流）が大きくなると，

① 通電部分の温度上昇が大きくなる．

② 導体間やコイル間に働く，短絡電流による電磁力が大きくなる．

③ 近接する通信線に対する電磁誘導電圧が大きくなる．

④ 故障電流が大きくなるので，事故点の損傷が甚大になる．

のような問題が発生する．

短絡容量が大きくなるのは，その点から見た電源側のインピーダンスが小さくなるためであるから，

① 系統の安定度が増加する．

② 電圧の変動が小さくなる．

のような利点もある．

【解答】 (1) 遮断器 (2) 短絡電磁力 (3) 電磁誘導
(4) リアクトル (5) 安定度

電力系統の短絡容量抑制対策は次のとおりである．

(1) 高インピーダンス機器の採用

発電機，変圧器などを高インピーダンス機器にする．

(2) 限流リアクトルの設置

送電系統に限流リアクトルを直列に接続する．

(3) 上位電圧系統の採用

上位の電圧系統を導入して，既設系統を分割する．

(4) 系統の分割

変電所の母線で系統を分割する.

(5) 直流系統による連系

直流系統を介在させて, 交流系統間を連系する.

演 習 問 題

【問題】

次の文章は, 短絡容量抑制対策に関する記述である. 次の◻◻◻の中に当てはまる語句を解答群から選びなさい.

電力系統の拡大に伴い短絡容量が増加し, それが遮断器の ⎦(1)⎦ を上回ると, 系統の短絡事故時に事故電流を遮断できなくなり, 故障区間の除去に時間がかかり, 停電が広範囲, 長時間に及ぶおそれがある. このため, 次のような短絡容量抑制対策が実施されている.

a. 発電機や変圧器などに ⎦(2)⎦ 機器を採用する.

b. 送電線に直列に ⎦(3)⎦ を設置する.

c. 現在採用されているよりも上位の ⎦(4)⎦ を導入し, 既設系統を分割する.

d. 短絡電流を伝搬しない ⎦(5)⎦ により交流系統を分割する.

〔解答群〕

（イ）ケーブル系統　　（ロ）大容量　　　　　（ハ）遮断容量
（ニ）絶縁変圧器　　　（ホ）低インピーダンス（ヘ）直列コンデンサ
（ト）高インピーダンス（チ）限流リアクトル　（リ）短絡容量
（ヌ）分路リアクトル　（ル）電圧階級　　　　（ヲ）系統連系
（ワ）直流連系　　　　（カ）消弧リアクトル　（ヨ）定格容量

●問題の解答●

(1) － (ハ), (2) － (ト), (3) － (チ), (4) － (ル), (5) － (ワ)

第4章 施設管理

4.6 瞬時電圧低下の影響と対策

要点

1. 瞬時電圧低下

　電力系統を構成する送配電線に雷害などにより故障が発生すると，事故箇所の除去・回復のために高速度再閉路や回線切換が行われるが，故障が除去されるまでは，故障点を中心に電圧が低下する．この現象を**瞬時電圧低下**と呼び停電とは区別して取り扱われている．

　瞬時電圧低下の継続時間は系統によって異なるが 0.07 ～ 2 秒程度である．

2. 需要家機器への影響と対策

　瞬時電圧低下は電圧低下の度合いと継続時間によっては需要家設備に悪影響を与える．特に，コンピュータ，交流用電磁開閉器，可変速電動機，高輝度放電ランプ（HID ランプ），不足電圧継電器などの機器が受ける影響が大きい．第 1 表にそれぞれの機器の影響と対策を示す．

第1表 瞬時電圧低下による影響と対策

No	機　　器	瞬時電圧低下の影響	影響を受ける電圧降下率	影響を受ける電圧低下の継続時間	主な対策
(1)	大形コンピュータ，パソコン，マイコン等	機能停止・誤作動・入力中のメモリ消失など．	30%以上	0.05 s以上	蓄電池と組合せた**無停電電源装置（UPS または CVCF）**を設置する．
(2)	**交流用電磁開閉器**	電磁力が低下し，接点の接触が不安定になる．	50%以上	0.01 s以上	制御電源を直流電源にする．コンデンサを接続し**遅延釈放特性**をもたせる．
(3)	**パワーエレクトロニクス応用可変速電動機**	サイリスタの位相角制御で転流失敗（電源短絡）を起こし機器が停止する．	15%以上	0.01 s以上	電圧低下時に動作を停止させてロック状態にし，電圧が復帰した後に，自動的に正常運転に戻す瞬時電圧低下対策を施す．
(4)	**高輝度放電ランプ（HID ランプ）**	いったん放電が切れると，発光管が冷えるまで再点灯できない．	15%以上	0.05 s以上	高電圧パルスを発生させてランプを再点灯させる瞬時再点灯形に取り替える．
(5)	**不足電圧継電器**	不足電圧を検知し不必要な動作をする．	20%以上	1 s以上	動作時間を遅らせる．

3. 電力系統側での防止対策

　瞬時電圧低下の主な原因は落雷で，これを皆無にすることは不可能であるから，電圧低下の発生頻度を極力減らし，電圧低下の度合いおよび停電時間をできるだけ少なくする方策が実施される．具体的な方法は次のとおりである．

　(1) 架空地線の多条化や避雷器の設置により雷害の防止を図る．

(2) 事故除去の高速度化を図る. ただし, 現状では3.5 サイクル (0.07 秒程度) が最速である.

(3) 系統を分割し影響を受ける範囲を少なくする.

(4) 地中化を行い雷の被害を防ぐ.

基本例題にチャレンジ

特別高圧架空送電線路の雷害対策として, 誤っているのは次のうちどれか.

(1) アークホーンの設置

(2) 遮断速度の向上

(3) ダンパの設置

(4) 架空地線の設置

(5) 絶縁の強化

やさしい解説　　　　アークホーンは, 雷撃時にがいしに沿って発生するアークをがいし表面から離し, アーク熱でがいしが破損することを防止するものである. 接地側のアークホーンは鉄塔に取り付けられているので, アークホーン間にアークが発生すると地絡状態になり, 遮断器が開放し無電圧になってアークが消弧するまで継続する.

架空地線は, 鉄塔頂部に取り付けられる接地した電線で, 電力線が雷の直撃を受けないように遮へいするものである.

絶縁の強化により, 雷害を受ける頻度が少なくなる.

遮断速度の向上は, 直接的な耐雷対策ではないが, 雷撃により故障が生じた場合に, 故障区間を高速に遮断し安定度を維持する効果がある.

ダンパは, 電線の振動を防止する装置である.

【解答】　(3)

応用問題にチャレンジ

次の文章は，電力系統における瞬時電圧低下に関する記述である．文中の□□に当てはまる語句を記入しなさい．

　電力系統に異常が発生した場合，異常発生部分を除去するが，電力系統から異常発生部分を切り離す極めて短い時間に他の電力系統に瞬時電圧低下が発生する．この瞬時電圧低下の主な原因は <u>(1)</u> によるものであり，このような異常が <u>(2)</u> で発生するとその影響は広範囲に及ぶ．

　瞬時電圧低下による需要家設備に対する具体的な影響については以下のようなものがある．

　a．電子機器に使われている <u>(3)</u> は，許容電圧変動範囲を逸脱すると動作が保証されない．

　b．工場で使用される電動機の開閉装置として一般に使用される交流用電磁開閉器は，瞬時電圧低下により <u>(4)</u> を生じ，電源が正常に復帰してもそのままとなるものがある．

　c．HIDランプは，安定点灯中に電圧低下によりいったん消灯すると消灯直後の内部の <u>(5)</u> が高く，放電開始電圧が高くなって再点灯できない．再始動可能な状態になるまで数分を要する．

　架空送配電線では事故の大部分は雷害などによるフラッシオーバである．このような事故では事故区間を遮断し事故点の電流をなくした後，アークの消えるのを待ってから遮断器を再投入すると，絶縁が回復して元どおり送電できることが多い．

　このため，継電器により遮断した後，ある時間をおいて自動的に遮断器を投入することが行われており，これを**再閉路**と呼んでいる．再閉路にはいろいろな方式があるが，0.5～1秒程度の無電圧の後に再閉路する方式を**高速度再閉路**と呼んでいる．

　需要家の電気設備の受ける影響と対策は次のとおりである．

(1) コンピュータ，OA 機器など
① 影響：機能の停止，メモリの消失が発生する．
② 対策：蓄電池と組合せた無停電電源装置（UPS または CVCF）を設置する．

(2) 交流用電磁開閉器
① 影響：接点が開放する．
② 対策：遅延釈放方式，タイマ挿入方式などで動作を遅らせる．

(3) サイリスタなどで制御している電動機
① 影響：電動機が停止する．
② 対策：蓄電池と組合せた無停電電源装置（UPS または CVCF）を設置する．電圧低下時に動作を停止させてロック状態にし，電圧が復帰した後に，自動的に正常運転に戻す瞬時電圧低下対策を施す．

(4) 高輝度放電ランプ（HID ランプ）
① 影響：消灯する．
② 対策：ランプ消灯時に高圧パルスを発生させてランプを点灯する瞬時再点灯形に取り替える．

(5) 不足電圧継電器
① 影響：不必要な動作をする．
② 対策：製品および機器保護の許容限度内で，継電器の動作時間を遅らせる．

【解答】 (1) 落雷　(2) 超高圧送電系統　(3) 電子デバイス
(4) 接点開放　(5) 蒸気圧

1. 瞬時電圧低下

　送配電線に雷害などにより故障が発生すると，故障が除去されるまでの 0.07 〜 2 秒程度は，故障点を中心に電圧が低下する．これを**瞬時電圧低下**という．

2. 需要家機器への影響と対策

需要家の電気設備の受ける影響と対策は次のとおりである．

(1) コンピュータ，OA 機器など

　機能の停止，メモリの消失が発生するので，蓄電池と組合せた無停電電源装置（UPS または CVCF）を設置して電源を確保する．

(2) 交流用電磁開閉器

　接点が開放するので，遅延釈放方式やタイマ挿入方式などで動作を遅らせる．

(3) サイリスタなどで制御している電動機

　電動機が停止するので，電圧低下時に動作を停止させて，電圧が復帰した後に，自動的に正常運転に戻す瞬時電圧低下対策を施す．

(4) 高輝度放電ランプ（HID ランプ）

　消灯するので，ランプ消灯時に高圧パルスを発生させてランプを点灯する瞬時再点灯形に取り替える．

(5) 不足電圧継電器

　不必要な動作をするので，継電器の動作時間を遅らせる．

3. 電力系統側での防止対策

　次のような方法があるが，技術面，効果面および費用面で多くが望めず，負荷設備側での対策が望まれる．

(1) 架空地線の多条化や避雷器の設置による雷害防止を図る．

(2) 事故除去の高速度化を図る．

(3) 系統を分割し影響を受ける範囲を少なくする．

(4) 地中化を行う．

演 習 問 題

【問題1】

　次の文章は，負荷設備における瞬時電圧低下対策に関する記述である．文中の◯◯に当てはまる語句を解答群の中から選びなさい．

　電力系統においては，送電線への落雷などの場合，保護継電器が動作して遮断器が開放し，　(1)　されるまでの短時間（100 ms 程度）の瞬時電圧低下は免れない．この瞬時電圧低下に対する対策としては，技術的および経済的な理由から電力系統側だけでなく，負荷側においても次のような対策をとることが必要である．

　　a．コンピュータなどの機器に対しては，　(2)　電源装置の設置
　　b．工場等の電動機に対しては，　(3)　形電磁開閉器やロック機能付き電力変換装置の採用
　　c．受電設備では，　(4)　継電器の動作整定時間の調整
　　d．照明用高圧放電ランプでは，電圧低下によりランプが消えたときにパルスを出して瞬時点灯を図る　(5)　放電ランプの採用

〔解答群〕
　　（イ）不足電圧　　　　（ロ）再閉路　　　（ハ）瞬時動作
　　（ニ）電子スタート形　（ホ）無停電　　　（ヘ）定周波
　　（ト）比例動作　　　　（チ）事故復旧　　（リ）瞬時再点灯形
　　（ヌ）周波数低下　　　（ル）遅延釈放　　（ヲ）定電流
　　（ワ）事故除去　　　　（カ）電圧調整　　（ヨ）ラピッドスタート形

【問題2】

　次の文章は，電力系統に発生する瞬時電圧低下に関する記述である．文中の◯◯に当てはまる最も適切なものを解答群の中から選びなさい．

　瞬時電圧低下は，電力系統の各種事故により，系統の電圧が瞬間的に低下するために発生するものであり，コンピュータが停止するなどの影響を与えることがある．

　瞬時電圧低下は，送電鉄塔または架空地線に落雷した場合，鉄塔電位が上昇

し，$\boxed{(1)}$が発生し，地絡事故となり発生する．また，雪害等により相間短絡が発生した場合は，より大きな瞬時電圧低下となる．

瞬時電圧低下に対する系統側での対策は，送電線に落雷等により地絡または相間短絡が生じた場合，$\boxed{(2)}$が動作して遮断器が開放し，事故箇所を系統から極めて短時間で切り離すことなどが実施されている．

負荷側での対策は，瞬時電圧低下によって影響を受ける負荷設備によって，次のものが挙げられる．

・無停電電源装置がないコンピュータの場合，電源部（直流部分）に$\boxed{(3)}$を接続する．

・$\boxed{(4)}$を使用している電動機等に対しては，$\boxed{(4)}$を遅延釈放方式のものや，自己保持機能を有するものにする．

・パワーエレクトロニクス素子を使用している可変速電動機に対しては，制御方式を電圧低下時にはコンバータまたはインバータを$\boxed{(5)}$にし，電圧復帰後自動的に正常運転に戻す方式とする．

〔解答群〕

（イ）フラッシオーバ　（ロ）電磁開閉器　（ハ）区分開閉器
（ニ）真空開閉器　（ホ）ロック状態　（ヘ）気中開閉器
（ト）過負荷状態　（チ）オープン状態　（リ）逆フラッシオーバ
（ヌ）遮へい　（ル）保護リレー　（ヲ）断路器
（ワ）リアクトル　（カ）バイパス装置　（ヨ）電　池

●問題1の解答●

(1) － (ワ)，(2) － (ホ)，(3) － (ル)，(4) － (イ)，(5) － (リ)

●問題2の解答●

(1) － (リ)，(2) － (ル)，(3) － (ヨ)，(4) － (ロ)，(5) － (ホ)

第4章 施設管理

4.7 フリッカとその対策

 要点

1. フリッカとは

　配電線にアーク炉や溶接機のような変動負荷が接続されると，負荷電流の変動に伴って線路の電圧が変動する．この電圧変動が頻繁に繰り返されると電灯，蛍光灯およびテレビ画面の明るさにちらつきを生じ，人の眼に不快感を与えるようになる．これを**フリッカ（電圧フリッカ）**という．

　ちらつきを感じる程度は，電圧変動の割合と変動周波数によって異なるが，ちらつきの周波数が **10 Hz** のときが最も敏感であるとされている．このため電圧変動は 10 Hz の成分に補正した電圧変動値（ΔV_{10}）で評価・管理され，その許容値を超えた場合にフリッカの対策が必要となる．

2. フリッカの抑制対策

　フリッカの抑制対策は系統側とフリッカ発生設備側におけるものに分けられるが，主な対策は次のとおりである．

（1）系統側での対策

① 供給配電線を専用線とし，一般負荷と分離する．
② 電線を太線化する．
③ 直列コンデンサを設置する．
④ **低圧バンキング方式**を採用する．
⑤ **三巻線補償変圧器**により，三次巻線から一般負荷へ，二次巻線からアーク炉へ専用供給するような系統を構成する．

（2）フリッカ発生側での対策

① アーク炉用変圧器の一次側に直列リアクトルを挿入し，アーク電流の急増を抑制する．

② **静止形無効電力補償装置（SVC）** を設置する．

基本例題にチャレンジ

配電線におけるフリッカ対策として，適当でないのは次のうちどれか．

（1）フリッカの原因となる機器が接続される配電線を専用線とする．

（2）低圧幹線にバンキング方式を採用する．

（3）直列コンデンサを設置する．

（4）電線を太いものに張り替える．

（5）線路用自動電圧調整器を取り付ける．

やさしい解説

フリッカは，溶接機や電気炉および多数の小形電動機の頻繁な始動・停止など不規則で瞬時的な負荷変動による電圧変動が原因で生じる．

第1図のような三相線路の電圧・電流の関係は第2図のベクトル図で表され，負荷電流 I による電圧降下 e は次式で表される．

$$e = V_s - V_r \fallingdotseq \sqrt{3}I(R\cos\theta + X\sin\theta)$$

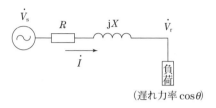

（遅れ力率 $\cos\theta$）

第1図

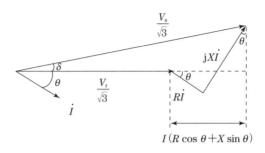

第2図

　直列コンデンサは等価的に線路リアクタンス X を小さくし，配電線の太線化は線路抵抗 R が小さくなるので，ともに電圧変動を小さくすることができる．また，第3図のバンキング方式は，フリッカ発生機器から見た系統インピーダンスが小さくなり，フリッカ防止に効果がある．

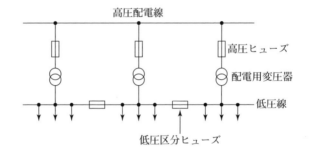

第3図　バンキング方式

　フリッカ発生機器用線路の専用線化は，一般負荷が直接電圧変動を受けないので，フリッカ防止対策になる．
　線路用自動電圧調整器（SVR）は単巻変圧器を原理とした昇圧器で，配電線路の途中に設置して，その点の電圧に応じてタップを切り換えて電圧の昇圧幅を調整している．SVR は，タップ切換器の制約で，定常的あるいはゆっくりした電圧変動には対応できるが，フリッカを発生するような瞬時的な電圧変化には追従することができない．

【解答】 (5)

応用問題にチャレンジ

次の文章は配電線の電圧変動に関する記述である．文中の ☐ に当てはまる語句を記入しなさい．

高圧配電線からアーク炉などの変動負荷に電力を供給する場合，供給地点の (1) 容量が小さい場合，配電線電圧が変動して他の需要家の照明などにちらつきを生じることがある．これを (2) 障害という．この対策として，電源側としては配電線を (3) とすることや電線の太線化などがある．また，負荷側においてはアーク炉用変圧器の (4) に直列リアクトルを設置したり，電力用コンデンサとサイリスタを組み合わせた装置により (5) を制御して (2) を低減させる方法がある．

配電線路の受電点から見たインピーダンスが大きい場合は，短絡電流および短絡容量が小さくなる．したがって，インピーダンスが大きい（小さい）ことを，短絡容量が小さい（大きい）と表現する場合がある．

アーク炉や溶接機などでは負荷電流の変動が激しく，それに伴ってこれらに電力を供給する高圧配電線の電圧が変動し，他の需要家の照明やテレビ画像にちらつき（フリッカ）を生じることがある．これは電源の短絡容量が小さい（高圧配電線のインピーダンスが大きい）ほどその影響が大きい．

フリッカに対する電源側の対策には次のような方法がある．

① 高圧配電線を専用線化や太線化する．

② 供給電圧を格上げし，電源側の短絡容量を大きくする．

③ 直列コンデンサを挿入して，見かけ上の短絡容量を大きくする．

負荷側の対策には次のような方法がある．

① アーク炉用変圧器の一次側に直列リアクトルを設置し，アーク電流の急変を抑制する．特に，過電流域でのリアクタンスが急増する特性を有する**可飽和リアクトル**が効果的である．

② 静止形無効電力補償装置（SVC：Static Var Compensator）を設置し，無効電力を高速で調整して電圧変動を補償する．SVCには次のような方式のものがある．

a. サイリスタでコンデンサを開閉する方式

第4図 (a) のように，コンデンサに直列にサイリスタを接続し，アーク炉の負荷変動量に応じた適正量のコンデンサを負荷に並列に投入し，電圧変動を抑制するものである．オンオフ制御であるので，同期調相機のように連続制御ができない欠点がある．

b. サイリスタによりリアクトルの容量を制御する方法

第4図 (b) のように同容量のコンデンサとリアクトルを並列に接続し，サイリスタでリアクトルに流れる電流の位相を制御して電圧変動を抑制する．無効電力量を連続的に調節できる利点がある．

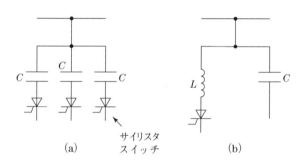

第4図　静止形無効電力補償装置

【解答】 (1) 短絡　 (2) フリッカ　 (3) 専用線　 (4) 一次側（電源側）
(5) 無効電力

フリッカは，溶接機や電気炉および多数の小形電動機の頻繁な始動・停止など不規則で瞬時的な負荷変動による電圧変動が原因で生じるもので，次のような対策がある．

(1) 系統側での対策

　① 供給配電線の専用線化，太線化

　② 直列コンデンサの設置

③ 三巻線補償変圧器の採用

④ 低圧バンキング方式の採用

(2) フリッカ発生設備側での対策

① 直列リアクトルの設置

② 静止形無効電力補償装置の設置

演 習 問 題

【問題1】

次の文章は，電力系統における電圧変動についての記述である．文中の　　　に当てはまる語句または数値を解答群の中から選びなさい．

アーク炉が接続されている電力系統では，照明やテレビにちらつきが発生することがあるが，これを　(1)　という．これはアーク炉の急激な　(2)　の繰り返しにより電圧が頻繁に変動するためである．

　(1)　は，電圧変動の周波数成分を人間が最も感じやすいとされる　(3)　Hzの成分に補正した数値で管理され，その許容値を超えた場合に対策することが必要となる．対策としては，　(4)　を設置して，　(2)　のうち　(5)　の変動分を補償することが行われている．

〔解答群〕

（イ）LDC 　　　　（ロ）瞬時電圧低下 　　（ハ）10

（ニ）有効電力 　　（ホ）電圧フリッカ 　　（ヘ）周波数変動

（ト）無効電力 　　（チ）皮相電力 　　　　（リ）電圧変動

（ヌ）50 　　　　　（ル）SVC 　　　　　　（ヲ）高調波障害

（ワ）負荷変動 　　（カ）20 　　　　　　　（ヨ）LRT

〔備考〕

LDC：線路電圧降下補償器

SVC：静止形無効電力補償装置

LRT：負荷時電圧調整変圧器

【問題2】

次の文章は，電力系統における電圧フリッカの現象とその防止対策に関する記述である．文中の□□□に当てはまる最も適切な語句を解答群の中から選びなさい．

製鋼用アーク炉などの変動負荷が (1) の小さい系統に接続されると，その負荷電流による (2) のため系統の電圧が変動する．この現象を電圧フリッカと呼んでいる．この負荷変動が頻繁に繰り返されると同じ変電所から供給される一般需要家の白熱電灯，蛍光灯などの照明にちらつきを生じ，このちらつきが著しい場合はこれらを利用している人に不快感を与えることになる．

フリッカ防止対策は，発生側で行う対策と電力供給側で行う対策に分けられる．

発生側（製鋼用アーク炉）で行う対策例としては，

① アーク炉の電流変動を抑制するため，アーク炉の電路に (3) を挿入する．

② アーク炉の無効電力変動分を吸収するため，アーク炉の電路にSVCを設置する．

などがある．

一方，電力供給側で行う対策例としては，

① アーク炉をもつ需要に対して，(1) の大きい系統から電力を供給する．または，上位電圧階級の系統に切り替えてアーク炉をもつ需要に電力を供給する．

② 一般需要家への影響を軽減するため，アーク炉をもつ需要を一般供給系統と分離して，(4) で電力を供給する．

③ アーク炉をもつ需要に供給する電路の途中に (5) を挿入し，見かけ上の (1) を増大させる．

などがある．

〔解答群〕

(イ) 予備力　　　　(ロ) 分路リアクトル　　　(ハ) 電圧感度

(ニ) 安定度　　　　(ホ) スポットネットワーク　(ヘ) 短絡容量

(ト) 専用線　　　　(チ) 電圧降下　　　　　　(リ) 可飽和リアクトル

(ヌ) 地中ケーブル　(ル) 電圧上昇　　　　　　(ヲ) 遮断器

（ワ）直列コンデンサ　　（カ）アークホーン　　　（ヨ）避雷器

●問題 1 の解答●

(1) － （ホ），(2) － （ワ），(3) － （ハ），(4) － （ル），(5) － （ト）

●問題 2 の解答●

(1) － （ヘ），(2) － （チ），(3) － （リ），(4) － （ト），(5) － （ワ）

第4章　施設管理

4.8 誘導障害とその対策

要点

　送電線が，これに近接する通信線等に対して誘導電圧を生じ，または誘導電流を流して，通信機能に障害を与えたり，さらに人体に危害を与える場合があり，これらを総称して**誘導障害**といっている．

　誘導障害には，静電的に現れるものと電磁的に現れるものがある．

1. 静電誘導障害と対策

(1) 静電誘導障害

　電気回路的には，電力線と通信線間の静電容量によって通信線に電圧が誘導されるものである．

　第1図のような場合には，通信線には①式の電圧 E_s が誘導される．電力線の各相の相電圧を $\dot{E}_a$, $\dot{E}_b$, $\dot{E}_c$ とすると，

$$\dot{I}_a + \dot{I}_b + \dot{I}_c = j\omega C_a(\dot{E}_a - \dot{E}_s) + j\omega C_b(\dot{E}_b - \dot{E}_s) + j\omega C_c(\dot{E}_c - \dot{E}_s)$$

$$= j\omega C \dot{E}_s$$

$$\therefore \quad \dot{E}_s = \frac{C_a\dot{E}_a + C_b\dot{E}_b + C_c\dot{E}_c}{C_a + C_b + C_c + C} \qquad \cdots\cdots①$$

　静電誘導については，「電気設備技術基準の解釈」の第52条第5項で，特別高圧架空電線路から電話線に誘導する電流について，次のように規定している．

　　①　使用電圧が 60 000 V 以下の場合は，電話線路のこう長 12 km ごとに，規定の式で計算した誘導電流が 2 μA を超えないように

266

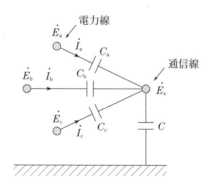

第1図　静電誘導

すること.

② 使用電圧が 60 000 V を超える場合は，電話線路のこう長 40 km ごとに，規定の式で計算した誘導電流が 3 μA を超えないようにすること.

また，送電線下の人体等への誘導については，「電気設備技術基準」第27条において次のように規定している.

① 特別高圧の架空電線路は，通常の使用状態において，静電誘導作用により人による感知のおそれがないよう，地表上 1 m における電界強度が 3 kV/m 以下になるように施設しなければならない.

(2) 静電誘導障害の低減対策

① 遮へい線を設ける.

② 通信線に，接地した金属被覆をもつケーブルを使用する.

③ 電力線または通信線をねん架する.

④ 電力線と通信線との離隔距離を大きくする.

2.　電磁誘導障害と対策

(1) 電磁誘導障害

電気回路的には，電力線と通信線間の相互インダクタンスによって通信線に電圧が誘導されるものである. 送電線に近接する通信線は，送電線から見れば変圧器の二次回路のような存在で，通信線に誘起される電磁誘導電圧 V は，

M：送電線と通信線の相互インダクタンス〔H〕

I　：線電流〔A〕

ω：送電線の電源の角周波数〔rad/s〕

とすると②式で表される.

$$\dot{V} = \mathrm{j}\omega M\,(\dot{I_{\mathrm{a}}} + \dot{I_{\mathrm{b}}} + \dot{I_{\mathrm{c}}}) \qquad\qquad \cdots\cdots ②$$

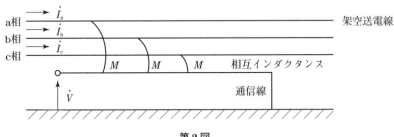

第2図

　三相電力線が完全に対称形に配置され平衡電流が流れていれば，$\dot{I_{\mathrm{a}}} + \dot{I_{\mathrm{b}}} + \dot{I_{\mathrm{c}}} = 0$ で電磁誘導による障害は生じない. しかし，1線地絡時のような故障の場合は各相に同相の電流成分である零相電流が流れるため，通信線に電圧を誘導する.

(2) 電力系統側での電磁誘導障害の低減対策

① 地絡電流が小さい中性点接地方式（消弧リアクトル接地，高抵抗接地等）を採用する.

② 故障を高速に除去する.

③ 架空地線に，鋼心アルミより線等の導電率の良いものを採用する.

④ 架空送電線のねん架や逆相配列を採用する.

(3) 通信線側での電磁誘導障害の低減対策

① 通信線にアルミ被誘導遮へいケーブルのような特殊な遮へいケーブルを採用する.

② 通信線の途中に中継コイルなどを挿入し，誘導電圧を分割または軽減する.

③ 避雷器や遮へい線を設ける. 遮へい線の導電率は大きい方が良い. また, その接地抵抗値は小さい方が良い.

④ 通信線を地中化する.

基本例題にチャレンジ

架空送電線下の静電誘導に関する次の記述のうち, 誤っているのはどれか.

(1) 架空送電線下の静電誘導に関して最も考慮すべきことは, 線下の人に対する電撃の防止である.

(2) 特別高圧架空電線路は, 田, 畑, 山林などに施設する場合を除き, 地表上 1 m における電界強度が 3 kV/m 以下となるように施設しなければならない.

(3) 送電線の地上高を高くすると, 静電誘導は小さくなる.

(4) 2回線送電線においては, 両回線の電圧相順を同相順にした方が逆相順とするより静電誘導は小さい.

(5) 送電線の下に遮へい線を設置すると, 静電誘導は小さくなる.

やさしい解説　　静電誘導による障害で最も重要なものは人体に対する電撃である. このため, 電気設備技術基準第27条（架空電線路からの静電誘導作用又は電磁誘導作用による感電の防止）で問題文の (2) のように規定している.

静電誘導を小さくするにはいろいろな方法があるが, 2回線が垂直配置されている送電線では, 両回線の相順を逆にすると良い.

【解答】 (4)

応用問題にチャレンジ

次の文章は, 電線路が通信線に及ぼす電磁誘導作用に関する記述である. 次の ☐ の中に当てはまる語句を記入しなさい.

a. 電磁誘導によって通信線に誘起される電圧には，次の3種類がある．

  ① 異常時誘導電圧

    送電線の　(1)　によって生じるもの．

  ② 常時誘導電圧

    常時の負荷電流の各相の　(2)　および各相導体と通信線との離隔の不整によって生じるもの．

  ③ 誘導雑音電圧

    送電線を流れる常時の　(3)　に起因して生じるもの．

b. 電磁誘導障害を低減するため，電線路と通信線との離隔距離の拡大，架空電線のねん架等のほか，通信ケーブルにおける対策としては，　(4)　被誘導遮へいケーブルの採用，通信ケーブルの　(5)　が広く実施されている．

やさしい解説

    電磁誘導によって通信線に誘起される電圧には次の3種類がある．

    (1) 異常時誘導電圧

送電線の地絡事故や断線事故などにより流れる零相電流によって生じる電圧であり，中性点接地方式や事故形態によっては大きな誘導電圧が発生する．

送電線の1線地絡事故時の電磁誘導電圧制限値は，中性点直接接地方式の超高圧送電線の場合には 430 V（0.1 秒），その他の送電線では 300 V を基準としている．

(2) 常時誘導電圧

常時の各相電流（$\dot{I}_a$, $\dot{I}_b$, $\dot{I}_c$）の不平衡，送電線と通信線の相互インダクタンス（M_a, M_b, M_c）のアンバランスなどによって生じる電圧である．

実際には，各相の電流がほぼ平衡しており，かつ送電線の線間距離に対して通信線の離隔距離が大きく，各相の相互インダクタンスのアンバランスは小さいため，誘導障害を生じることは少ない．

(3) 誘導雑音電圧

電流中に含まれる高調波成分によって生じる電圧であり，特に 100 〜 1 000

Hz のものは通信線に雑音を生じる．

【解答】　(1) 地絡電流　(2) 不平衡　(3) 高調波電流　(4) アルミ
　　　　　(5) 地中化

1. **誘導障害に関する「電気設備技術基準」および「電気設備技術基準の解釈」の条文**
　電気設備技術基準：第 16 条，第 27 条，第 42 条
　電気設備技術基準の解釈：第 50 ～ 52 条，第 124 条，第 204 条

2. **静電誘導障害の低減対策**
　①　遮へい線を設ける．
　②　通信線に，接地した金属被覆をもつケーブルを使用する．
　③　電力線または通信線をねん架する．
　④　電力線と通信線との離隔距離を大きくする．

3. **電磁誘導障害の低減対策**
（1）電力系統側での対策
　①　地絡電流が小さい中性点接地方式を採用する．
　②　故障を高速に除去する．
　③　架空地線に，鋼心アルミより線等の導電率の良いものを採用する．
　④　ねん架や逆相配列を採用する．

（2）通信線側での対策
　①　通信線にアルミ被誘導遮へいケーブル等を採用する．
　②　通信線の途中に中継コイルを挿入する．
　③　避雷器や遮へい線を設ける．
　④　通信線を地中化する．

演 習 問 題

【問題】

次の文章は，電線路が通信線に及ぼす電磁誘導作用に関する記述である．文中の□の中に当てはまる語句を記入しなさい．

送電線による電磁誘導障害は，送電線と通信線間の (1) によるものである．常時は，三相の電流が平衡しているので影響は極めて少ないが，1線地絡故障時のように (2) 電流成分が含まれると通信障害が発生するおそれがある．特に中性点を (3) 接地した系統ではこの影響が大きい．

電磁誘導作用を軽減する対策としては，電力線と通信線との間に遮へい線を設ける方法がある．この場合，遮へい線の (4) は大きいほど効果が大きい．また，異常電圧から通信機を保護するために，通信線に (5) を取り付けて絶縁破壊を防止する方策もある．

●問題の解答●

(1) 相互インダクタンス　(2) 零相　(3) 直接　(4) 導電率

(5) 避雷器

4.9 高調波の影響と対策

 **要点**

　ダイオードやサイリスタなどを用いた非線形負荷は各種次数の高調波電流を発生し，これらエレクトロニクス応用機器の普及は，電力系統の高調波発生の主要原因になってきている．

　高調波は，通信線への誘導障害，コンデンサ等の過熱および継電器の誤動作等の影響を及ぼすためその低減が課題になってきている．

1.　高調波の発生原因

　高調波電流を発生する主な機器には，次のようなものがある．

(1) 変圧器，リアクトル，回転機など鉄心の磁気飽和の強い機器．

(2) アーク炉，高周波電気炉などの非線形負荷．

(3) シリコン整流器，サイリスタ等による交流－直流変換装置や交流電力調整装置，サイクロコンバータなどの電力変換装置．

(4) テレビ，パソコン，複写機，照明機器など整流回路が組み込まれた事務用・家庭用機器．

　例えば，テレビ，パソコン等に用いられる単相全波整流回路では第1図，大形複写機，汎用インバータなどに用いられる三相全波整流回路では第2図のような電流が交流回路に流れる．

2.　高調波の影響

　高調波が負荷機器に与える影響には，高調波電流が流入して異音，過熱，振動などを生じるものと，電圧に高調波が重畳して電圧波形にひずみを生じ，誤制御，誤動作を引き起こすものに大別される．具体

273

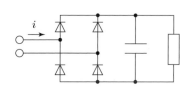
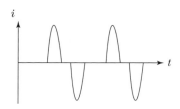

第1図　単相全波整流回路

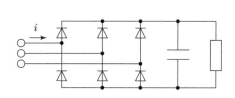
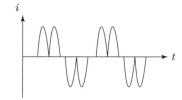

第2図　三相全波整流回路

的な例としては次のようなものがあげられる.

(1) 電力用コンデンサや直列リアクトルの焼損, 過熱, 振動, 騒音

(2) 誘導電動機の過熱, 振動, 騒音, 効率の低下

(3) ラジオやテレビの雑音発生や映像のちらつき

(4) ヒューズ, ブレーカなどの過熱, 誤動作

(5) 各種制御用機器の誤動作

3. 高調波対策

　高調波対策としては, 次のようなものがあるが, 高調波発生源で高調波電流の発生を抑制することが基本とされている.

　高調波抑制対策ガイドラインでは, 商用電力系統の高調波環境目標レベルは, 総合電圧ひずみ率において 6.6 kV の高圧配電系統5%, 特別高圧系統3%が妥当であるとされている.

(1) 発生機器側の対策

　① 整流回路の電源側または直流側にリアクトルを付ける. (第3図参照)

　② 高調波を吸収する交流フィルタを使用する.

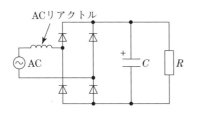 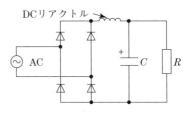

第3図　高調波対策リアクトル

③ 電力変換器を多相化（12相や18相など）し，できるだけ滑らかな波形
とする．

(2) 系統側の対策

① 高周波電流を発生する機器を，短絡容量の大きな系統（インピーダンス
の小さい系統）に接続し，高調波電圧の上昇を抑制する．

② 電力用コンデンサに直列リアクトルを設置し，高調波に対し誘導性とす
ることにより電力用コンデンサの過熱を防ぐとともに高調波の拡大を防
止する．一般的には，コンデンサ容量に対し6%の容量のリアクトルが
用いられる．

③ 高調波電圧の高い系統では，系統切り替えなどにより共振条件から外す．

基本例題にチャレンジ

配電系統に高調波を発生する原因となるものをあげた次の機器のうち，
誤っているのはどれか．

(1) コンデンサ
(2) 変圧器
(3) アーク炉
(4) 整流器
(5) サイクロコンバータ

コンデンサのリアクタンスは $1/\omega C$ で表され周波数に反比例して小さくなる．したがって，電圧波形に高調波成分が含まれると大きな電流が流れ異音や過熱などを生じる．

このようにコンデンサは，高調波の影響を受けやすい代表的な機器であるが，コンデンサ本体から高調波は発生しない．

変圧器は鉄心の磁気飽和やヒステリシスのため，正弦波の電圧を加えても第4図のような励磁電流が流れる．また，アーク炉はアークの不規則な断続とアーク自身の非線形の電圧－電流特性のため，整流器やサイクロコンバータは電流を高速で定常的に断続するため，いずれも高調波の発生原因となる．

【解答】 (1)

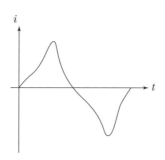

第4図　変圧器の励磁電流波形

応用問題にチャレンジ

次の文章は，工場などの負荷設備が電力系統に与える影響に関する記述である．文中の　　　の中に当てはまる語句を記入しなさい．

負荷設備が電力系統に与える影響としては，電気溶接機や電気炉などによって電圧が急激に変動して生じる (1) が知られているが，最近では，サイリスタを用いた整流器等から発生する (2) による電力用コンデンサ等への影響が問題となっている．

後者の負荷設備側の対策としては，整流回路の電源側または直流側に (3) を設ける方法や (2) を吸収する交流フィルタを使用する方法が挙げられる．交流フィルタには，インダクタンスと静電容量を組み合わせた (4) フィルタとインバータの原理で電源側の (2) 電流を補償する (5) フィルタがある．

やさしい解説

工場等の負荷設備の高調波電流抑制対策として交流フィルタの使用があげられる．

交流フィルタは，コンデンサとリアクトルを組み合わせた**L-Cフィルタ**（**受動フィルタ**または**パッシブフィルタ**とも呼ばれる．）と，インバータの原理で負荷の要求する高調波電流を注入して電源側の高調波成分を抑制する**アクティブフィルタ**（**能動フィルタ**とも呼ばれる．）がある．

(1) L-Cフィルタ

L-Cフィルタは，第5図のようにインダクタンス L と静電容量 C の共振現象を利用したフィルタで，単一の高調波成分の吸収に優れた同調フィルタと広い周波数で低い抵抗特性を持つ二次形高次フィルタが一般的である．

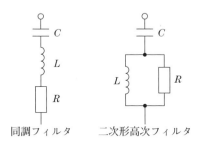

同調フィルタ　　二次形高次フィルタ

第5図 交流フィルタ

(2) アクティブフィルタ

アクティブフィルタは第6図のような電圧形汎用インバータと類似の構成で，第7図のように負荷電流 i_L のうちの高調波電流成分 i_C のみを系統に注入するものである．これにより，電源の電流 i_S を基本波のみとして高調波を抑制する．

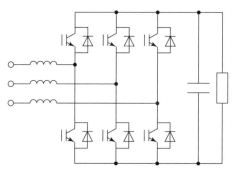

第6図　アクティブフィルタの主回路構成

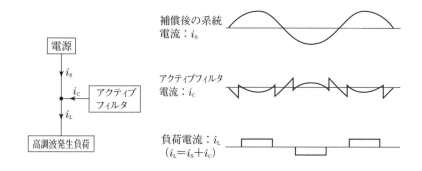

(a) 適用図

(b) 補償動作波形

第7図　アクティブフィルタの適用図

【解答】　(1) フリッカ　(2) 高調波　(3) リアクトル
　　　　(4) L-C（パッシブ，受動）　(5) アクティブ（能動）

ここが重要

1. 高調波を発生する主な機器

(1) 変圧器，リアクトル，回転機

(2) アーク炉，高周波電気炉

(3) 整流器，交流－直流変換装置，交流電力調整装置，
サイクロコンバータなどの電力変換装置

(4) テレビ，パソコン，複写機，照明機器など整流回路が組み込まれた事務用・家庭用機器

2. 高調波の影響

(1) 電力用コンデンサや直列リアクトルの焼損，過熱，振動，騒音
(2) 誘導電動機の過熱，振動，騒音，効率の低下
(3) ラジオやテレビの雑音の発生や映像のちらつき
(4) ヒューズ，ブレーカなどの過熱，誤動作
(5) 各種制御用機器の誤動作

3. 高調波対策

高調波発生源で高調波電流の発生を抑制することが基本とされている．

高調波抑制対策ガイドラインでは，6.6 kV 高圧配電系統の高調波環境目標レベルは，総合電圧ひずみ率5%とされている．

（1）発生機器側の対策

① 整流回路の電源側または直流側にリアクトルを設ける．
② 高調波を吸収する交流フィルタを使用する．
交流フィルタには L-C フィルタとアクティブフィルタがある．
③ 電力変換器を多相化する．

（2）系統側の対策

① 高周波電流を発生する機器を，短絡容量の大きな系統に接続する．
② 電力用コンデンサに直列リアクトルを取り付ける．
③ 高調波電圧の高い系統では，系統切り換えなどにより共振条件から外す．

演 習 問 題

【問題1】

次の文章は，電気の品質に関する記述である．文中の □ に当てはまる最

も適切なものを解答群の中から選びなさい.

a. 製鉄用アーク溶解炉などの負荷を短絡容量の小さな系統に接続した場合, 主に (1) の変動によって母線電圧が連続的に短い周期で不規則に変動する. これを (2) という. このとき, 同じ変電所の母線から供給される需要家の電灯, 蛍光灯などの照明にちらつきが生じて人に不快感を与えることがあり, この軽減対策の一つとして発生者がアーク溶解炉の供給回路に (3) を設置する方法が採用されている.

b. パワーエレクトロニクスを利用する機器の普及に伴って系統の高調波が増加し, その低減対策が大きな課題となってきている. このため, わが国では系統の高調波環境目標レベル (例えば, 6.6 kV 配電系統で総合電圧ひずみ率が (4) %) を維持するよう, (5) の電圧で受電する需要家に対して, その電気設備を使用することにより発生する高調波電流の抑制を目的として, 契約電力 1 kW 当たりの高調波流出電流の上限を定めたガイドラインが運用されている.

〔解答群〕

(イ) 3　　　　　　(ロ) 特別高圧　　　　(ハ) 進相コンデンサ
(ニ) 5　　　　　　(ホ) 電圧ディップ　　(ヘ) 高　圧
(ト) 位相角　　　(チ) 負荷時タップ切換変圧器　(リ) 高圧又は特別高圧
(ヌ) 電圧フリッカ　(ル) 可飽和リアクトル　(ヲ) 電圧脈動
(ワ) 無効電力　　(カ) 有効電力　　　　(ヨ) 8

【問題2】

次の文章は, 配電系統の電圧管理に関する記述である. 文中の □ に当てはまる最も適切なものを解答群の中から選びなさい.

配電系統における電気の品質確保の一環として, 電圧を適正に管理する必要がある. 管理の対象としては, 以下に示す電圧の値, フリッカ, 高調波などが挙げられる.

a. 供給電圧の値は, 需要家で使用する機器の性能に大きな影響を与えるため, 電気事業法施行規則で供給地点での電圧を次のように定めている.
・標準電圧 100 V の場合:101 ± 6 V
・標準電圧 200 V の場合:202 ± (1) V

　　　全ての需要家に対しこの範囲で供給するための対策として，変電所の送り出し電圧の調整や，配電線途中での［(2)］の設置などが挙げられる．

b.　配電線に［(3)］，溶接機，太陽光発電用パワーコンディショナ（PCS）などが接続されると，［(4)］時や運転中の負荷変動時，PCSの単独運転検出機能動作時などに線路電圧が変動し，照明の明るさにちらつき（フリッカ）が生じることがある．この抑制対策は基本的に発生源である機器側で行われるが，系統側での対策としては，電圧降下を低減するような電線サイズの設定，変圧器・配電線の専用化などが考えられる．

c.　整流器，［(3)］などの，非線形特性をもった負荷に電力を供給した場合，それらの機器から高調波が発生し，通信線への誘導障害，［(5)］への過電流，電気機器の誤作動などが発生するおそれがある．これらを防止するために，わが国では，系統電圧の総合ひずみ率が高調波環境目標レベル（6.6 kV 配電系統で5％，特別高圧系統で3％）を超えないよう，「高圧又は特別高圧で受電する需要家の高調波抑制対策ガイドライン」によって，発生源である機器側における高調波電流の限度値が定められている．

〔解答群〕

（イ）定格運転	（ロ）10	（ハ）区分開閉器
（ニ）30	（ホ）コンデンサ	（ヘ）分路リアクトル
（ト）20	（チ）電線	（リ）小形モータ
（ヌ）高圧水銀灯	（ル）線路電圧調整器	（ヲ）抵抗
（ワ）作業停止	（カ）起動	（ヨ）アーク炉

●問題1の解答●

(1)－（ワ），(2)－（ヌ），(3)－（ル），(4)－（ニ），(5)－（リ）

●問題2の解答●

(1)－（ト），(2)－（ル），(3)－（ヨ），(4)－（カ），(5)－（ホ）

第4章 施設管理

4.10 新しい発電方式

要点

1. 太陽光発電

太陽光は $1\ \mathrm{kW/m^2}$ に相当するエネルギーを有している．この太陽光を太陽電池に当てて電気を発生させるのが太陽光発電である．太陽電池はp形半導体とn形半導体を接合したもので，太陽光が当たると半導体の中に電子と正孔が発生し，内部電界によって電子はn形領域へ，正孔はp形領域へ引き寄せられて電圧が発生する．これに電極を取り付け，両端子間に負荷を接続すると電気が流れる．

太陽電池の種類については，一般的に安定した動作，高い信頼性，高い変換効率などによりシリコン太陽電池が主流となっている．

太陽電池発電の特徴は次のとおりである．

① 太陽光は，無償で無限に存在するエネルギーである．

② 直接電気エネルギーに変換され，物理的あるいは化学的な変化は生じない．

③ 発電エネルギー密度および変換効率が，発電規模の大小に影響を受けない．

④ 太陽光がある場所すべてに設置可能である．したがって，電気を使用する場所での発電（オンサイト発電）が可能で，送電時の電力損失が低減できる．

⑤ 発電による排出物，騒音がない．

⑥ システム構成が単純で，保守が容易である．

⑦ 他の発電方式と比較してエネルギー密度が低い．

⑧ 出力が直流である．電力系統への連系には，インバータや連系

保護装置が必要となる.
⑨　発電電力が天候の影響を受ける.
⑩　電気を蓄える機能はない.

2.　燃料電池発電

　燃料電池は，水素と酸素が反応して水になるときに発生する電気エネルギーを外部に取り出すシステムで，次のような特徴がある.
①　発電効率が $35 \sim 40\%$ と高い．また，発生する熱を有効利用したコージェネレーションシステムでは，総合効率が 80% にも達する.
②　発電システムの大きさは，効率にほとんど影響を与えないため，小形・分散配置に適している.
③　可動部分がなく騒音，振動がほとんど生じない．また，環境汚染物質の排出が少なくクリーンである.
④　燃料に天然ガス，LPG，メタノール，ナフサ，灯油等の多様な燃料が利用できる.
⑤　出力が直流である．電力系統への連系には，インバータや連系保護装置が必要となる.

3.　風力発電

　風力発電は風車を用い，風の運動エネルギーを機械的な回転エネルギーに変換し発電するものである.
　風力発電に使用する風車は，水平軸のプロペラ形が風力エネルギーの利用効率が高いなどの理由で多く用いられている.
　風力発電の特徴は次のとおりである.
①　発電のもととなる風力は，無償，無限に存在するエネルギーである.
②　発電時に有害な物質を排出しない.
③　主な設備は風車と発電機で比較的簡単な構造である.
④　出力を大きくするためには，風車の寸法を大きくする必要がある.
⑤　立地条件に制限を受ける.
⑥　単機容量が小さく，エネルギー密度が低い.
⑦　出力は天候に左右されやすい．風がないときには発電出力が大きく低下する.

283

4. 発電用風力設備に関する技術基準

「発電用風力設備に関する技術基準を定める省令」は，電気事業法第39条（事業用電気工作物の維持）および第56条（技術基準適合命令）の規定に基づく省令で，電気工作物のうち発電用風力設備を対象として定められた技術基準である．

「発電用風力設備に関する技術基準を定める省令」の主な条文は次のとおりである．

(a) 適用範囲（第1条）：抜粋

この省令は，風力を原動力として電気を発生するために施設する電気工作物について適用する．

(b) 取扱者以外の者に対する危険防止措置（第3条）：抜粋

風力発電所を施設するに当たっては，取扱者以外の者に見やすい箇所に風車が危険である旨を表示するとともに，当該者が容易に接近するおそれがないように適切な措置を講じなければならない．

(c) 風車（第4条）

風車は，次により施設しなければならない．

① 負荷を遮断したときの最大速度に対し，構造上安全であること．

② 風圧に対して構造上安全であること．

③ 運転中に風車に損傷を与えるような振動がないように施設すること．

④ 通常想定される最大風速においても取扱者の意図に反して風車が起動することのないように施設すること．

⑤ 運転中に他の工作物，植物等に接触しないように施設すること．

(d) 風車の安全な状態の確保（第5条）：抜粋

① 風車は，次の場合に安全かつ自動的に停止するような措置を講じなければならない．

    (i) 回転速度が著しく上昇した場合

    (ii) 風車の制御装置の機能が著しく低下した場合

② 最高部の地表からの高さが20 mを超える発電用風力設備には，雷撃から風車を保護するような措置を講じなければならない．ただし，周囲の状況によって雷撃が風車を損傷するおそれがない場合においては，この限りでない．

(e) 圧油装置及び圧縮空気装置の危険の防止（第6条）

発電用風力設備として使用する圧油装置及び圧縮空気装置は，次の各号により施設しなければならない．

① 圧油タンク及び空気タンクの材料及び構造は，最高使用圧力に対して十分に耐え，かつ，安全なものであること．

② 圧油タンク及び空気タンクは，耐食性を有するものであること．

③ 圧力が上昇する場合において，当該圧力が最高使用圧力に到達する以前に当該圧力を低下させる機能を有すること．

④ 圧油タンクの油圧又は空気タンクの空気圧が低下した場合に圧力を自動的に回復させる機能を有すること．

⑤ 異常な圧力を早期に検知できる機能を有すること．

(f) 風車を支持する工作物（第7条）

① 風車を支持する工作物は，自重，積載荷重，積雪及び風圧並びに地震その他の振動及び衝撃に対して構造上安全でなければならない．

② 発電用風力設備が一般用電気工作物又は小規模事業用電気工作物である場合には，風車を支持する工作物に取扱者以外の者が容易に登ることができないように適切な措置を講じること．

基本例題にチャレンジ

燃料電池は，　(ア)　などの燃料を　(イ)　に反応させることによりエネルギーを取り出すものである．　(ウ)　して利用すれば60〜80％程度の高い総合熱効率が得られる．

上記の記述中の空白箇所に記入する字句として，正しい組み合わせはどれか．

	(ア)	(イ)	(ウ)
(1)	石油	電気化学的	系統連系
(2)	石油	有機化学的	系統連系
(3)	石油	有機化学的	熱電供給
(4)	天然ガス	有機化学的	熱電供給
(5)	天然ガス	電気化学的	熱電供給

燃料電池は，第1図のような構成で，水素と酸素が反応して水になるときに発生する電気エネルギーを外部に取り出すもので，次の反応式で表される．

陰極（水素極）：$H_2 \rightarrow 2H^+ + 2e^-$

陽極（酸素極）：$2H^+ + \dfrac{1}{2}O_2 + 2e^- \rightarrow \ H_2O$

水素は天然ガスなどの燃料を改質器に導いて生成する．酸素は空気中の酸素を利用する．

燃料電池にはいろいろな種類があるが，りん酸形燃料電池，固体高分子形燃料電池および溶融炭酸塩形燃料電池などが実用化されている．

りん酸形燃料電池は，電解質としてりん酸水溶液を用いた燃料電池で，次の特徴がある．

① 都市ガス（天然ガス，メタンが主成分）を用いた発電装置が実用化されている．熱利用と組み合わせると総合効率80％も可能である．

② 運転温度が200℃程度で熱利用が容易である．

③ りん酸は化学的に安定で，取り扱いが容易である．

④ 天然ガスのほか，LPG，ナフサ，メタノール，灯油など多様な燃料を使用できる．

【解答】（5）

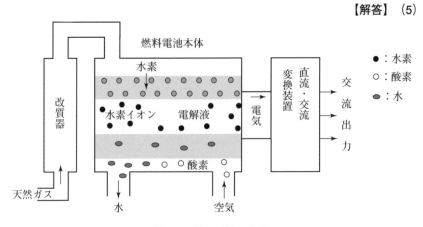

第1図 燃料電池の構成

応用問題にチャレンジ

次の文章は，太陽光発電および風力発電に関する記述である．文中の◻◻◻に当てはまる語句または数値を記入しなさい．

a. 太陽光発電は，発電に際して，二酸化炭素などの温室効果ガスや有害物質などを排出しないクリーンなエネルギーであるが，太陽電池の変換効率は ◻(1)◻ ％程度である．近年の太陽光発電システムには，電力会社の配電線と連系することによる利点を生かした系統連系システムがあり，個人住宅用への普及が進んでいる．

　また，太陽光発電システムは，昼間に発電できることから，電力系統から見た ◻(2)◻ への寄与も期待されている．

b. 風力発電は，太陽光発電と同様にクリーンなエネルギーであるが，風力エネルギーは不規則で ◻(3)◻ であることと，エネルギー密度が低いという特徴がある．

　最近は，風力発電設備の性能向上等により，風力発電の経済性の向上も期待できることから，各地で ◻(4)◻ が行われ，その結果に基づき，出力規模についての検討が進められている．また，風力発電が連系される電力系統によっては，◻(5)◻ 装置等の設置により，電力系統事故時に風力発電が単独運転になることの防止が図られている．

やさしい解説

1. 太陽光発電

（1）太陽電池の種類

　太陽電池の主流はシリコン太陽電池で，電力用には単結晶シリコン太陽電池および多結晶シリコン太陽電池が使用されている．

① 単結晶シリコン太陽電池

単結晶シリコン太陽電池は，変換効率が 15 ～ 20％程度で最も高いが，純度が高いシリコンが必要で高価である．

② 多結晶シリコン太陽電池

単結晶の太陽電池に比べて変換効率がやや低く 10 ～ 15％程度である．特性は単結晶シリコン太陽電池と同等であるが価格は安い．

(2) 太陽光発電の出力特性

太陽光発電は太陽光をエネルギー源とするため，発電電力は昼間にピークを生じる．この性質は冷房負荷の需要特性と一致する．近年，電力会社において，負荷平準化は電力コストを低減させていく上でますます大きな課題となってきており，太陽光発電のこのような性質は電力供給の負荷平準化に貢献するものとして期待されている．

2. 風力発電

(1) 風力発電の特徴

風力は無償で無限に存在するエネルギーであり，発電時に有害な物質を排出しないクリーンなエネルギー資源であるが，エネルギー密度が低く，出力が不規則で間欠的である欠点も有している．

(2) 風力発電の立地条件

風力発電に適した場所は，年間平均風速が高い所であるが，新エネルギー・産業技術総合開発機構は，気象庁のアメダスデータに独自の風況調査による計測データを補強して，風況マップを作成している．これは，風速のランク別に色分けした地図となっており，これにより大局的な強風・中風・弱風地帯が判定できる．この結果に基づき，出力規模についてクラス分けしている．

(3) 風力発電用発電機

風力発電用には誘導発電機が一般的に用いられる．

誘導発電機の主な特徴は次のとおりである．

① 構造が簡単で，価格が安い．

② 励磁電流を系統から取るため，系統に連系しないと発電できない．

③ 系統が停電すれば発電機として機能しないので運転は継続できない．ただし，同一系統内に力率改善用コンデンサなど容量性の負荷が存在する場合には，誘導発電機は自己励磁現象を引き起こして単独運転を継続し，周波数や電圧が異常になるおそれがある．そのような場合には，転送遮断装置を設置すること等の対策が必要となる．

【注】転送遮断装置は，第2図のように電力会社の配電用変電所の送り出し遮

断器が開放した場合に，その情報を分散型電源側の連系遮断器に伝送
し，連系遮断器を開路させる装置である．

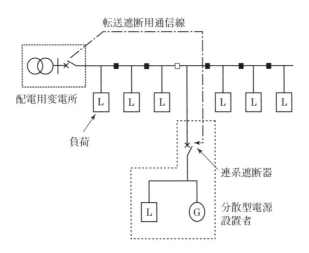

第2図 転送遮断装置

④ 発電機自体が遅れ無効電力を消費して系統の力率を悪くする．また，同
期発電機のように運転力率を調整することができない．

最近は，系統電圧変動抑制のため，大形の風力発電設備に同期発電機を使
用する場合が多い．同期発電機は，励磁電流を制御して運転力率を調整する
ことができるので，風速が変化し出力が変わっても電圧を調整することがで
きる．また，系統に並列するときは，同期装置を使用するので突入電流も少
ない．

【解答】 (1) 10 〜 20 　(2) 負荷平準化 　(3) 間欠的 　(4) 風況調査
　　　　(5) 転送遮断

1. 太陽光発電

太陽光を太陽電池に当てて電気を発生させるのが太陽光
発電である．

太陽電池は，一般的に安定した動作，高い信頼性，高い

変換効率などによりシリコン太陽電池が主流で，単結晶シリコン太陽電池，多結晶シリコン太陽電池および非結晶系シリコン太陽電池などに分類される．

太陽電池発電の主な特徴は次のとおりである．

① 太陽光は無償で無限に存在するエネルギー源であるが，エネルギー密度が低く，出力は天候の影響を受ける．

② システム構成が単純で保守が容易であるが，直流出力であるため系統連系にはインバータが必要である．

③ 発電エネルギー密度および変換効率が発電規模の大小の影響を受けないので，小容量の分散型電源に適している．

2. 燃料電池発電

燃料電池は，水素と酸素が反応して水になるときに発生する電気エネルギーを外部に取り出すシステムで，水素は天然ガスなどの燃料を改質器に導いて生成し，酸素は空気中の酸素を利用する．

燃料電池にはいろいろな種類があるが，りん酸形燃料電池，固体高分子形燃料電池および溶融炭酸塩形燃料電池などが実用化されている．

燃料電池の主な特徴は次のとおりである．

① 発電効率が $35 \sim 40\%$ と高い．また，発生する熱を有効利用したコージェネレーションシステムでは，総合効率が 80% にも達する．

② 発電システムの大きさは効率にほとんど影響を与えないので分散型電源に適している．

③ 可動部分がなく騒音，振動がほとんど生じない．また，環境汚染物質の排出が少なくクリーンである．

④ 燃料に天然ガス，LPG，メタノール，ナフサ，灯油等の多様な燃料が利用できる．

⑤ 出力が直流であるので，電力系統への連系には，インバータや連系保護装置が必要となる．

3. 風力発電

風力発電は風車を用い，風の運動エネルギーを機械的な回転エネルギーに変換し発電するもので，一般に水平軸のプロペラ形が多く用いられている．

風力発電の主な特徴は次のとおりである．

① 風力は無償で無限に存在するエネルギー源であるが，エネルギー密度が低く，出力は間欠的である．また，立地条件の制約がある．

② 発電時に有害な物質を排出せずクリーンである．

③ 設備は，風車と発電機のみで比較的簡単である．

④ 出力は天候に左右されやすく，風がないときには発電出力が大きく低下する．

発電機には，構造が簡単で価格が安い，誘導発電機が一般に用いられている．

誘導発電機は，系統が停電すれば発電機として機能しないので運転は継続できないが，同一系統内に容量性の負荷が存在する場合には，単独運転を継続し，周波数や電圧が異常になるおそれがある．

そのような場合には，転送遮断装置を設置するなどの対策が必要になる．

また，発電機自体が遅れ無効電力を消費して系統の力率を悪くする．

最近は，系統電圧変動抑制のため，大形の風力発電設備に同期発電機が使われる場合が多い．

演 習 問 題

【問題 1】

次の文章は，風力発電に関する記述である．文中の　　　　に当てはまる語句を記入しなさい．

風力発電は，新エネルギーの開発要請および環境問題の高まりからわが国においても導入が進められている．風力発電の発電機としては，構造が簡単，堅ろう，安価などの理由から一般的に　(1)　が採用されている．この型の発電機は，その原理上，無効電力を供給できないうえに自らも　(2)　を消費することから，それが連系している系統の　(3)　を低下させる要因になる．

また，この型の発電機は系統から励磁電流の供給を受けて発電しているので，系統が停止すれば発電機として機能しなくなり，単独運転はできない．しかし，同一系統内に　(4)　負荷が存在する場合等には，当該発電機を系統から切り離

さない限り，単独運転を継続し，周波数や電圧が異常になるおそれがある．そのおそれがある場合には， (5) の設置が必要となることもある．

【問題2】

　次の文章は，分散形電源およびその系統連系に係る技術的な要件に関する記述である．文中の □ に当てはまる最も適切な語句を解答群の中から選びなさい．

a. 太陽光発電や風力発電に代表される自然エネルギーを利用した分散形電源は，エネルギー (1) が小さく，一般的に小規模であることが多く，気象条件などに影響され出力の変動が大きいことなどの特徴がある．

b. これらの分散形電源が，電力系統に無秩序に連系されると， (2) 面および電力品質確保などの面から，当該分散形発電設備等の (3) 以外の者および電力設備に悪影響を及ぼすことがあるため，国は， (2) に関する技術的な要件を「電気設備技術基準の解釈」で示しており，また，電力品質に関する技術的な要件を「電力品質確保に係る系統連系技術要件ガイドライン（以下「ガイドライン」という.)」で定めている．

c. ガイドラインに定められている技術要件の一つに，瞬時電圧変動対策がある．風力発電で一般的に使われている誘導発電機は，系統並列時に瞬時電圧低下を引き起こし，系統電圧が所定値を超えるおそれがある．このような場合には，発電設備等の (3) において (4) 等を設置することが必要であり，また，これにより対応することができない場合には， (5) を用いるなどの対策が必要である．

〔解答群〕

(イ) 密　度	(ロ) 潜在量	(ハ) 損　失
(ニ) 保　安	(ホ) 同期発電機	(ヘ) 負荷時タップ切換装置
(ト) 設置者	(チ) 設　計	(リ) 分路リアクトル
(ヌ) 製　造	(ル) 設計者	(ヲ) 同期調相機
(ワ) 限流リアクトル	(カ) 需要家	(ヨ) 補償コンデンサ

【問題3】

　次の文章は，一般送配電事業者および配電事業者以外の者であって，高圧ま

たは低圧で受電する者が一般送配電事業者および配電事業者が運用する電力系統に発電等設備を連系する場合の基本事項に関する記述である．文中の◻◻に当てはまる最も適切なものを解答群の中から選びなさい．

高圧配電線路との連系は，発電等設備の一設置者当たりの電力容量が原則として (1) kW 未満（低圧配電線路との連系は， (2) kW 未満）である．

発電等設備の一設置者当たりの電力容量とは，発電等設備設置者における受電電力または系統連系に係る発電等設備の出力容量のうち，いずれか大きい方をいう．

発電等設備設置者における契約電力とは，常時の契約と (3) の契約電力（自家発補給電力等）の合計をいう．

また，発電等設備の出力容量とは，交流発電設備を用いる場合には，まずその (4) を指し，直流発電設備等で逆変換装置を用いる場合には，逆変換装置の (4) をいう．

なお，発電等設備の出力容量が契約電力に比べて極めて小さい場合（一般的には契約電力の (5) ％程度以下が目安）には，契約電力における電圧の連系区分より下位の電圧の連系区分に準拠して連系することができる．

〔解答群〕

（イ）換算出力　　（ロ）5 000　　（ハ）最大出力　　（ニ）25
（ホ）10 000　　（ヘ）700　　（ト）定格出力　　（チ）5
（リ）予　備　　（ヌ）500　　（ル）15　　（ヲ）2 000
（ワ）従　量　　（カ）50　　（ヨ）臨　時

【問題4】

次の文章は，「発電用風力設備に関する技術基準を定める省令」に基づく，事業用電気工作物として設置される発電用風力設備に関する記述である．文中の◻◻に当てはまる語句を解答群の中から選びなさい．

a．風力発電所を施設するに当たっては， (1) に見やすい箇所に風車が危険である旨を表示するとともに，当該者が容易に接近するおそれがないように適切な措置を講じなければならない．

b．風車は，次の各号により施設しなければならない．

① 負荷を遮断したときの (2) に対し，構造上安全であること．

② 風圧に対して構造上安全であること.

③ 運転中に風車に損傷を与えるような (3) がないように施設すること.

④ 通常想定される (4) においても取扱者の意図に反して風車が起動することのないように施設すること.

⑤ 運転中に他の工作物,植物等に接触しないように施設すること.

c. 風車は,次の各号の場合に安全かつ自動的に停止するような措置を講じなければならない.

① 回転速度が著しく上昇した場合

② 風車の (5) の機能が著しく低下した場合

〔解答群〕

(イ) 取扱者　　(ロ) 亀 裂　　　　(ハ) 起動風速　　(ニ) 最低風速

(ホ) 落 雷　　(ヘ) 最大速度　　(ト) 騒音防止装置　(チ) 衝 撃

(リ) 制動力　　(ヌ) 制御装置　　(ル) 避雷装置　　(ヲ) 設置者

(ワ) 最大風速　(カ) 取扱者以外の者　(ヨ) 振 動

【問題5】

次の文章は,「発電用風力設備に関する技術基準を定める省令」における,発電用風力設備に関する記述である.文中の 　　　　 に当てはまる最も適切なものを解答群の中から選びなさい.

a. 最高部の地表からの高さが 20 m を超える発電用風力設備には, (1) から風車を保護するような措置を講じなければならない.ただし,周囲の状況によって (1) が風車を損傷するおそれがない場合においては,この限りでない.

b. 発電用風力設備として使用する圧油装置及び圧縮空気装置は,次の各号により施設しなければならない.

① 圧油タンク及び空気タンクの材料及び構造は, (2) に対して十分に耐え,かつ,安全なものであること.

② 圧油タンク及び空気タンクは, (3) を有するものであること.

③ 圧力が上昇する場合において,当該圧力が (2) に到達する以前に当該圧力を低下させる機能を有すること.

④ 圧油タンクの油圧又は空気タンクの空気圧が低下した場合に圧力を自動

的に $\boxed{(4)}$ させる機能を有すること.

⑤ 異常な圧力を早期に検知できる機能を有すること.

c. 風車を支持する工作物は, $\boxed{(5)}$, 積載荷重, 積雪及び風圧並びに地震その他の振動及び衝撃に対して構造上安全でなければならない.

〔解答群〕

(イ) 鳥　　　　(ロ) 最高使用圧力の 1.5 倍の圧力　　(ハ) 表　示
(ニ) 回　復　　(ホ) 平均使用圧力　　　　　　　　　(ヘ) 難燃性
(ト) 気密性　　(チ) 風車ハブ高さにおける極値風　　(リ) 耐食性
(ヌ) 飛来物　　(ル) 最高使用圧力　　　　　　　　　(ヲ) 雷　撃
(ワ) 自　重　　(カ) 回転速度　　　　　　　　　　　(ヨ) 解　放

●問題1の解答●

(1) 誘導発電機　(2) 遅れ無効電力　(3) 電圧　(4) 容量性
(5) 転送遮断装置

●問題2の解答●

(1) ― (イ), (2) ― (ニ), (3) ― (ト), (4) ― (ワ), (5) ― (ホ)
電力品質確保に係る系統連系技術要件ガイドラインを参照.

●問題3の解答●

(1) ― (ヲ), (2) ― (カ), (3) ― (リ), (4) ― (ト), (5) ― (チ)
電力品質確保に係る系統連系技術要件ガイドラインを参照.

●問題4の解答●

(1) ― (カ), (2) ― (ヘ), (3) ― (ヨ), (4) ― (ワ), (5) ― (ヌ)
発電用風力設備に関する技術基準を定める省令第3条, 第4条を参照.

●問題5の解答●

(1) ― (ヲ), (2) ― (ル), (3) ― (リ), (4) ― (ニ), (5) ― (ワ)
発電力風力発電設備に関する技術基準を定める省令第5条〜第7条を参照.

第4章 施設管理

4.11 変圧器の損失と効率

 要点

1. 変圧器の損失

（1）無負荷損

　無負荷損は，変圧器が無負荷のときの損失で，その大部分はけい素鋼板の鉄損である．

　鉄損は，ヒステリシス損と渦電流損からなり，電圧および周波数が一定ならば，負荷の大小にかかわらず一定である．

　なお，無負荷損には鉄損の他に，励磁電流による巻線の抵抗損，絶縁物の誘電損などがある．

（2）負荷損

　負荷損は，巻線の抵抗によって生じる抵抗損とケースなどに発生する漂遊負荷損からなるが，その大部分は巻線による抵抗損であるため銅損とも呼ばれている．

　抵抗損はいわゆる I^2R 損失で，負荷電流の2乗に比例して増減するが，電圧が一定ならば負荷電流は負荷の皮相電力に比例するので，負荷損は皮相電力の2乗にほぼ比例する．

2. 規約効率

　変圧器の効率には，実際の測定によって求める実測効率と，規格で定められた方法で算出した**規約効率**があるが，一般には規約効率が用いられている．

　規約効率は①式で表され，定格二次電圧および定格周波数での（有

効出力）／（有効出力と全損失の和）の百分率で表される．なお，負荷損については指定された基準巻線温度に換算した値を用いる．

$$規約効率＝\frac{有効出力〔kW〕}{有効出力〔kW〕＋無負荷損〔kW〕＋負荷損〔kW〕}×100\,\% \quad \cdots\cdots①$$

3. 全日効率

②式で表される，変圧器を1日（24時間）運転したときの総合効率を**全日効率**という．

$$全日効率＝\frac{出力電力量〔kW\cdot h〕}{出力電力量〔kW\cdot h〕＋損失電力量〔kW\cdot h〕}×100\,\%$$

$$＝\frac{出力電力量〔kW\cdot h〕}{出力電力量〔kW\cdot h〕＋鉄損による電力量〔kW\cdot h〕＋銅損による電力量〔kW\cdot h〕}×100\,\% \quad \cdots\cdots②$$

基本例題にチャレンジ

定格容量 **100 kV·A** の変圧器があり，鉄損は **0.75 kW**，全負荷銅損は **1 kW** である．この変圧器を，1日を通じて8時間ずつ，全負荷，$\frac{3}{4}$ 負荷および無負荷で使用するものとすれば，全日効率〔%〕はいくらか．正しい値を次のうちから選べ．ただし，負荷の力率は **100 %** とする．

(1) 93.5　(2) 94.6　(3) 95.7　(4) 96.8　(5) 97.9

やさしい解説　　　　変圧器の全日効率 η_{d} は，

$$\eta_{\mathrm{d}}＝\frac{1日の全出力電力量\,W_1〔kW\cdot h〕}{1日の全入力電力量\,W_2〔kW\cdot h〕}×100\,\% \quad \cdots\cdots①$$

で表される．この変圧器の運転曲線は第1図のようになり，①式の1日の全出力電力量 W_1〔kW·h〕は，力率が100%であるから，

$$W_1 = 100 \times 8 + 75 \times 8 + 0 \times 8 = 1\,400\ \mathrm{kW \cdot h} \qquad \cdots\cdots ②$$

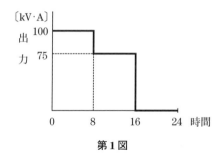

第1図

W_1 に損失電力量を加えた値が，全入力電力量 W_2 である．

鉄損については，無負荷時でも変圧器は電源に接続されているので1日中一定値となる．

したがって，鉄損による1日の損失電力量 W_{id} は，

$$W_{id} = 0.75 \times 24 = 18\ \mathrm{kW \cdot h} \qquad \cdots\cdots ③$$

銅損については，「銅損は電流の2乗に比例する」が，皮相電力と電流は比例するので，「銅損は皮相電力の2乗に比例する」と言い換えることもできる（ただし，電圧は一定とする）．

したがって，1日の銅損による損失電力量 W_{cd} は，

$$W_{cd} = 1 \times \left(\frac{100}{100}\right)^2 \times 8 + 1 \times \left(\frac{75}{100}\right)^2 \times 8 + 1 \times \left(\frac{0}{100}\right)^2 \times 8$$

$$= 12.5\ \mathrm{kW \cdot h} \qquad \cdots\cdots ④$$

全入力電力量 W_2 は，②～④式から，

$$W_2 = W_1 + W_{id} + W_{cd} = 1\,400 + 18 + 12.5 = 1\,430.5\ \mathrm{kW \cdot h}$$

$$\therefore\ \eta_d = \frac{1\,400}{1\,430.5} \times 100 = 97.9\ \%$$

【解答】（5）

応用問題にチャレンジ

次の文章は，変圧器の効率に関する記述である．文中の□□□の中に当てはまる数値を記入しなさい．

ある変圧器の負荷分布が，

4時間：全負荷

8時間：$\dfrac{1}{2}$ 負荷

12時間：$\dfrac{1}{6}$ 負荷

であるとする．このような変圧器の全日効率を最大にしようとするには，全負荷時の銅損 W_c と鉄損 W_i の割合を以下のようにして求める．

1日の銅損を W_{cd}，1日の鉄損を W_{id} とすると，

$$W_{cd} = 1 \times W_c \times \boxed{(1)} + \boxed{(2)} \times W_c \times 8 + \boxed{(3)} \times W_c \times 12$$

$$W_{id} = \boxed{(4)} \times W_i$$

効率 η が最大であるためには，$W_{cd} = W_{id}$

よって，$\dfrac{W_i}{W_c} = \boxed{(5)}$

1. 効率が最大になる条件

鉄損を W_i，全負荷時の銅損を W_c，変圧器容量を P_n とすると，負荷率 α，力率 $\cos\theta$ で運転中の変圧器の効率 η は次式で示される．

$$\eta = \frac{[出力]}{[出力] + [鉄損] + [銅損]} \times 100$$

$$= \frac{\alpha P_n \cos\theta}{\alpha P_n \cos\theta + W_i + \alpha^2 W_c} \times 100\,\% \qquad \cdots\cdots①$$

銅損は負荷電流の2乗に比例して変化する．ここで，電圧を一定とすれば，

皮相電力と電流は比例するので，銅損は皮相電力の2乗に比例する．

ここで，負荷率 α は，

$$\alpha = \frac{負荷の皮相電力}{変圧器の定格容量（皮相電力）}$$

であるので，銅損は負荷率の2乗に比例する．また，鉄損は負荷電流に無関係で一定である．

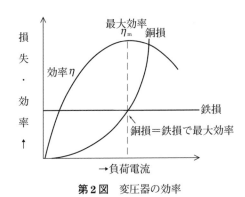

第2図 変圧器の効率

この効率 η の変化は第2図のように示され，**鉄損＝銅損**となる負荷において最大効率となる．したがって，効率が最大となるのは，

$$W_i = \alpha^2 W_c \qquad \therefore \quad \alpha = \sqrt{\frac{W_i}{W_c}}$$

の条件が成立するときである．この条件は次のように導かれる．

①式の分母・分子を α で割ると，

$$\eta = \frac{P_n \cos\theta}{P_n \cos\theta + (W_i / \alpha) + \alpha W_c} \times 100\ \% \qquad \cdots\cdots ②$$

η が最大になるには，上式の分母の第2項と第3項の和が最小になればよい．ここで，二つの項の積をとると，$(W_i / \alpha) \cdot (\alpha W_c) = W_i \cdot W_c$ で定数となる．

最小定理より，2数の積が一定のときは，2数が等しいときに2数の和は最小となるから，

$$W_i / \alpha = \alpha W_c \qquad \therefore \quad W_i = \alpha^2 W_c$$

のとき，すなわち鉄損と銅損が等しくなる負荷率のときに①式は最大になる．

2. 全日効率が最大となる条件

全日効率は，変圧器の1日を通しての平均的な効率 η を表すものである．

負荷率 α で T 時間運転したときの全日効率は，1日の銅損による損失電力量 $W_{cd} = \alpha^2 W_c T$，1日の鉄損による損失電力量 $W_{id} = 24 W_i$ であるから，

$$\eta_d = \frac{\alpha P_n \cos\theta \cdot T}{\alpha P_n \cos\theta \cdot T + 24 W_i + \alpha^2 W_c \cdot T} \times 100\ \% \qquad \cdots\cdots③$$

③式の分母・分子を α で割って，

$$\eta_d = \frac{P_n \cos\theta \cdot T}{P_n \cos\theta \cdot T + (24 W_i / \alpha) + \alpha W_c \cdot T} \times 100\ \% \qquad \cdots\cdots④$$

④式は，$24 W_i / \alpha = \alpha W_c T$ のとき，すなわち $24 W_i = \alpha^2 W_c T$ の場合に最大になる．

このように，1日の鉄損による損失電力量と銅損による損失電力量が等しい場合に変圧器の全日効率は最大になる．

本問の銅損による1日の損失電力量 W_{cd}

$= \Sigma$（全負荷時の銅損×（負荷率）^{2}×時間）

$$= (W_c \times 1 \times 4) + W_c \times \left(\frac{1}{2}\right)^2 \times 8 + W_c \times \left(\frac{1}{6}\right)^2 \times 12$$

$$= \left(4 + 2 + \frac{1}{3}\right) \times W_c = \frac{19}{3} W_c$$

鉄損による1日の損失電力量 $W_{id} = \Sigma$（全負荷時の鉄損×24時間）$= 24 W_i$

全日効率が最大となるのは，1日の〔銅損による電力量〕＝〔鉄損による電力量〕となるときであるから，

$$\frac{19}{3}W_c = 24W_i \qquad \therefore \quad \frac{W_i}{W_c} = \frac{19}{3 \times 24} = 0.26$$

【解答】　(1) 4　(2) 1/4　(3) 1/36　(4) 24　(5) 0.26

1. 変圧器の損失

(1) 無負荷損

　無負荷損は，変圧器が無負荷のときの損失で，その大部分は鉄損である．

　鉄損は負荷の大小に無関係に一定である．

(2) 負荷損

　負荷損の大部分は巻線による抵抗損であるため銅損とも呼ばれている．

　抵抗損は負荷電流（皮相電力）の2乗に比例して増減する．

2. 効率

変圧器の効率は一般に①式で表される．

$$効率 = \frac{有効出力〔kW〕}{有効出力〔kW〕+鉄損〔kW〕+銅損〔kW〕} \times 100\,\% \quad \cdots\cdots ①$$

効率は鉄損＝銅損のときに最大となる．

3. 全日効率

変圧器を1日運転したときの総合効率を全日効率といい②式で表される．

$$全日効率 = \frac{出力電力量〔kW\cdot h〕}{\substack{出力電力量〔kW\cdot h〕+鉄損による電力量〔kW\cdot h〕\\+銅損による電力量〔kW\cdot h〕}} \times 100\,\%$$

$$\cdots\cdots ②$$

　全日効率は（1日の鉄損による電力量）＝（1日の銅損による電力量）のときに最大となる．

演 習 問 題

【問題】

次の文章は，変圧器の効率に関する記述である．文中の [　　] の中に当てはまる語句を記入しなさい．

変圧器の規約効率は，[(1)] および定格二次電圧における（有効出力）／（有効出力＋全損失）で算出する．全損失のうち [(2)] は鉄損の他に絶縁物の [(3)] と励磁電流による抵抗損がある．

[(4)] は巻線の抵抗損と漏れ磁束などによる [(5)] があり，抵抗損は測定温度における損失を基準温度に補正した値を用いる．

●問題の解答●

(1) 定格周波数　(2) 無負荷損　(3) 誘電損　(4) 負荷損
(5) 漂遊負荷損

4.12 需要率, 不等率および負荷率

 要点

1. 需要率

　需要家の負荷設備は, そのすべてが同時に使用されることは少ない. したがって, 一般に需要家の需要電力は負荷設備容量の合計より小さい.

　負荷の設備容量の合計に対して, 実際にどれだけの負荷設備が使用されているかを表す指標が需要率で, ①式で表される. 需要率は1以下の数値となる.

$$需要率 = \frac{最大需要電力〔kW〕}{負荷の設備容量の合計〔kW〕} \qquad \cdots\cdots①$$

2. 不等率

　複数の需要家がある場合, それぞれの最大電力となる時刻は異なる. したがって, 複数の需要家を総合すると, その合成の最大需要電力は, 各需要家の最大需要電力の和より必ず小さくなる. その程度を表す指標が不等率で, ②式で表される. 不等率は1以上の数値となる.

$$不等率 = \frac{各々の最大需要電力の和〔kW〕}{合成の最大需要電力〔kW〕} \qquad \cdots\cdots②$$

3. 負荷率

　ある期間における負荷の平均需要電力が, その期間中の最大需要電力に対しどの程度の割合であるかを示す指標を負荷率といい, ③式で表される.

期間のとり方によって日負荷率，月負荷率，年負荷率がある．

$$負荷率＝\frac{平均需要電力〔kW〕}{最大需要電力〔kW〕}×100\ \%$$ ……③

基本例題にチャレンジ

図のような負荷曲線をもつ A 工場および B 工場があるとき，次の (a) および (b) に答えよ．

(a) A および B 両工場の需要電力の不等率の値として，正しいのは次のうちどれか．

　(1) 0.9　(2) 1.0　(3) 1.1　(4) 1.2　(5) 1.3

(b) A および B 両工場の総合負荷率〔%〕の値として，正しいのは次のうちどれか．

　(1) 91　(2) 92　(3) 93　(4) 94　(5) 95

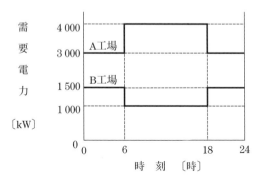

需要電力〔kW〕 / 時刻〔時〕

やさしい解説

　(a) A 工場および B 工場の合成した需要電力は第 1 図のようになる．A 工場および B 工場のそれぞれの最大需要電力は 4 000 kW および 1 500 kW で，2 工場の合成の最大需要電力は 5 000 kW であるから，不等率は次の値になる．

$$不等率＝\frac{各々の最大需要電力の和〔kW〕}{合成の最大需要電力〔kW〕}＝\frac{4\ 000＋1\ 500}{5\ 000}＝1.1$$

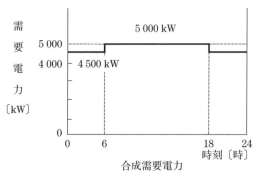

第1図

(b) 2 工場全体としての平均電力は,

$$P_\mathrm{a} = \frac{4\,500 \times 12 + 5\,000 \times 12}{24} = 4\,750 \text{ kW}$$

で,その期間中の最大需要電力は 5 000 kW であるから,総合負荷率は,

$$\frac{4\,750}{5\,000} \times 100 = 95\,\%$$

となる.

【解答】(a) － (3),(b) － (5)

応用問題にチャレンジ

次の文章は,需要設備の負荷率に関する記述である.文中の ☐ に当てはまる語句または数値を記入しなさい.

a. 負荷率は (1) 需要電力を最大需要電力で除したもので表され,負荷率を改善するためには,最大需要電力を小さくすることが最も有効である.需要設備においては,最大需要電力が発生する時間帯の負荷を,他の時間帯に移行させることで,負荷率を改善することができる.このような改善策を (2) と呼んでいる.

b. ある需要設備において,次図のような日負荷曲線で電力を消費しているときの需要設備の日負荷率は (3) %である.

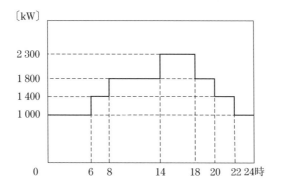

c. この需要設備に蓄熱システムを導入し，最大需要電力が発生する時間帯の熱負荷を，他の時間帯に蓄熱することで負荷移行させたい．需要設備の負荷率を80％に改善するには，最大需用電力を　(4)　kW まで下げることが必要であり，この低減分の熱負荷を供給する蓄熱システムの蓄熱量は，　(5)　kW·h とする必要がある．ただし，蓄熱から放熱までの間にエネルギーの損失はなく，蓄熱システムは，蓄えた熱エネルギーをすべて最大需要電力が発生する時間帯に放出するものとする．

a. ある期間中の平均需要電力と最大需要電力の比が負荷率で，次式で定義される．

$$負荷率 = \frac{平均需要電力}{最大需要電力} \times 100\ \%$$

平均需要電力の期間を 1 日，1 月，1 年とした場合について，それぞれ日負荷率，月負荷率，年負荷率と呼んでいる．

b. 近年の冷房機器の普及などに伴い，電力需要の負荷曲線は年々先鋭化し，年負荷率が 60％を切るようになっている．

現在，電力需要の変動に対しては，主として電力会社の設備で対応しているが，ピーク時間帯とオフピーク時間帯の需要格差を小さくできれば，設備は効

率的に運用でき電源開発量も抑制できる.

このように負荷曲線の平均化を図ることを負荷平準化といい,電力各社とも次のような負荷平準化対策に力を注いでいる.

① 蓄熱式ヒートポンプシステムの普及

② 電気温水器などの普及

③ 蓄電装置・機器の活用

④ 産業用設備などの操業形態の変更,改善

⑤ 最大電力の管理

問題の日負荷率は次のように計算される.

1日の負荷の電力量 W_d〔kW・h〕を求める.

$$W_d = 1\,000 \times 6 + 1\,400 \times 2 + 1\,800 \times 6 + 2\,300 \times 4 + 1\,800 \times 2 + 1\,400 \times 2$$
$$+ 1\,000 \times 2$$
$$= 6\,000 + 2\,800 + 10\,800 + 9\,200 + 3\,600 + 2\,800 + 2\,000$$
$$= 37\,200 \text{ kW·h}$$

したがって,平均需要電力 P_a〔kW〕は,

$$P_a = \frac{37\,200 \text{ kW·h}}{24 \text{ h}} = 1\,550 \text{ kW}$$

また,日負荷曲線から最大需要電力は $2\,300$ kW であるから,

$$日負荷率 = \frac{平均需要電力}{最大需要電力} \times 100 = \frac{1\,550}{2\,300} \times 100$$

$$= 67.4 \text{ \%}$$

c. 需要設備の負荷率を 80% に改善する場合の最大需要電力を P_{MAX}〔kW〕とすると,蓄熱から放熱までの間にエネルギーの損失はない条件から,平均需要電力の値は変わらないので,

$$80\% = \frac{1\,550 \text{ kW}}{P_{MAX}〔kW〕} \times 100$$

$$P_{MAX} = \frac{1\,550}{0.8} = 1\,938 \text{ kW}$$

ピークの4時間の最大需要電力 $2\,300$ kW を $1\,938$ kW に下げるために必要な

蓄熱システムの蓄熱量は次の値になる.

$$W = (2\,300 - 1\,938) \times 4 = 1\,448\,\text{kW·h}$$

【解答】 (1) 平均 　(2) 負荷平準化 　(3) 67.4 　(4) 1 938
　　　　　(5) 1 448

需要率，不等率および負荷率の関係は次のように表される.

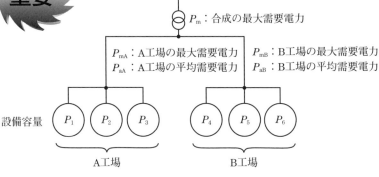

1. 需要率

$$\text{A 工場の需要率} = \frac{P_{\text{mA}}}{P_1 + P_2 + P_3}$$

$$\text{B 工場の需要率} = \frac{P_{\text{mB}}}{P_4 + P_5 + P_6}$$

2. 不等率

$$\text{不等率} = \frac{P_{\text{mA}} + P_{\text{mB}}}{P_{\text{m}}}$$

3. 負荷率

$$\text{A 工場の負荷率} = \frac{P_{\text{aA}}}{P_{\text{mA}}} \times 100\,\%$$

$$B \text{工場の負荷率} = \frac{P_{aB}}{P_{mB}} \times 100 \%$$

演 習 問 題

【問題1】

図1のように2群の負荷からなる配電系統において，各負荷群の1日の負荷曲線が図2のようであるとき，次の問に答えよ．

(1) フィーダの最大需要負荷

(2) 負荷群Aと負荷群Bとの間の不等率

(3) 負荷の平均電力

(4) フィーダの負荷率

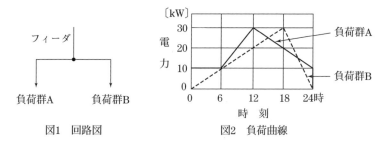

図1 回路図　　　　　　　　図2 負荷曲線

【問題2】

次の文章，図および表は，高圧需要家の電力需要設備に関するものである．文中および表中の □ に当てはまる数値を解答群の中から選びなさい．ただし，1年間は365日，負荷A，負荷Bおよび負荷Cの力率はいずれも1.0とし，変圧器の損失は無視するものとする．

a. 電力需要設備は，図のように容量500 kV·Aの変圧器から，負荷A，負荷Bおよび負荷Cの三つの負荷に電力を供給しており，各負荷の電力使用実績等は表のとおりである．

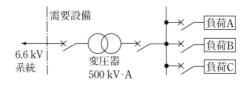

	年間使用電力量〔MW·h〕	最大電力〔kW〕	年負荷率〔%〕
負荷 A	(1)	167	82
負荷 B	851	(2)	72
負荷 C	1 367	208	(3)

注：表の値は小数第 1 位で四捨五入した値とする．

b． 三つの負荷相互間の不等率が 1.20 であるとき，合成最大電力は ⎡(4)⎤ kW であり，このときの変圧器の利用率は ⎡(5)⎤ ％である．

〔解答群〕

（イ）70 　　（ロ）74 　　（ハ）75 　　（ニ）79 　　（ホ）85

（ヘ）92 　　（ト）97 　　（チ）133 　　（リ）135 　　（ヌ）370

（ル）393 　　（ヲ）425 　　（ワ）1 200 　　（カ）1 463 　　（ヨ）1 785

【問題 3】

次の文章は，電力需要の分析に関する記述である．文中の ⬚ に当てはまる最も適切なものを解答群の中から選びなさい．

a． 時々刻々変動する負荷の特性を表すために，横軸に時間（日・週・旬・月・年）を，縦軸に需要電力をとって表示した曲線がよく使用される．この他に，日・週・旬・月・年を対象とする期間の電力需要について，その発生した時間とは無関係に大きい順に並び替えた曲線のことを ⎡(1)⎤ といい，負荷の特性を分析・調査するために使用される．

b． 需要率は，最大需要電力の ⎡(2)⎤ に対する割合であり，過負荷使用の場合を除き，一般に 1 より小さい値となる．

c． 供給する電力量が一定の場合，最大需要電力が大きいほど負荷率が低下して ⎡(3)⎤ は低くなる．

d． 需要家 A，需要家 B および需要家 C の三つの需要家に電力を供給している．それぞれの最大需要電力は 940 kW，1 180 kW，1 540 kW である．

需要家Aの年間使用電力量が4 900 MW・hであるとき，その年負荷率は $\boxed{(4)}$ ％である．また，三つの需要家相互間の不等率が1.20であるとき，合成最大需要電力は $\boxed{(5)}$ kWである．ただし，1年は365日，需要家A，需要家Bおよび需要家Cの力率はいずれも1.0とする．

〔解答群〕

(イ) 3 050 　　　　(ロ) 59.5 　　　　(ハ) 45.8

(ニ) 負荷頻度曲線　(ホ) 設備利用率　(ヘ) 契約電力

(ト) 負荷持続曲線　(チ) 電力コスト　(リ) 負荷曲線

(ヌ) 全設備容量　　(ル) ピーク供給力　(ヲ) 1 460

(ワ) 平均電力　　　(カ) 19.1 　　　　(ヨ) 4 390

● 問題1の解答 ●

合成の負荷曲線は次図のようになる．

(1) フィーダの最大需要負荷

　12時～18時の間で50 kW ……（答）

(2) 負荷群Aと負荷群Bとの間の不等率

　(30＋30)／50＝1.2 ……（答）

(3) 負荷の平均電力

　合成の負荷曲線より，

$$\frac{15 \times 6 + 35 \times 6 + 50 \times 6 + 30 \times 6}{24} = 32.5 \text{ kW} \quad \cdots\cdots（答）$$

(4) フィーダの負荷率

　32.5／50＝0.65＝65％ ……（答）

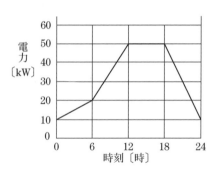

●問題2の解答●

(1) ― (ワ)，(2) ― (リ)，(3) ― (ハ)，(4) ― (ヲ)，(5) ― (ホ)

負荷Aの平均電力 $P_{aA} = 167 \times 0.82 = 136.94$ kW であるから，年間使用電力量 W_A は，

$$W_A = 136.94 \times 365 \times 24 = 1\,200 \times 10^3\,\text{kW·h} = 1\,200\,\text{MW·h} \quad \cdots\cdots(1)の(答)$$

負荷Bの平均電力 $P_{aB} = \dfrac{851 \times 10^3}{365 \times 24} = 97.15$ kW であるから，

最大電力 P_{mB} は，

$$P_{mB} = \frac{97.15}{0.72} = 134.9\,\text{kW} \quad \cdots\cdots(2)の(答)$$

負荷Cの平均電力 $P_{aC} = \dfrac{1\,367 \times 10^3}{365 \times 24} = 156.1$ kW であるから，

$$年負荷率 = \frac{156.1}{208} \times 100 = 75.0\,\% \quad \cdots\cdots(3)の(答)$$

合成の最大電力 P_m は，

$$P_m = \frac{167 + 134.9 + 208}{1.2} = 424.9\,\text{kW} \quad \cdots\cdots(4)の(答)$$

$$変圧器の利用率 = \frac{424.9}{500} \times 100 = 85.0\,\% \quad \cdots\cdots(5)の(答)$$

●問題3の解答●

(1) ― (ト)，(2) ― (ヌ)，(3) ― (ホ)，(4) ― (ロ)，(5) ― (イ)

需要家Aの年間の平均需要電力は，

$$P_{aA} = \frac{4\,900 \times 10^3}{365 \times 24} = 559.4\,\text{kW}$$

であるから，

年負荷率 $= \dfrac{559.4}{940} \times 100 = 59.5\ \%$ ……(4)の(答)

合成の最大需要電力 P_m は,

$$P_m = \frac{940 + 1\,180 + 1\,540}{1.2} = 3\,050\ \mathrm{kW}\quad ……(5)の(答)$$

4.13 需要設備の保護協調

要点

1. 保護協調

回路に事故が発生した場合，切り離し区間を局限化するように事故回路の該当遮断装置のみが動作し，切り離し区間以外の健全回路には給電を継続するように保護装置間の動作協調を取り，また，ケーブル，変圧器，電動機等の機器が損傷しないように保護装置の動作特性曲線を調整することを**保護協調**という．

2. 高圧受電設備の主遮断装置

高圧需要家の回線構成は多種多様であるが，主な形態は次の二つである．

(1) CB 形

第1図のような主遮断装置として遮断器（CB）を用いた回路構成で，過負荷，短絡事故，地絡事故の保護をすべて遮断器で行う．受電設備が 300 kV·A を超える場合に適用される．

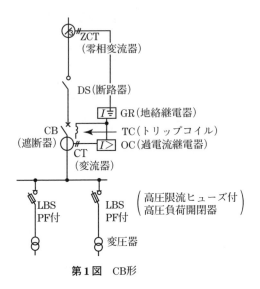

第1図　CB形

(2) PF・S形

　第2図のような主遮断装置として高圧限流ヒューズ（PF）付高圧負荷開閉器（LBS）を用いた回路構成で，短絡事故は高圧限流ヒューズが遮断し，地絡事故に対しては高圧負荷開閉器が自動開路するものである．

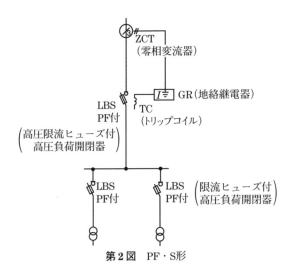

第2図　PF・S形

最も経済化を図った受電方式で，受電容量が 300 kV·A 以下の場合に適用される．

3. 過電流保護協調

第3図(a)の F 点において短絡事故が発生した場合，No.1 ～ No.4 の遮断装置の動作時間を(b)のように設定しておけば，事故点に最も近い No.4 の遮断装置のみが動作して，No.4 よりも電源側の回路には給電が継続される．

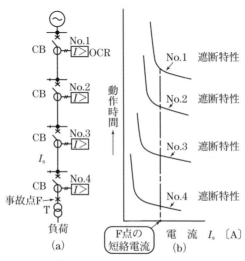

第3図　段階時限方式による選択遮断

このように，負荷側から電源側に向かって次式を満たすように段階的に動作時限を長くし，事故を選択遮断する過電流保護方式を**段階時限方式**と呼んでいる．

$$KT_{RY1} > T_{RY2} + T_{CB}$$

ここで，T_{RY1} は上位の過電流継電器（OCR）の動作時間〔s〕，T_{RY2} は下位の過電流継電器（OCR）の動作時間〔s〕，T_{CB} は下位 CB の遮断時間〔s〕，K：上位 OCR の慣性特性係数，である．

【**注**】継電器は，公称動作時間より少し短い時間（例：公称動作時間の85％程度）で継電器の入力が停止した場合には，慣性のため継電器が動作してしまう．このような性質を**慣性特性**と呼んでいる．

　高圧需要家では，需要家の構内で短絡事故が生じた場合には，受電設備の遮断装置のみが動作し，電力会社の配電用変電所のCBが動作しないよう保護協調を図り，需要家の構内事故が他の需要家等に波及しないようにする．また，需要家内の保護装置についても，遮断装置で切り離される区間が最小になるよう保護協調を図る．

4. 地絡保護協調

　需要家の構内で地絡事故が生じた場合には，受電設備の遮断装置のみが動作し，電力会社の配電用変電所のCBが動作しないよう保護協調を図る．

（1）配電用変電所の地絡保護

　電力会社の配電用変電所では，第4図のように地絡事故によって発生する零相電流を零相変流器（ZCT）で，零相電圧を**接地変圧器（EVT）**二次側の**ブロークンデルタ回路（オープンデルタ**ということもある）で検出し，その位相関係からどのフィーダの事故かを判別して動作する地絡方向継電器（DGR）とEVTの零相電圧だけで動作する過電圧地絡継電器（OVGR）の二つの継電器を

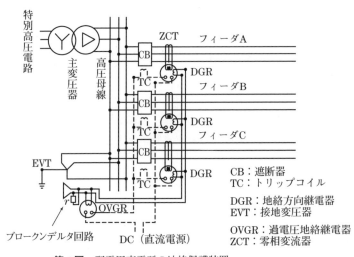

第4図　配電用変電所の地絡保護装置

組み合わせている.

　配電用変電所では，0.5〜4秒程度で故障フィーダを選択遮断する.

(2) 高圧需要家の地絡保護

　構内に地絡事故が発生した場合には，外部の対地静電容量に基づく零相電流が流れ込むので，受電点に ZCT を設けて零相電流を検出し，電力会社の配電用変電所の CB が動作する以前（0.4秒以下程度）に，地絡過電流継電器（GR）で受電用の遮断装置を動作させるように協調をとる.

　この場合，構外の地絡事故であっても，ZCT は構内の高圧回路の対地静電容量に基づく零相電流を検出するが，一般的にその値は非常に小さいので，高圧需要家のほとんどはこの GR による保護方式を採用している.

　ただし，需要家の設備規模が大きく，高圧ケーブルの長さが 100 m を超えるような場合には，構内の高圧回路の対地静電容量が大きくなり，構外の地絡事故の場合であっても地絡過電流継電器（GR）が動作するような零相電流が流れて，遮断装置が不必要動作するおそれがある.

　このような場合には，受電点に第5図のようなコンデンサ形の零相電圧検出装置を設け，零相電流と零相電圧の位相関係から事故点が構内か構外かを地絡方向継電器（DGR）で判別して保護している.

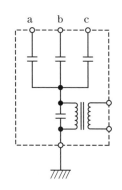

第5図　零相電圧検出装置

基本例題にチャレンジ

次の文章は，高圧受電設備の保護装置および保護協調に関する記述である．

1. 高圧の機械器具および電線を保護し，かつ，過電流による火災および波及事故を防止するため，必要な箇所には過電流遮断装置を施設しなければならない．その定格遮断電流は，その取付け場所を通過する (ア) を確実に遮断できるものを選定する必要がある．

2. 高圧電路の地絡電流による感電，火災および波及事故を防止するため，必要な箇所には自動的に電路を遮断する地絡遮断装置を施設しなければならない．

   また，受電用遮断器から負荷側の高圧電路における対地静電容量が大きい場合の保護継電器としては，(イ) を使用する必要がある．

3. 上記 1 および 2 のいずれの場合も，主遮断装置の動作電流，(ウ) の整定に当たっては，電気事業者の配電用変電所の保護装置との協調を図る必要がある．

上記の記述中の空白箇所（ア），（イ）および（ウ）に記入する語句として，正しいものを組み合わせたのは次のうちどれか．

	（ア）	（イ）	（ウ）
(1)	過負荷電流	地絡過電流継電器	動作電圧
(2)	過負荷電流	地絡過電流継電器	動作時限
(3)	短絡電流	地絡過電流継電器	動作時限
(4)	短絡電流	地絡方向継電器	動作時限
(5)	過負荷電流	地絡方向継電器	動作電圧

やさしい解説 　（1）過電流遮断装置は，高圧の機械器具および電線に流れる過電流を遮断するのはもちろんのこと，保護区間の短絡事故により通過する短絡電流を遮断できるものでなければならない．

（2）受電用遮断器から負荷側の高圧電路における対地静電容量が大きい場合

には，地絡過電流継電器（GR）では電源側の高圧電路や他の需要家に生じた地絡事故によって不必要動作するおそれがあるので，保護継電器としては地絡方向継電器（DGR）を使用する必要がある．

（3）主遮断装置の動作電流や動作時限の整定に当たっては，電気事業者の配電用変電所と協議し，需要家側の保護装置が先に動作するようにしておくことが必要である．

【解答】　（4）

応用問題にチャレンジ

次の文章は，特別高圧需要家の受電設備における保護装置に関する記述である．文中の□□の中に当てはまる語句を記入しなさい．

保護装置は，　(1)　の防止，人体に対する安全，系統の安定化を目的として設置される．特別高圧需要家の設備においては，事故範囲の局限化により事故の波及を防止するために，その設置に当たっては，電気事業者と協議して保護装置の動作特性を調整する必要がある．これを　(2)　という．

また，その調整に当たっては，検出感度・遮断時間・　(3)　を適当に調整する必要があるが，過電流継電器を例にとった場合では一般的に下記のように考えられる．

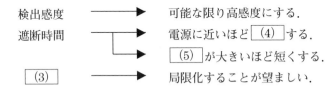

検出感度　　　　⟶　　可能な限り高感度にする．
遮断時間　　　　⟶　　電源に近いほど　(4)　する．
　　　　　　　　⟶　　(5)　が大きいほど短くする．
(3)　　　　　　⟶　　局限化することが望ましい．

特別高圧需要家に施設する受電設備の保護装置は，需要構内の電気事故に対して，その事故点を確実に検出・遮断し，電力系統への事故波及を防止するとともに，

①　人身の安全
②　系統の安定

③　設備損壊の防止

を図ることが目的・使命であり，これを達成するため保護装置の動作特性を調整することを保護協調といい，その条件は次のとおりである．

(1) 検出感度：可能な限り高感度にする．

(2) 遮断時間：極力短くする．ただし，多数の保護装置が直列に接続されている場合は，電源に近いほど動作時間を長くして，負荷に近い保護装置と協調を図る．

また，故障電流によって機器が損傷しないように，事故電流が大きいほど遮断時間を短くする．

(3) 遮断範囲：遮断箇所が必要最小限となるよう遮断する範囲を局限化する．

なお，保護継電器については，上記のような遮断時間や選択性とともに，保護継電器自身の信頼性（自己の保護すべき区間外の事故に対しては誤動作しないこと）や後備保護（負荷側の次区間の保護継電器の不具合時にバックアップを果たせること）などの性能が求められる．

【解答】　(1) 設備損壊　(2) 保護協調　(3) 遮断範囲　(4) 長く

(5) 事故電流

1. 保護協調

回路に事故が発生した場合に，波及事故および設備の損壊を防止し，人身に対する安全を図り，遮断区間を局限化するよう保護装置間の動作協調を図ることを保護協調という．

2. 過電流保護協調

過電流および短絡事故に対しては，一般に負荷側から電源側に向かって段階的に動作時限を長くして，事故を選択遮断する段階時限方式が採用される．

高圧需要家では，需要家の構内で短絡事故が生じた場合には，受電設備の遮断装置のみが動作し，電力会社の配電用変電所の CB が動作しないよう保護協調を図る．

3.　地絡保護協調

　需要家の構内で地絡事故が生じた場合には，受電設備の遮断装置のみが動作し，電力会社の配電用変電所の CB が動作しないよう保護協調を図る．

　高圧需要家では，一般に ZCT を設けて零相電流を検出し，電力会社の配電用変電所の CB が動作する以前に，地絡過電流継電器（GR）で自家用電気工作物と電気事業用電気工作物との接続点に取り付けた高圧負荷開閉器（PAS など）や受電用の遮断装置を動作させる．

　ただし，高圧ケーブルの長さが長く構内の高圧回路の対地静電容量が大きくなると遮断装置が不必要動作するおそれがある．このような場合には，地絡方向継電器（DGR）を用いる．

演 習 問 題

【問題1】

　次の文章は，高圧受電設備の保護装置に関する記述である．文中の◻︎◻︎の中に当てはまる語句を記入しなさい．

　高圧受電設備の地絡保護装置として，通常 (1) により動作する (2) 継電器が用いられる．しかし，この継電器は構内の高圧ケーブルのこう長が (3) 場合には (4) の地絡事故で不必要動作することがあるので，このような場合には (5) 継電器を用いる．

【問題2】

　次の文章は，自家用電気工作物からの事故について，記述したものである．文中の◻︎◻︎の中に当てはまる語句を解答群の中から選びなさい．

　a.　自家用電気工作物の故障，損傷，破壊等によって，一般送配電事業者または特定送配電事業者に (1) 事故を (2) させる事故を自家用電気工作物からの波及事故という．

　b.　この波及事故の大部分は主遮断装置の (3) で発生しており，事故の発生を機器別でみると主遮断装置や (4) が多い．

　c.　この波及事故を防止するために，自家用電気工作物と電気事業用電気工

作物との (5) に地絡保護装置付き高圧負荷開閉器を取り付けることが普及している.

〔解答群〕

(イ) 変圧器　　　(ロ) 供給支障　　(ハ) 波及　　　　　(ニ) 発生

(ホ) 近接点　　　(ヘ) 拡大　　　　(ト) 引込ケーブル　(チ) 電源側

(リ) がいし類　　(ヌ) 避雷器　　　(ル) 接続点　　　　(ヲ) 電線

(ワ) 感電　　　　(カ) 電気火災　　(ヨ) 負荷側

【問題3】

次の文章は，高圧受電設備の保守管理に関する記述である．文中の □ に当てはまる最も適切なものを解答群の中から選びなさい.

a. 高圧受電設備の場合，電力会社の変電所からの配電線に複数の需要家が連なっており，自己の事故によって，配電線路の上位の変電所で遮断することになると他の需要家に影響を及ぼすことになる．このような事故を (1) というが，受電設備の (2) から見て負荷側の事故に対しては，十分な遮断容量と保護リレーの (3) が重要であり， (2) から電源側に対しては，入念な点検による故障要因の事前発見，予防が大切になる.

b. (1) の発生箇所は (2) およびその電源側に多く，具体的なものとしては， (2) の他，高圧開閉器， (4) ，断路器などがある.

c. なお， (5) は， (2) として高圧限流ヒューズと高圧交流負荷開閉器を組み合わせて保護するものである.

〔解答群〕

(イ) CB形　　　　　(ロ) PF・S形　　　(ハ) 高圧引込ケーブル

(ニ) 責任分界点　　(ホ) 漏電遮断器　　(ヘ) 主遮断装置

(ト) 絶縁抵抗　　　(チ) 供給支障事故　(リ) 損壊事故

(ヌ) キュービクル式　(ル) 配線用遮断器　(ヲ) 波及事故

(ワ) 変圧器　　　　(カ) 保護協調　　　(ヨ) 高感度化

●問題1の解答●

(1) 零相電流　(2) 地絡過電流　(3) 長い　(4) 構外　(5) 地絡方向

●問題 2 の解答●

(1) － (ロ), (2) － (ニ), (3) － (チ), (4) － (ト), (5) － (ル)

●問題 3 の解答●

(1) － (ヲ), (2) － (ヘ), (3) － (カ), (4) － (ハ), (5) － (ロ)

第4章　施設管理

4.14 需要設備の保守点検

要点

1. 需要設備の点検の種別

点検は，日常点検，定期点検および精密点検などに分類される．

(1) 日常点検

日常点検は毎日～1か月周期で，通電，運転中の電気工作物について，目視等によって異常の有無を確かめ，また負荷状態を調査して事故を未然に防ぐことを目的に行う．

高圧受電設備の主要機器の主な日常点検項目は第1表のとおりである．

第1表　主な日常点検項目

点検対象	主な点検項目
電力ケーブル	変色・損傷の有無，ケーブルの取り付け状態，接地線の取り付け状態
断路器（DS）遮断器（CB）	接触部・端子部の過熱，変形，変色の有無 異常音，異臭，発錆，汚損，異物の付着の有無 開閉表示の異常の有無
変圧器	異音，異臭，漏油，発錆，汚損の有無 吸湿剤（シリカゲル）の変色状況 変圧器の負荷状況（電圧，電流）の測定 接地線の取り付け状態，接地線の漏れ電流測定 変圧器の温度，端子部の過熱の有無
電力用コンデンサ	異音，異臭，漏油，発錆，汚損，ケース変形の有無 端子部の過熱の有無 接地線の取り付け状況

(2) 定期点検

定期点検は，高圧受電設備では通常1年周期で，受電を停止して日常点検ではできない充電部分の点検や精度の高い点検を行い，事故の未然防止を図るものである．また，併せて各部の清掃も行う．高圧受電設備の主要機器の主な定期点検項目は第2表のとおりである．

第2表 主な定期点検項目

点検対象	主な点検項目
電力ケーブル	絶縁抵抗測定および接地抵抗測定 ケーブル接続部の増し締め サーモラベルの貼り替え
断路器（DS），遮断器（CB）	絶縁抵抗測定および接地抵抗測定 端子部の増し締め サーモラベルの貼り替え 機構部の給油
変圧器	絶縁抵抗測定および接地抵抗測定 端子部の増し締め サーモラベルの貼り替え
電力用コンデンサ	絶縁抵抗測定および接地抵抗測定 端子部の増し締め サーモラベルの貼り替え

(3) 精密点検

機器の内部点検，測定・試験などを精密に行って異常の有無を調査し，事故発生を未然に防止することを目的とする．高圧受電設備では，通常3年周期で実施される．主要機器の主な精密点検項目は第3表のとおりである．

第3表 主な精密点検項目

点検対象	主な点検項目
電力ケーブル	絶縁抵抗測定および接地抵抗測定 絶縁劣化診断
断路器（DS）	絶縁抵抗測定

遮断器（CB）	絶縁抵抗測定および接地抵抗測定 継電器との連動動作試験
変圧器	絶縁抵抗測定および接地抵抗測定 絶縁油試験
電力用コンデンサ	絶縁抵抗測定，接地抵抗測定

2. 主な点検試験法

（1）接地抵抗の測定

いろいろな測定手法があるが，一般的には接地抵抗計を用い第1図のように三つの接地極を使って測定する．

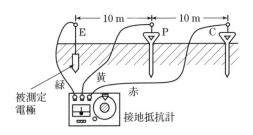

第1図　接地抵抗の測定

被測定電極 E および補助電極 P と C をほぼ一直線上にそれぞれ 10 m 程度離して測定する．

測定の原理は，E － C 端子間に電流を流し，そのときの E － P 端子間電圧を測定して，接地抵抗を計測するものである．

（2）絶縁抵抗測定

絶縁抵抗計（メガー）を使用して電極間の絶縁抵抗を測定するもので，最も簡単な絶縁診断手法である．最近の絶縁抵抗計は直流式絶縁抵抗計（トランジスタ・電池式）が主流で，高圧電路には定格電圧が直流 1 000 V，低圧電路には定格電圧が直流 100 ～ 500 V のものが主に使用されている．

絶縁抵抗測定に関する留意事項は次のとおりである．

① 絶縁抵抗値は温度，湿度などの気象条件の影響を大きく受ける．

② 絶縁物に直流電圧を印加すると過渡電流が流れるために，指示値が安定するまでにある程度の時間が必要で，通常は1分間測定を行うが，被測定回路の対地静電容量が大きく指針が安定しない場合は，指針が安定するまで待ち，そのときの値を絶縁抵抗値とする．

③ 測定終了は，被測定回路が絶縁抵抗計の試験電圧で充電されているので，被試験回路を接地して残留電荷を放電する．

④ 1 000 MΩ以上を測定できるメガーには保護端子（G端子）が設けられている．通常の測定方法では，ケーブル端末の表面漏れ電流があると，真の漏れ電流と合成されて測定誤差を生じる．このような場合に，第2図のように結線して誤差を除くようにG端子を使用する．

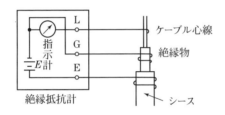

第2図　保護端子（G端子）の使用

⑤ 高圧受電設備の絶縁抵抗の良否判定については，1 000 Vメガー使用時の絶縁抵抗値は，第4表に示す値以上の場合が良好とされている．

第4表　高圧関連絶縁抵抗最低基準値（晴天，気温20℃）

電路	新設の場合	使用中の場合
6 kVの架空，地中引込線	2 000 MΩ以上	100 MΩ以上
6 kVのCVケーブル単独	2 000 MΩ以上	2 000 MΩ以上
6 kVの受変電設備（一括）	1 500 MΩ以上	30 MΩ以上
6 kVの機器	2 000 MΩ以上	30 MΩ以上

(3) 高圧ケーブルの直流高圧法による絶縁劣化診断

ケーブル絶縁体に5〜10 kVの直流高電圧を印加し，漏れ電流の大きさや時

第4章　施設管理

間変化を測定し，絶縁体の劣化状態を調べる試験である．メガー測定とともに現場で従来から広く実施されている．

① 漏れ電流の大きさ

一般的には，直流漏れ電流法によるケーブルの絶縁劣化判定の条件は，印加電圧 10 kV において 1 μA 以下（絶縁抵抗値で 10 000 MΩ 以上）とされている．

なお，ケーブルシースと大地間との絶縁抵抗の判定基準値は，500 または 1 000 V メガーで 1 MΩ 以上とされている．

② 漏れ電流の時間的変化

第3図は，漏れ電流の時間的変化の例である．電力ケーブルの絶縁状態が良好である場合は，(a)のように漏れ電流が時間の経過とともに急激に減衰して，わずかな漏れ電流が残る程度となるが，(b)や(c)のように漏れ電流が増加する場合や，漏れ電流の急激な変動（キック）が発生する場合は，要注意または不良の絶縁状態と判断される．

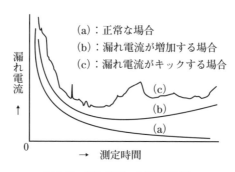

第3図　漏れ電流－時間特性例

(4) 絶縁油試験

油入変圧器や油入コンデンサなどに用いられる絶縁油の絶縁性能は，空気中の酸素や水分の吸収，機器内部の過熱，アーク放電や部分放電などによって経年的に劣化する．絶縁油の試験には種々あるが，一般的なものに絶縁破壊電圧測定，酸価値（全酸価）の測定および含有水分測定がある．

(a) 絶縁破壊電圧の測定

直径 12.5 mm，ギャップ 2.5 mm の球状電極をもつ専用の試験器を用いて，変圧器などから採取した絶縁破壊電圧を測定する．

(b) 酸価値の測定

絶縁油に抽出液を加えて油中の酸化成分を抽出し，その後中和液（KOH：水酸化カリウム）を加え，中和するまでに要した中和液の量〔mg〕で酸価値を表す．

(c) 絶縁破壊電圧および酸価値の良否判定

絶縁破壊電圧および酸価値の判定基準例を第5表に示す．

第5表　絶縁油の良否判定

	良好	要注意	不良（危険）
絶縁破壊電圧〔kV〕	20 以上	15 〜 20	15 未満
酸価値〔mgKOH/g〕	0.2 未満	0.2 〜 0.4	0.4 以上

(d) 含有水分測定

絶縁油中の含有水分は，従来はディジタル微量水分測定装置で測定したが，最近は保守点検の現場で簡単かつ迅速に測定できる水分簡易測定試薬が用いられている．

基本例題にチャレンジ

次の記述は，図に示す高圧受電設備の全停電作業を開始するときの操作手順を述べたものである．
1. 低圧配電盤の開閉器を開放する．
2. 受電用遮断器を開放した後，その (ア) を検電して無電圧を確認する．
3. 断路器を開放する．
4. 柱上区分開閉器を開放した後，断路器の (イ) を検電して無電圧を確認する．
5. 受電用ケーブルと電力用コンデンサの残留電荷を放電させた後，断路器の (ウ) を短格して接地する．

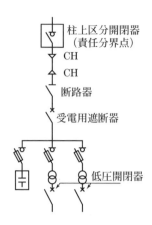

上記の記述中の空白箇所 (ア) ，(イ) および (ウ) に記入する字句として，正しいものを組み合わせたのは次のうちどれか．

	（ア）	（イ）	（ウ）
(1)	電源側	電源側	負荷側
(2)	電源側	負荷側	負荷側
(3)	負荷側	電源側	負荷側
(4)	負荷側	電源側	電源側
(5)	負荷側	負荷側	電源側

停電する場合には，基本的には負荷側の開閉器から順に開放する．また，開閉器を開放した後は，その負荷側が無電圧になったことを検電器で確認する．

問題の図に示された高圧受電設備の全停電作業を行う場合の操作手順は次のとおりである．

1. 低圧配電盤の低圧開閉器を開放して無負荷とする．

【注】受電用遮断器，柱上区分開閉器の制御電源を変圧器の低圧側から得ている場合がある．このような場合には，その低圧回路の開閉器は開路してはならない．

2. 受電用遮断器を開放し，検電器で負荷側が無電圧であることを確認する．ただし，電源側は充電されていることに注意する．

3. 断路器を開放する．電源側は充電されていることに注意する．

4. 柱上区分開閉器を開放した後，断路器の電源側を検電して無電圧を確認する．

5. 受電用ケーブルと電力用コンデンサの残留電荷を放電させた後，断路器の電源側を接地する．接地には専用の短絡接地器具を使用する．接地を行う場合は，まず短絡接地器具の接地側金具を接地線に接続し，次に電源側金具を回路の各相に接続する．できるだけ広い安全範囲を確保するため，接地はできるだけ電源側で施す．

【解答】(4)

応用問題にチャレンジ

次の文章は，油入変圧器の日常（巡視）点検および定期点検に関する記述である．次の□□□の中に当てはまる語句を記入しなさい．

a. 日常点検では，目視等の五感により外観，温度，油面等の確認，異音，異臭，漏油，振動，□(1)□の変色，補機類の異常の有無の確認，接地線の状態の点検等を行う．

b. 定期点検では日常点検に加え□(2)□の特性測定，油中ガス分析，絶縁抵抗測定，負荷時タップ切換器の□(3)□試験等により，変圧器の状態をより詳しく点検する．

なお，定期点検における油中ガス分析等で異常が認められた場合には，追跡調査，□(4)□等を行い，□(5)□の有無を確認することが望ましい．

(1) 変圧器の日常点検

日常点検は，1日～1か月程度の周期で，通常の電気設備の使用状態で点検を行うもので，主として点検者の視覚・聴覚・臭覚・触覚等や携帯用測定器で機器の異常の有無を判定している．

なお，油入変圧器の吸湿剤にはシリカゲルを使用している．シリカゲルは通常，青色または紫色をしているが，水分を吸収するとピンクまたは白色に変色する．

（2）変圧器の定期点検

高圧受電設備の変圧器については一般に絶縁抵抗測定と接地抵抗測定が行われるが，重要な変圧器や特別高圧の変圧器などでは，絶縁油試験，油中ガス分析，負荷時タップ切換器の動作試験，保護装置の動作試験などを行う場合がある．

絶縁油の試験は，変圧器から採取した絶縁油について，絶縁破壊電圧，酸価，含有水分，体積抵抗，誘電正接等を測定し，絶縁油の良否を判定するものである．

特に絶縁油の絶縁破壊電圧は，水分の増加とともに著しく低下するので，絶縁破壊電圧を測定することにより絶縁油の良否および油中含有量の目安を得ることができる．新しい絶縁油は一般に 50 kV 以上の破壊電圧であるが，油中水分が 40 ppm 以上になるとその値は急激に低下することが知られている．

変圧器内部で過熱，アーク放電などが生じると水素，メタン，エタン，アセチレンなどのガスが発生し絶縁油中へ溶け込む．これらの油中ガスの分析を行うことにより，故障の種類，箇所，程度などを推定することができる．

油中ガス分析で異常が認められた場合には精密点検を実施し，内部異常の有無を総合的に確認することが望ましい．

【解答】 （1）吸湿剤（シリカゲル） （2）絶縁油 （3）動作
（4）精密点検 （5）内部異常

1．需要設備の点検の種別

点検は，日常点検，定期点検および精密点検などに分類される．

（1）日常点検

日常点検は毎日あるいは 1 週間～1 か月ごとに行うもので，次の項目等について目視等で異常の有無を調査する．

① 異音，異臭，漏油，発錆，汚損，ケース変形の有無
② 機器や端子の過熱の有無
③ 変圧器のB種接地抵抗の漏れ電流測定
④ 接地線の取り付け状況

（2）定期点検

高圧受電設備では通常1年周期で，次の項目などについて点検を行う．

① 絶縁抵抗測定
② 接地抵抗測定
③ 端子部のゆるみ

（3）精密点検

機器の内部点検，測定・試験などを精密に行って異常の有無を調査するもので，高圧受電設備では，通常3年周期で実施される．主要機器の主な精密点検項目は次のとおりである．

① 絶縁抵抗測定，電力ケーブルの絶縁劣化診断
② 接地抵抗測定
③ 遮断器と継電器の連動動作試験
④ 絶縁油試験

2. 主な点検試験法

（1）接地抵抗の測定

一般的には接地抵抗計を用い三つの接地極を使って測定する．

（2）絶縁抵抗測定

絶縁抵抗計（メガー）を使用して電極間の絶縁抵抗を測定するものである．

・ 絶縁抵抗値は温度，湿度などの気象条件の影響を大きく受ける．
・ 測定器の指示値が安定するまでにある程度の時間が必要で通常は1分間測定を行う．
・ 測定終了時には被試験回路を接地して残留電荷を放電する．
・ ケーブル端末の表面漏れ電流で誤差を生じる場合はG端子を使用する．

(3) 高圧ケーブルの直流高圧法による絶縁劣化診断

ケーブル絶縁体に 5 ~ 10 kV の直流高電圧を印加し,漏れ電流の大きさや時間変化などから絶縁体の劣化状態を調べる試験である.

(4) 絶縁油試験

絶縁油の試験には種々あるが,一般的なものに絶縁破壊電圧測定,酸価値(全酸価)の測定および含有水分測定がある.

(a) 絶縁破壊電圧の測定

直径 12.5 mm,ギャップ 2.5 mm の球状電極をもつ専用の試験器で絶縁破壊電圧を測定する.

(b) 酸価値の測定

絶縁油に抽出液を加えて油中の酸化成分を抽出し,その後中和液(KOH:水酸化カリウム)を加え,中和するまでに要した中和液の量〔mg〕で酸価値を表す.

(c) その他

重要な変圧器や特別高圧の変圧器などでは,体積抵抗,誘電正接等の測定や油中ガス分析を行う場合がある.

演 習 問 題

【問題 1】

次の文章は,高圧における停電作業で,電路またはその支持物の敷設,点検,修理等の電気工事の作業を行う場合に講じられている措置に関する記述である.文中の □□□ に当てはまる最も適切なものを解答群の中から選びなさい.

a. 停電作業中,停電に用いた開閉器を操作しないようにするため,次のいずれかの措置を講じる.

① 停電に用いた開閉器に作業中は □(1)□ する.

② その開閉器の箇所に通電禁止に関する所要事項を表示する.

③ その開閉器の場所に監視する人をおく.

b. 停電作業を行う場合，停電しているか否かの判断を誤ると，人命にもかかわる重大な災害が発生することになるので，電路が停止したとの連絡を受けた作業者は着手する前に必ず　(2)　により無電圧であることを確認する．

c. 電路に　(3)　，電力コンデンサなどが設置されている場合，これを開路したときには，　(4)　によって感電の危険を生じるおそれがあるので，作業着手前に，安全な方法によりこれを確実に放電させる．

d. 誤通電，他の電路との混触または他の電路からの誘導による感電の危険を防止するため，作業者は絶縁用保護具を着用し，また，必要な箇所に　(5)　を取り付ける．

〔解答群〕

(イ) 施　錠　　　(ロ) 解　錠　　　(ハ) 検　電
(ニ) 絶縁シート　(ホ) 目視確認　　(ヘ) 短絡接地器具
(ト) リアクトル　(チ) 漏れ電流　　(リ) 着　色
(ヌ) 残留電荷　　(ル) 電力ケーブル　(ヲ) 変流器
(ワ) 誘導電流　　(カ) 検　相　　　(ヨ) 隔離シート

【問題2】

次の文章は，絶縁抵抗計を用いて絶縁抵抗測定を行う上での注意事項に関する記述である．文中の　　　に当てはまる語句を解答群の中から選びなさい．

a. 絶縁抵抗測定を行う場合は，被測定回路と大地間に絶縁抵抗計を接続し，通常は約　(1)　測定する．しかし，被測定機器の　(2)　が大きくて，　(1)　経過しても絶縁抵抗計の指針が静止しないときは，指針が静止するまで待って，その値を絶縁抵抗値とする．

　なお，測定後の回路は必ず充電電荷を放電させることが必要である．

b. ケーブルなどの絶縁抵抗を測定する場合は，　(3)　による誤差を除くため，必要に応じて絶縁抵抗計の保護端子を使用することが望ましい．

c. 絶縁抵抗値は，周囲温度，　(4)　，汚損度などにより著しく変化するものであるから，天候，周囲温度，　(4)　を記録しておく必要がある．

d. 同一電路の絶縁抵抗測定を定期的に実施する場合は，同一の　(5)　で測定条件（天候，周囲温度など）をできるだけ一定にして行うことが望ま

しい.

〔解答群〕

(イ) 絶縁抵抗	(ロ) 静電容量	(ハ) 定格電流
(ニ) 1分間	(ホ) 場　所	(ヘ) 10分間
(ト) 気　圧	(チ) 電　源	(リ) 土壌成分
(ヌ) 計器の読み取り	(ル) 湿　度	(ヲ) 電源の電圧変動
(ワ) 測定方法	(カ) 5分間	(ヨ) 表面漏れ電流

【問題3】

次の文章は, 絶縁油の保守管理に関する記述である. 文中の □ に当てはまる最も適切なものを解答群の中から選びなさい.

a. 絶縁油は, 油入変圧器や油入コンデンサなどの電気機器に広く使用されており, その主な役割は機器の絶縁と □(1)□ である. 油入機器の内部で異常過熱や絶縁劣化が生じると, 絶縁油から発生した分解ガスや絶縁物の劣化生成物が絶縁油に溶け込み, 絶縁油の化学的特性に変化が生じてくる. 絶縁油の保守管理は, 油入機器の絶縁状態を把握するとともに機器の性能を長く維持するために重要なことである.

b. 油入変圧器を運転すると温度が変化し外気との間で □(2)□ 作用が行われる. その際, ブリーザ不良, パッキング劣化, シール部の締付不良, 外装タンクの腐食などによる気密不良があると, 絶縁油に空気中の酸素や水分が混入する. 絶縁油は, 油中に酸素や水分が存在すると, 変圧器内部の鉄や銅の裸金属に接触している状態で運転中の温度上昇により, 酸化反応が促進され酸性有機物質の総量 (酸価) が増大する. 酸価が増大すると絶縁油と金属やコイル絶縁物が化合し □(3)□ (絶縁油の劣化によって生じる泥状物質) が生成される. これがコイル絶縁物, 鉄心, 放熱面に付着すると放熱機能が低下し, 温度上昇が著しくなり絶縁物の熱劣化が加速される.

c. 絶縁劣化した状態で油入変圧器の運転を続けていると, 過電圧などによって部分放電が発生し, 外部からのサージや □(4)□ 時の電気的または機械的ストレスで絶縁破壊に至るおそれがある. また, 絶縁油自体も劣化生成物の溶解によって吸水性を増し, 絶縁抵抗の低下や $\tan \delta$ の増加な

ど絶縁特性が低下する.

d. 絶縁油は定期的に試験を行って劣化状況を確認する必要があり，試験項目としては，絶縁破壊電圧試験，酸価試験，　(5)　などがある.

〔解答群〕

(イ) 呼　吸　　　　　(ロ) 瞬時電圧低下　　　(ハ) フルフラール

(ニ) 保　護　　　　　(ホ) 水分試験　　　　　(ヘ) 気　密

(ト) 無負荷試験　　　(チ) 地　震　　　　　　(リ) スラッジ

(ヌ) 冷　却　　　　　(ル) 収　縮　　　　　　(ヲ) 温度上昇試験

(ワ) タール　　　　　(カ) 外部短絡　　　　　(ヨ) 膨　張

【問題4】

次の文章は，油入変圧器の劣化診断方法の一つである，油中ガス分析に関する記述である．文中の　　　に当てはまる語句を解答群の中から選びなさい．ただし，負荷時タップ切換装置油槽の絶縁油に関しては，対象外とする.

a. 油入変圧器の内部で異常が発生した場合，異常部位での　(1)　により絶縁油や絶縁物が分解し，正常な状態では発生しない分解ガスが発生し，絶縁油中に溶解する．油中ガス分析による劣化診断は，絶縁油中に溶解した可燃性ガス成分から内部異常の有無を推定する方法である.

b. 可燃性ガス成分の中でも，　(2)　は内部異常時の特徴的なガスであり，微量であっても検出された場合は内部異常の可能性が高いので特に注意する必要がある.

c. 油中ガス分析の結果から異常と判定された場合には，ガスパターンや組成比および特定ガスによる　(3)　を行い，　(1)　現象，異常の部位および大きさの程度や進展度合いを診断する．その結果，内部に異常ありと診断された場合は，確度の高い診断をするため　(4)　，外部一般点検，運転履歴や改修履歴などを総合して診断を行い，内部点検または修理の要否などを決定する.

d. なお，変圧器絶縁油が大気に直接接触しない隔膜式コンサベータ方式の油入変圧器では，絶縁油中の　(5)　測定も，ガスケットの劣化やピンホール有無の診断に有効である.

〔解答群〕

(イ) メタンやエタン (ロ) 窒素濃度 (ハ) アセチレンやエチレン

(ニ) 化学的試験 (ホ) 二酸化炭素濃度 (ヘ) 水素や一酸化炭素

(ト) 振 動 (チ) 電気的試験 (リ) 寿命診断

(ヌ) 圧力上昇 (ル) 水素濃度 (ヲ) 機械的試験

(ワ) 強度診断 (カ) 様相診断 (ヨ) 過熱や放電

【問題5】

次の文章は，架空送電線の保守に関する記述である．文中の□□□に当てはまる最も適切なものを解答群の中から選びなさい．

架空送電線は，山間地の水力発電所，沿岸部の火力・原子力発電所から需要地点に至るまで，山岳部，平野部，沿岸部とさまざまな立地条件の中を経過しており，雨や風，雪や雷等自然現象に起因する (1) が多いだけではなく，鳥獣や樹木の接触，架空送電線付近で行われる工事用の重機や他工作物の接近等による障害も多い．

架空送電線の保守の目的は，基本的には，電力の (2) と設備の合理的な維持であり，目的達成のために必要な業務は，大別すると，巡視， (3) ，補修作業，事故処理，渉外業務に分類できる．

巡視は，保守の目的を達成するために必要な業務の一つであり，架空送電線の状況を常に的確に把握するため，設備の外観等を見回り， (1) の原因となる障害箇所を事前に発見し，その (4) を図るとともに，設備の補修に必要なデータその他の資料を集めるための業務である．

巡視にはいくつかの種類があるが，一般的に定期巡視のうち特定巡視と呼ばれるものは，市街地やその周辺など架空送電線の経過地の状況変化が著しく，架空送電線に障害を及ぼすおそれのある工作物の新増設や土地造成に伴う異常等を早期に発見するため， (5) を定めて行う巡視をいう．

〔解答群〕

(イ) 安定供給 (ロ) 区 間 (ハ) 測 量 (ニ) 腐 食

(ホ) 竣工試験 (ヘ) 未然防止 (ト) 拡散防止 (チ) 火 災

(リ) 品質向上 (ヌ) 点 検 (ル) 早期復旧 (ヲ) 時 期

(ワ) 人 数 (カ) 事 故 (ヨ) 容量増加

●問題1の解答●

(1) － (イ)，(2) － (ハ)，(3) － (ル)，(4) － (ヌ)，(5) － (ヘ)

●問題2の解答●

(1) － (ニ)，(2) － (ロ)，(3) － (ヨ)，(4) － (ル)，(5) － (ワ)

●問題3の解答●

(1) － (ヌ)，(2) － (イ)，(3) － (リ)，(4) － (カ)，(5) － (ホ)

変圧器に外気温の変化あるいは負荷の変動によって発生熱量に変化を生じると，変圧器内部の油や空気が膨張・収縮する．このため，変圧器内部と外気とに圧力差が生じて空気が出入りする．これを変圧器の呼吸作用という．

この作用によって変圧器内部に湿気が持ち込まれ絶縁耐力が低下するほか，加熱された絶縁油が空気と接触するため酸化作用が生じ絶縁油の劣化が進行する．これらの現象によって，変圧器内部に不溶性沈殿物（スラッジ）が生じるため悪影響が及ぶ．

●問題4の解答●

(1) － (ヨ)，(2) － (ハ)，(3) － (カ)，(4) － (チ)，(5) － (ロ)

油入変圧器の劣化診断方法の一つである油中ガス分析は，運転中の変圧器の絶縁油を採取し，その溶存ガスの量および構成比から内部異常の発生の有無や内部異常を診断するもので，運転を停止することなく行えるため，現地絶縁診断法として広く活用されている．

油入変圧器内部の異常現象は，絶縁破壊による放電や局部過熱による発熱を伴うため，これらの発熱源に接する絶縁油や固体絶縁物は熱分解により，CO（一酸化炭素），CO_2（二酸化炭素），H_2（水素）やCH_4（メタン），C_2H_4（エチレン）などの可燃性ガスを発生する．

特に，可燃性ガスの中でもC_2H_2（アセチレン）は部分放電アーク，C_2H_4（エチレン）は部分放電アークおよび過熱など，高温の熱分解により発生するものであるため，微量でも析出された場合，追跡調査を行う必要がある．

●問題5の解答●

(1) － (カ)，(2) － (イ)，(3) － (ヌ)，(4) － (ヘ)，(5) － (ロ)

巡視は，送電線の状況を常に的確に把握するため，設備の外観などを見回り，事故の原因となるような障害箇所を事前に発見・処理し，事故の未然防止を図るとともに設備の補修に必要な資料を集めるための業務である．

巡視はその目的により，定期巡視と臨時巡視に大別される．

(a) 定期巡視

定期巡視は，事故の未然防止を図るため，送電線周囲の状況を定期的に調査するもので，普通巡視と特定巡視の総称をいう．

① 普通巡視

全送電線を対象とし，設備の状況ならびに送電線路付近の工作物・樹木との交差接近状況を調査する．

② 特定巡視

市街地およびその周辺など，送電線の経過地の状況変化の著しい箇所を対象に，巡視する区間を定めて行う．

(b) 臨時巡視

臨時巡視は，台風の接近・通過時など事故発生のおそれがある場合，もしくは事故発生後において設備およびその周辺について調査する．

Index
索　引

—— 著 者 略 歴 ——

石橋　千尋（いしばし　ちひろ）
1951年　静岡県島田市に生まれる
1975年　東北大学工学部電気工学科卒
同　年　日本ガイシ株式会社入社
1977年　第1種電気主任技術者試験合格
1983年　技術士（電気電子部門）
1998年　石橋技術士事務所設立

ⓒChihiro Ishibashi 2023

電験2種一次試験これだけシリーズ
これだけ法規（改訂4版）

2004年 3月 5日　　第1版第 1刷発行
2012年 3月 5日　　改訂1版第 1刷発行
2017年 9月25日　　改訂2版第 1刷発行
2020年 6月26日　　改訂3版第 1刷発行
2023年10月 6日　　改訂4版第 1刷発行

著 者　石　橋　千　尋

発 行 者　田　中　　聡

発 行 所
株式会社 電気書院
ホームページ　https://www.denkishoin.co.jp
（振替口座　00190-5-18837）
〒101-0051　東京都千代田区神田神保町1-3ミヤタビル2F
電話(03)5259-9160／FAX(03)5259-9162

印刷　株式会社 精興社
Printed in Japan／ISBN 978-4-485-10059-2

- 落丁・乱丁の際は，送料弊社負担にてお取り替えいたします．
- 正誤のお問合せにつきましては，書名・版刷を明記の上，編集部宛に郵送・
  FAX（03-5259-9162）いただくか，当社ホームページの「お問い合わせ」を
  ご利用ください．電話での質問はお受けできません．また，正誤以外の詳細
  な解説・受験指導は行っておりません．

［本書の正誤に関するお問い合せ方法は，最終ページをご覧ください］

書籍の正誤について

万一，内容に誤りと思われる箇所がございましたら，以下の方法でご確認いただきますよう
お願いいたします．

なお，正誤のお問合せ以外の書籍の内容に関する解説や受験指導などは**行っておりません**．
このようなお問合せにつきましては，お答えいたしかねますので，予めご了承ください．

正誤表の確認方法

最新の正誤表は，弊社Webページに掲載しております．
「キーワード検索」などを用いて，書籍詳細ページをご
覧ください．
正誤表があるものに関しましては，書影の下の方に正誤
表をダウンロードできるリンクが表示されます．表示さ
れないものに関しましては，正誤表がございません．

弊社Webページアドレス
https://www.denkishoin.co.jp/

正誤のお問合せ方法

正誤表がない場合，あるいは当該箇所が掲載されていない場合は，書名，版刷，発行年月
日，お客様のお名前，ご連絡先を明記の上，具体的な記載場所とお問合せの内容を添えて，
下記のいずれかの方法でお問合せください．
回答まで，時間がかかる場合もございますので，予めご了承ください．

郵便で 問い合わせる	郵送先	〒101-0051 東京都千代田区神田神保町1-3 ミヤタビル2F ㈱電気書院　出版部　正誤問合せ係
FAXで 問い合わせる	ファクス番号	**03-5259-9162**
ネットで 問い合わせる		弊社Webページ右上の「**お問い合わせ**」から **https://www.denkishoin.co.jp/**

お電話でのお問合せは，承れません